高等学校数字媒体专业系列教材

An Introduction to Service Design

服务设计概论

创新实践十二课（第2版）

李四达　编著

U0252266

清华大学出版社

北京

内 容 简 介

本书是国内较早以课程、案例和实践教学的形式，深入探索服务设计理论、方法、历史和未来的专业实践教材；第2版对内容进行了大幅度的修订与完善，不仅与时俱进地替换了超过1/3的内容，而且在理论、方法、实践与案例选择方面均有更多的思考与创新。作者力图以全新的资料来反映服务设计近5年来的最新成果，特别是新时代人们对服务设计的新认识。本书除了深入解析服务设计原则与要素外，还对服务设计流程与方法，如设计研究、服务蓝图、用户体验地图、微笑模型、原型设计和设计思维等进行了系统的阐述。为了帮助读者深入思考与练习，每课后不仅包含案例研究，还包含课堂练习与讨论以及课后思考与实践，非常适合高校相关课程的教学与实践指导。

本书还提供了超过16GB的课程数字资源，可通过清华大学出版社官网下载，内容包括课程的电子教案、部分教学素材包等。

本书资料新颖，内容丰富，条理清晰，图文并茂，适合艺术设计类专业与数字媒体专业的本科生和研究生学习，也可作为设计爱好者的自学用书。

图书在版编目（CIP）数据

服务设计概论：创新实践十二课 / 李四达编著 . —2 版 . —北京：清华大学出版社，2022.9（2025.1重印）
高等学校数字媒体专业系列教材
ISBN 978-7-302-61540-8

Ⅰ．①服… Ⅱ．①李… Ⅲ．①设计学—高等学校—教材 Ⅳ．① TB21

中国版本图书馆 CIP 数据核字（2022）第 142752 号

责任编辑：袁勤勇
封面设计：李四达
责任校对：申晓焕
责任印制：沈 露

出版发行：清华大学出版社
      网 址：https://www.tup.com.cn，https://www.wqxuetang.com
      地 址：北京清华大学学研大厦 A 座 邮 编：100084
      社 总 机：010-83470000 邮 购：010-62786544
      投稿与读者服务：010-62776969，c-service@tup.tsinghua.edu.cn
      质量反馈：010-62772015，zhiliang@tup.tsinghua.edu.cn
      课件下载：https://www.tup.com.cn,010-83470236
印 装 者：小森印刷（北京）有限公司
经 销：全国新华书店
开 本：210mm×260mm 印 张：21.5 字 数：549 千字
版 次：2018 年 10 月第 1 版 2022 年 10 月第 2 版 印 次：2025 年 1 月第 2 次印刷
定 价：86.00 元

产品编号：097468-01

前　　言

　　"沧海一声笑，滔滔两岸潮，东风催战鼓，豪情在今朝！"今天，全球政治、经济与社会生活正在发生重大转向，人类正面临着逆全球化、极端气候、生存危机与西方民粹主义的影响。一方面，新冠肺炎疫情引发的欧美公共卫生服务的瘫痪使得人们进一步看清了资本主义的本质与西方种族主义、霸气主义的危机；另一方面，伴随着我国 2022 年冬奥会的成功举办，中国正在向世界展示出东方大国特有的文化魅力与博大胸襟。服务设计虽然起源于欧洲，但其设计实践已经在中华大地开花结果。我国的国家治理、城市治理与社区公共服务的完善正是体现了社会主义制度的优越性，也体现了服务设计思想正在与中国的具体实践相结合，成为未来"人类命运共同体"的样板。

　　习近平总书记 2021 年 4 月在清华大学考察时指出："美术、艺术、科学、技术相辅相成、相互促进、相得益彰。"艺术与科技不仅是推动经济发展的重要力量，也是设计师大展才华的创新领域。目前我国已成为能够和欧美竞争的数字科技前沿大国，智慧交通、智慧农业、智慧城市、智慧社区、智慧教育与智慧养老是未来设计师服务社会的主战场。服务设计强调以人为本，注重打造用户满意的产品与服务体系，而这些目标与我党坚持的以人民为中心，努力增强人民群众的获得感、幸福感与安全感的执政理念不谋而合。因此，服务设计不仅是东方哲学所倡导的人与自然和谐相处、绿色发展理念的延伸，也是可持续设计、参与式设计与社会创新设计的集中体现，代表了设计学的理论前沿之一。对服务设计的深入研究无疑有着重要的学术价值和社会意义。今天的世界正在发生重大变革，新技术革命不断加速，而技术伦理和人文关怀相对滞后，这进一步凸显了服务设计的重要性。因此，借此次第 2 版推出之际，作者对原书的内容进行了大幅度的修订与完善，不仅与时俱进地替换了超过 1/3 的内容，而且在理论、方法、实践与案例选择方面有了更多的思考与创新。本书力图以全新的资料来反映服务设计近 5 年来的最新成果，特别是后疫情时代人们对服务设计的新认识，同时也注重挖掘整理国内服务设计的实践经验，为服务设计教学提供更实用的参考。

　　本书是国内较早以课程、案例和实践教学的形式，深入探索服务设计理论、方法、历史和未来的专业实践教材；第 2 版除了深入解析服务设计原则与要素外，还对服务设计流程与方法，如设计研究、服务蓝图、用户体验地图、微笑模型、原型设计和设计思维等进行了系统的阐述。为了帮助读者深入思考与练习，每课后不仅附有案例研究，还附有课堂练习与讨论以及课后思考与实践，非常适合高校相关课程的教学与实践指导。最后，本书的完成还要感谢吉林动画学院董事长、校长郑立国先生和副校长罗江林先生，正是由于他们的支持和鼓励，这部教材才得以最终和大家见面。

作　者

2022 年 2 月于北京

目　　录

第 1 课　服务设计导论

　　服务设计通常是指对服务系统和流程的设计；就是设计师与服务方从用户需求的角度，透过跨领域的合作，共同设计出一个有用、可用和让人想用的服务系统。随着数字科技的发展和体验经济时代的到来，从教育、金融、医疗、养老保健到数字娱乐和休闲旅游，服务设计在生活中的作用越来越重要，当下人们对高质量生活的追求成为推动服务设计发展的引擎。本课阐述的重点是服务设计定义、价值、意义、生态链、要素以及发展简史。这些内容是服务设计的理论基础。

////////////

1.1　什么是服务设计

　　随着数字科技的发展和体验经济时代的到来，从教育、金融、医疗、养老保健到数字娱乐和休闲旅游，服务在生活中的作用越来越重要。但长期以来，设计师们主要关注于实体产品的开发，而忽略了那些基于用户体验的虚拟产品（如游客旅行、社区养老、网络直播等）的设计与开发。体验经济和互联网的发展推动了服务的升级和设计的转型。服务设计也就自然成为人们所关注的焦点。1991 年，德国设计专家、科隆国际设计学院（KISD）教授迈克·恩豪夫（Michael Erlhoff）博士首次提出服务设计的概念并引入大学课程。随后，服务设计教授布瑞杰特·玛吉尔（Birgit Mager）建立了全球首个服务设计网络（Service Design Network，SDN）。在为该网络举办的全球国际论坛上，他们把目光聚焦在服务设计的 5 个关键问题上（见图 1-1）。

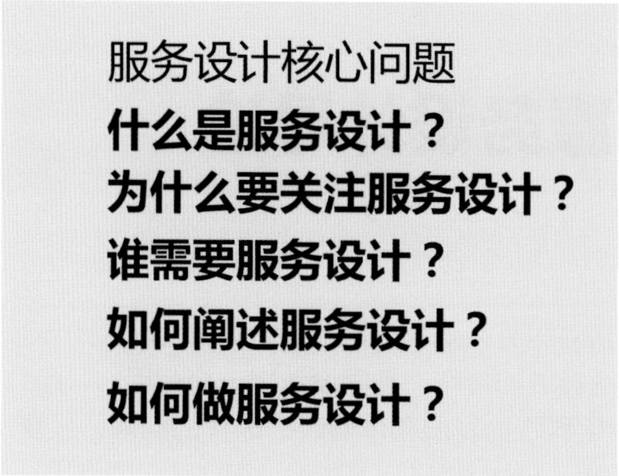

服务设计核心问题
什么是服务设计？
为什么要关注服务设计？
谁需要服务设计？
如何阐述服务设计？
如何做服务设计？

图 1-1　服务设计所关注的五大核心问题

　　这 5 个问题代表了服务设计的定义、价值、对象、理论和方法，这也是本书所要回答的问题。什么是服务设计？根据布瑞杰特·玛吉尔的观点，"服务设计是从用户角度出发解决服务的功能和形式上的问题。它的目标有两个：一是从客户的角度，确保服务界面是有用、易用和令人满意的；二是从服务供应商的角度，建立一个有效、高效和独特的服务体系"。这段话说明了服务设计的 3 个含义：以人为本、温馨体贴、有效实用。也就是说，服务设计必须从用户角度看问题。服务设计需要服务提供者与用户产生共鸣，并且通过建立一系列的服务"接触点"与用户互动，由此理解和改善现存的各项服务。而从服务提供者角度看，有效、高效和独特的"服务体系"的建立则是保证用户获得良好的服务体验的前提。例如，传统的购物超市是体现服务设计最经典的场所之一。无论是价廉物美的商品、赏心悦目的陈列，还是营业员的微笑与贴心的服务，都代表管理者能够站在顾客角度思考，给顾客带来良好的服务体验，并且使之成为忠实的粉丝与回头客。而超市管理的效率体现在能够让顾客的购物流程更简捷、更清晰，减少寻找商品和排队的时间，由此实现服务者与用户双赢的目标。

　　用户（客户）体验在服务设计中是排在第一位的因素。服务设计通过客户或潜在客户的心理、行为与需求分析来发现商机或者改善现有的服务。以餐饮行业为例，通过结合消费者的动机、行为与服务过程的分析，我们可以总结出 3 种类型的用户需求，即功能性、情感性和社会性（见图 1-2）。这 3 种需求对应 3 种不同的服务模式：①街边摊、快餐与普通餐饮；

②网红餐厅与中高档服务酒家；③主题风格餐饮与连锁企业等。基于不同的消费动机，顾客的行为模式与旅程地图有着很大的差异，但无论哪种模式，顾客都是通过消费过程中的每个触点来感受服务并最终决定消费的满意度（顾客旅程地图的用户情绪曲线可以帮助企业发现"痛点"或"爽点"）。对于现场餐饮服务来说，用户体验主要集中在买单之前；对于超市及产品销售来说，用户体验与产品的运输、使用、维护和处理过程的感受有关，特别是"大件"消费品（如汽车、冰箱、空调和彩色电视等）更为明显。服务设计通过对服务每个环节的可视化分析来量化顾客的体验，从而为服务企业改善或创新服务提供新颖的观点和思路，由此促进企业的成长。

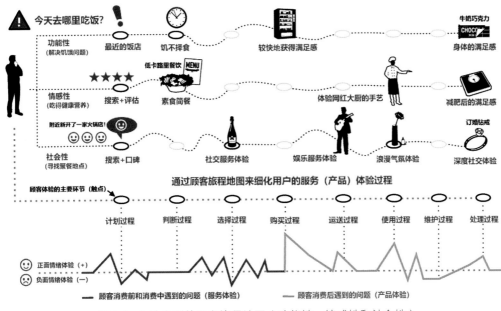

图 1-2　3 种类型的用户旅程地图（功能性、情感性和社会性）

从客户角度看，无论是制造商还是服务提供商，许多不同类型的组织和机构都需要采用服务设计。从基本的配套产品（客户服务）到公共或消费服务，服务设计的应用领域几乎是无限的。例如，美国廉价航空公司 cAir 通过引入著名的美国设计公司 RKS 所提供的服务设计，对顾客飞行旅途中的所有环节（即服务触点）进行了系统化的研究（见图 1-3），并且制定了一系列行之有效的措施，由此得到乘客的普遍赞誉。形成完整的用户体验循环正是服务设计的一个重要理念。因此，从商业上看，服务设计是服务商从用户需求的角度，透过跨领域的合作与共创，共同设计出一个有用、可用和让人想用的服务系统，或者说是一个通过"用户为先 + 追踪体验流程 + 服务触点 + 完美的用户体验"的理念实现的综合设计活动。

交互设计资深专家丹·塞弗（Dan Saffer）认为：服务是一些行为或事件，它们产生于消费者、媒介技术和服务企业之间，代表了服务过程中的交互行为。虽然对服务的定义不尽相同，但其特质都可以概括成 4 点：无形性、多样性、生产与消费的同时性和易逝性。因此，服务设计包含了有形和无形的要素，包括物品、流程、环境和行为。服务是一方为另一方提供的行为或利益。它可能是无形的，并且是一种不能产生事物所有权的行为。服务设计的产物并非一定要与实体产品产生关联，但可以与其整体活动过程产生关联。因此，服务设计具有系统性和多学科的特征。要针对每个服务接触环节进行设计，不仅涉及空间、建筑、展示、交互、

图 1-3　旅客飞行服务触点图和空乘的微笑服务

流程设计等知识，而且还涉及管理学、信息技术、社会科学等诸多领域。从服务商的角度看，影响服务设计的学科包括心理学、社会学、管理学、市场营销和组织理论。从服务对象考虑，交互设计、界面设计、视觉传达设计必不可少；而从服务环境考虑，服务设计与建筑、市政规划、环境设计和产品设计密切相关。

　　经过二十多年的探索与研究实践，服务设计的理论体系初具雏形。从课程设计的角度看，服务设计的定义、价值、对象、理论和方法是教学重点。知识体系与结构、课程目标与导向、横向与纵向拓展、技术与方法实践以及价值引领与思考这 5 方面构成了课程的核心知识点（见图 1-4）。因为服务设计具有非常强的实践性与前沿性，因此本书提供了案例研究、思考练习

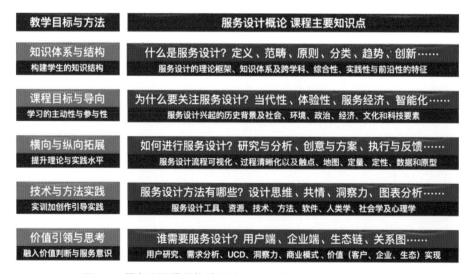

图 1-4　服务设计课程体系设计：五大核心问题是本书的重点

与创意实践。除理论教学外，教师还可以通过组织课堂小组讨论、现象透视分析、小组头脑风暴、原型方案设计及小组 PPT 汇报等方式让学生举一反三掌握相关的理论与实践方法。此外，为帮助读者复习和进一步理解每课的内容，每章后面还附加了简答题和实践题。虽然有些实践内容（如方案设计）可能会超出每章的内容，但启发式的思考也是服务设计的重要环节，带着问题的学习肯定会有更多的收获和感悟。

1.2　服务设计生态链

苹果前总裁史蒂夫·乔布斯是最早认识到服务设计有着巨大商业潜力的人。他深刻地指出："设计不只是关注你所看到和感受到的东西，更要关注它是如何工作的。"这番话道出了"服务"和"生态"思维在设计中的重要性。2001 年，苹果开始推出 iPod 音乐随身听，虽然当时市场上已经出现了多种 MP3 播放器，但却没有人关注整个"音乐生态圈"的服务设计。盗版侵权、音质粗糙和廉价竞争成为那时 MP3 播放器市场被人诟病的地方。而乔布斯的成功秘诀不仅是 iPod 音乐随身听产品的设计，更是对寻找、购买、播放音乐以及处理法律问题的整个系统进行了简化。

他首先高瞻远瞩地通过生态链布局，说服了歌手、音乐版权协会提供授权，获取音乐制造商的许可协议（使获取音乐合法化），使得用户可以通过浏览音乐商店找到其所需的音乐。同时，乔布斯还通过 iTunes 音乐商店的数字版权管理（DRM）系统出售带"水印"的歌曲，杜绝了盗版并提高了音质，增强了消费者的用户体验。借助 iPod 和 iTunes，苹果公司通过改写消费电子产品和音乐的产业游戏规则而起死回生（见图 1-5）。虽然竞争对手从 iPod 中会发现一些新东西（如精致的外观以及出色的音质），但是该产品所依赖的服务设计是成功的关键，即销售音乐的新途径以及与之相匹配的商业模式。这种将 iPod 播放器、版权保护技

图 1-5　史蒂夫·乔布斯是深得服务设计精髓的大师

术和 iTunes 音乐商店整合在一起的商业模式重新确定了消费电子厂商、唱片公司、计算机制造商和零售商在经销过程中的力量对比。由此看来，竞争对手无法在数字音乐领域与苹果抗衡也就不足为奇。对服务设计的深刻理解成为苹果公司在 21 世纪能够长盛不衰的法宝。

同样，对移动体验时代服务设计的深刻洞察也成就了中国的马云和阿里集团。通过 20 世纪 90 年代建立的电子商务平台（阿里巴巴和淘宝网），马云敏锐地发现，如何建立一个简单、安全、快速的在线支付解决方案将成为所有业务的关键，由此促成了支付宝（见图 1-6）的诞生。与乔布斯对 iPod 服务生态链的理解一样，马云也是从解决人们的衣食住行线上交易的长远眼光来看待移动支付的意义：支付宝将在未来几年把中国变成无现金交易的国家。在 2017 年的一次演讲中，马云以一个老太太在银行排队缴费所遇到的种种麻烦为例，指出："我希望支付宝能够让任何一个老太太的权利跟银行董事长是一样的。"如今，支付宝已经完全改变我们的生活方式，它不仅是一种具有原创性的无现金社会解决方案，而且成为我国未来建立庞大的社会信用体系的基础。信用卡在美国历经几十年才成为主流，但支付宝的移动二维码支付方式仅用几年时间就成为一种全国性的支付规范。2016 年，中国的移动支付市场规模约是美国的 50 倍。随着庞大的支付宝用户群赴世界各地旅游，这种服务已走出中国国门并扩展至世界。2018 年 1 月 15 日，支付宝获得 2017 年 TechWeb 第六届鹤立奖最具影响力互联网服务奖。微信、支付宝对高铁 12306 数字购票、网购和共享单车的普及起到了关键的作用。2021 年，我国加快了"数字人民币"的发行业务。据报道，我国的数字人民币交易总额达到了惊人的 345 亿元（53 亿美元），约有 1.4 亿人使用过数字人民币应用程序。支付宝与数字人民币代表了我国在创新服务设计与服务体验方面所取得的重要成就。

图 1-6　支付宝的出现将把中国变成无现金交易的国家

进入信息时代后，网络这个便捷的工具为社会带来了极大的变革，大到互联网巨头公司的产品，小到快递外卖送到你的手边，都与互联网技术的进步和发展息息相关。当民众的生活离不开互联网后，它也会倒逼传统行业进行改革并推动人们对服务设计的深层思考。以共享单车为例，有人认为共享单车作为一种绿色交通工具极大地方便了出行，丰富了休闲生活；也有人认为共享单车缺乏监管，成为国民素质"照妖镜"，带来了一系列城市交通安全问题。

而从服务设计生态链思考，共享单车可以成为我们理解服务设计的意义和方法的范例。

从设计者的初衷看，共享单车的出现能够解决最后一公里的出行难题。共享自行车使用方便，人们只需要下载一个 App，扫码就能骑。在城市中，人们的居住点往往离工作、学习地点有一定的距离，打车太贵，步行嫌远，而共享单车有着随停随取的特点，正好填补这一缺口。其次，共享单车符合"绿色出行、低碳环保"的发展理念（见图 1-7）。单车出行既节约能源、减少污染，又有益于健康，一举两得。特别是在上下班高峰时段，公共交通太挤，走路太累，而短途交通是共享单车的优势。此外，正如滴滴打车的出现和普及，共享单车也借助"手机软件＋智能平台＋智能锁具"的优势，实现了人们多年来共享资源的愿望。共享单车企业不仅可以收押金，还可以通过收集用户大数据进行更精准的二次营销。由此看来，共享单车企业不断获得巨资并"烧钱"也就不足为奇。事实上，早期共享单车的粗放经营不仅造成了大量社会资源的浪费，也带给消费者重大的经济损失。早期共享单车知名企业"小黄车"ofo 倒闭前欠款高达 20 亿元，1500 万用户的十几亿元押金、多个供应商的追缴债款成为无法追讨的"黑洞"。"小黄车"ofo 的深刻教训也反面证实了企业忽视消费者权益的最终结局。

图 1-7　共享单车符合"绿色出行、低碳环保"的发展理念

其实，"小黄车"ofo 的倒闭毫不奇怪，许多"反常"现象早就露出端倪：单车破坏磨损严重；任意无序停放，甚至成为"钢铁垃圾堆"（见图 1-8）。此外，偷盗的、加私锁的、残缺不全的到处都是，因为缺乏监管，大量共享单车无序投放，造成了地铁、公交车站等人流密集场所的堵塞，成为行人和公共交通的妨碍。

对于服务设计研究者来说，上述问题的出现源于人们对"共享"和"服务"的理解出现了偏差。对于用户来说，从找到共享单车到骑行结束，人们通常认为完成了一个服务周期，如图 1-9 右侧的"可见服务流程"所示。但事实上，这个服务循环或服务生态链并未完成，而只有完成了"智慧停车""维修管理"和"收益共享"才能真正实现共享单车的良性循环；这部分属于服务设计中的"后台"或"不可见的"服务流程，如果缺失，就无法实现共享单车服务的完整闭环。共享单车属于典型的"多利益方"的服务，不仅有骑行者和共享单车企业，还包括政府城管部门、交通部门、搬运公司、维修公司和自行车企业。因此，随便停车、锁

图 1-8　共享单车被遗弃、损毁、私用和磨损的现实问题

车付费即走的模式对于 A 用户是比较方便，但对于下一个 B 用户就比较麻烦，而且侵占了公共资源。因此，"智慧停车"无论是对于交通管理者还是对于社会公众都是必须解决的问题。随着科技进步，完全可以设想通过技术手段（如 GPS 定位）固定停车区域（否则会持续计费）或法律手段（违章者扣分或禁骑）来解决。2019 年以后，随着青桔单车、美团单车等新企业的入局，按照公共停放区域设计的"智慧 GPS"技术已经逐步落实了禁停区域手机警告、扣分罚款等措施，共享单车的管理开始走向有序的轨道。

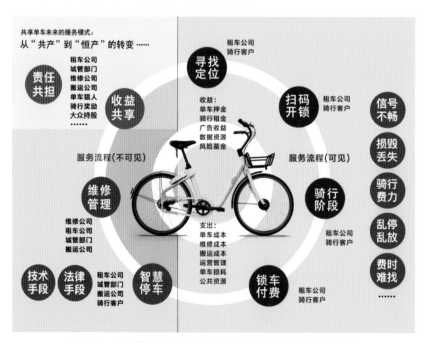

图 1-9　从服务设计角度思考共享单车如何实现良性循环

我们要从更深入的服务设计角度思考。共享单车目前的服务模式属于一种粗放型的管理和商业模式。该模式使得用户对共享单车这种"公共资源"缺乏责任心并导致了一系列问题。而今后必须要让共享单车从"共产"走向"恒产",即通过大众持股、骑行奖励、举报奖励等手段,实现用户、企业、公共管理部门三位一体的管理模式,并且通过"收益共享"和"责任共担"的方式,使共享单车的服务从"粗放型"转为"精确化"的管理,由此形成共享单车服务设计的良性循环。

1.3　服务设计的意义

服务设计在我国兴起时,适逢我国经历了 30 年快速发展之后所面临的新形势:人口红利逐步消失,传统制造业转型,互联网经济快速发展,特别是政府大力倡导"民生服务"的政策语境。2017 年 10 月,习近平总书记在十九大报告中指出:"中国社会主要矛盾已经转化为人民日益增长的美好生活需要和不平衡不充分的发展之间的矛盾。"他又指出:在新形势下必须"坚持在发展中保障和改善民生",并且进一步强调:"增进民生福祉是发展的根本目的。必须多谋民生之利、多解民生之忧,在发展中补齐民生短板、促进社会公平正义,在幼有所育、学有所教、劳有所得、病有所医、老有所养、住有所居、弱有所扶上不断取得新进展。"因此,我国经济发展的目标已经从追求 GDP 改为更加关注生活质量和民生,这无疑是一个重大的政策转变。中国的设计发展需要结合新的语境,为服务型社会的成长探索方向。体验经济时代的到来以及当下人们对高质量生活的追求都会成为推动服务设计走向深入的引擎。这些改变预示着服务业的腾飞并成为我们理解服务设计意义的出发点。

在体验经济时代,设计是皮肤,服务是骨架,而有意义的体验则是灵魂。也就是说,服务通过体验而产生意义,并且带给顾客以安全、舒适、贴心和幸福的感觉。星巴克是一家开遍全世界的连锁咖啡公司,在《财富》杂志评选的最受赞誉公司的榜单上,它和苹果、谷歌、亚马逊一道成为常客。一家卖咖啡的企业为何备受赞誉?或许并不是因为它咖啡做得好,而是它将"人"这一元素贯穿在企业文化的各个方面,无论是团队还是营销,都体现了与用户体验有关的理念。星巴克通过充满温馨的环境和店员细微周到的服务(见图 1-10)诠释了服务设计的意义。在星巴克,杯具、制服、灯光、座椅、菜单甚至洗手间的标识都充满了设计

图 1-10　星巴克温馨的环境和店员细微周到的服务

文化，甚至会针对不同的季节或节日推出各种独具特色的咖啡杯（见图 1-11）。星巴克在对待流浪汉、座椅布局以及透明化服务上独具特色。这家 1972 年成立的公司还与时俱进：不仅支持 WiFi 上网，而且还提供手机无线充电设备。星巴克 App 可以推送新闻和音乐，支持预订下单以及各种个性化服务。

图 1-11　星巴克针对圣诞节推出的独具特色的咖啡杯

近年来，随着电子商务的火爆，电商纷纷开始和线下的服务相结合，将购物、旅游、餐饮、外卖、演出、电影等消费活动捆绑在一起。数字化生活已经成为当下年轻人的生活方式（见图 1-12）。例如美团点评网将旅游服务不断完善，从星级酒店到客栈、民宿，从团购到手机选房，都成为服务特色。因此，服务设计是最"接地气"的设计。例如，去医院就医是人们都会体验到的一项服务，整套流程包括网上预约、前往医院、取号、就医、化验、缴费、取药等一系列服务触点，通过科学的设计方法和智能化服务（如手机、触摸屏、自动语音导航等），就可以使医院的服务规范化和简洁化，病人由此可以得到更方便、自然和满意的服务。事实上，我们每天经历的方方面面都是服务设计范畴内的东西。大到城市轨道交通系统的设计，

图 1-12　基于"线上＋线下"服务的当代城市年轻人的数字化生活

小到餐饮店的柜台，都闪现着服务设计的影子，"线上＋线下"的用户体验就是服务设计的舞台。

服务设计还可以将不可见的服务流程可视化与透明化，使得人们对服务更放心、更信任。例如，超市中可见的部分是商品本身，但商品的制造、储存、流通和分销过程对于顾客来说是不可见的过程，这往往会导致人们对服务有着各种各样的疑虑，如担心食品的农药残毒或工业污染。因此，通过建立食品安全追溯的"一条龙"服务，借助食品标签的二维码，就可以让消费者追踪产品的种植、采收、物流和销售等多个环节（见图 1-13）。这也揭示了数字时代服务设计日趋重要的原因之一：信息可视化、服务透明化、温暖、贴心与高效永远是消费者最为关注的体验。

图 1-13　"食品身份证"是涉及食品安全的跨领域服务设计

对于设计师来说，服务设计更深刻的意义不仅在于改善服务和解决实际的问题，而且在于为设计实践提供理论与方法，成为一种超越传统设计学科分类的"哲学形式"。以往人们在谈论设计时，第一个维度是基于实践的设计，这种设计和职业紧密相关。这是由传统的市场定位和劳动分工发展而来的，例如建筑师、产品设计师、景观设计师、平面设计师等职业都是如此。这些职业来自传统的行业活动，并且通过公司或个人的形式为客户提供概念和产品的服务。它们也为设计学科打下了实践基础；即把实践者所知转化为系统的理论，从而建立起各种基本的设计专业。从这个角度出发就不难发现，设计是相当富于技术性的一个工作，设计师必须掌握产品的材料、形式与功能；同样，设计也是服务于产业的，尤其是制造业与服务产业。

设计的第二个维度即基于价值观分类的专门类别设计。它是设计实践的理论和伦理基础。例如绿色设计、可持续设计、人本设计、包容性设计和开放设计都是驱动设计概念背后的各种伦理与准则。设计的第三个维度则是基于方法的设计。它主要为设计开拓方法论、过程、手段和工具，扮演着实践与认知的双重角色。服务设计、参数化设计和系统设计等就是其中的代表。例如，瑞典的免费学校组织维特拉（Vittra）高度重视开发教学和互动的新方法，以此作为教育发展的基础。位于斯德哥尔摩的维特拉新校园的整个空间设计本身就是教育（见图1-14）。这里抛开了装满桌子、椅子和黑板的经典教室，开放式地设立了斜坡、实验室、电影院和各种稀奇古怪的东西，如"冰山""浇水洞""炫耀"和"篝火"等体验空间，以刺激小孩子们的学习和创意。这种创新型校园的设计显然是多学科共同参与的结果，需要建筑空间、产品设计、环境艺术、室内设计、数字媒体等多个专业的共同努力，因此必须有系统设计的哲学思想指导。面对未来的挑战，斯德哥尔摩维特拉学校生动诠释了服务设计的意义和价值。

图1-14　斯德哥尔摩维特拉学校的校园景观

1.4　服务设计的要素

从系统的角度看，服务设计是有效地计划和组织一项服务中所涉及的人、基础设施、通信交流以及产品等相关因素的科学体系，也是一项由此来提高用户体验和服务质量的设计活动。服务设计所涉及的要素包括人、环境、过程、产品和价值（见图 1-15 左），并且由此衍生出更广泛的社会关系。人的要素不仅包括用户（客户、顾客）和服务提供者，还包括其他合作伙伴和利益相关方。服务环境除自然地理和人文环境外，更重要的是基础服务设施与智能环境。例如，在网络阅读时代，一个书店如果只是"卖书"而忽视"读者"，虽然书店有着丰富的图书资源，但对于消费者或读者来说，拥挤和简陋的环境仍然会让人望而却步，而服务型书店则让读者产生宾至如归的感觉（见图 1-15 右）。服务是基于时间和体验的过程（线上 + 线下），无论是医院、商店或街道，所有涉及的人和物都是服务流程的环节，而智能化产品则是该过程不可或缺的支撑。服务设计通过智慧平台将人与服务、通信、环境、行为和产品等相互融合，将以人为本的理念贯穿于始终，并且由此实现服务设计的价值：流畅的服务体验、温馨与贴心的环境以及个性化的需求满足。基于上述 5 个要素的扩展，服务设计成为共享经济、社会创新、生态文明、服务研究与理想主义的纽带。服务设计通过以设计一系列易用、满意、信赖和高效服务为目标，广泛地运用于各项服务业，为服务产业链的所有对象创造最大的价值，从而达到和谐、宜居、民主与自由的社会环境。

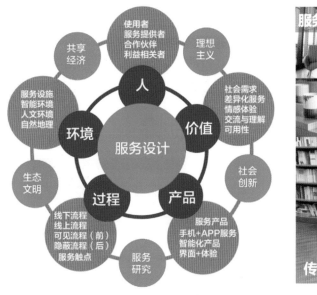

图 1-15　服务设计的要素与书店服务的对比

以独居老人的健康服务为例，子女最担心的就是意外的发生——忘记吃药、跌倒摔伤……智能健康手环为这个问题提供了一种解决思路：借助手环对独居老人的身体状况进行监测并将数据传输到云端。智能手环还可以提供"一键报警"的功能，一旦老人出现身体异常情况（如起夜时不慎跌倒），手环的平衡感应器就可以及时"亮红灯"并将信息第一时间传递给子女及最近的救助站，实现"智慧监控"的功能。与此同时，家人还可以通过手环了解独居老人的身体状态，并且通过手机及时与老人沟通，提醒吃药或者迅速安排就医（见图 1-16）。在这个流程中，智慧社区平台将老人、子女、救助站、护工、社区、邻居和救助医生等联系起来，甚至还可以远程控制"智能药箱"或"智能轮椅"等，及时帮助独居老人摆脱困境，由此，服务设计借助科技创新实现了价值最大化，为"居家养老"提供了可行性方案。

图 1-16　智能手环和远程监护 App 平台协助子女看护独居老人

1.5　服务设计简史

　　服务设计是为了使产品与服务系统能符合用户需求而产生的一个综合性的设计学科。服务设计是传统设计领域在后工业时代的新拓展，是设计概念的全方位实现。服务设计的本体属性是人、物、行为、环境、社会之间关系的系统设计。20 世纪 90 年代以来，随着信息产业和服务型经济服务的发展，特别是全球化贸易和互联网的发展，服务设计的观念和理论获得了生长的契机。早在 1982 年，美国金融家林恩·肖斯塔克（G. Lynn Shostack）就首次提出将有形的产品与无形的服务结合的设计理念。1987 年，他在美国市场营销协会的年会上提出了"服务蓝图方法"并引起了理论界和实业界的关注。1991 年，德国设计专家、KISD 教授迈克·恩豪夫博士（见图 1-17 左）首先在设计学科提出了服务设计的概念。同年，英国著名品牌管理咨询专家比尔·霍林斯（Bill Hollins）博士出版了《完全设计》一书，详细论述了服务设计的思想并首次提出"服务设计"一词。1993 年，心理学家、交互设计专家唐纳德·诺曼（Donald Norman，见图 1-17 右）在担任苹果公司副总裁时，首次设置了用户体验工程师的职位，将体验设计与服务设计上升为职业。

图 1-17　KISD 教授迈克·恩豪夫和交互设计专家唐纳德·诺曼

1995 年，布瑞杰特·玛吉尔成为首位服务设计教授。在接受记者访谈时，她回顾了这段历史："我是服务设计领域的第一位教授，在过去的 22 年中，我一直在服务设计领域致力于理论、方法研究和实践。我创立了研究中心和全球网络。当年我开始这个具有挑战性的研究时，还是'前数字化时代'，那时的服务主要是指人与人之间的服务。服务被认为是不能被存储和标准化的，同时服务被定义为第三产业。"玛吉尔博士进一步指出："当今的时代已经改变，经济的传统分割不再有意义。如今不存在没有服务的产品，也没有不涉及产品的服务，因此今天的设计是面向服务系统和价值的设计。我们必须找到解决个人或组织问题的方法，使人们的生活更美好，让人们得到实用、愉快的体验。因此，物质及非物质要素的结合对设计的成功是至关重要的。这意味着最终每个工业设计都需要包括服务设计，而每个服务设计都需要包括技术和产品。"

服务设计起源于注重文化和生活体验的欧洲国家。2000 年，欧洲首家服务设计公司 Engine 在英国伦敦成立，该公司至今仍活跃在服务设计领域（见图 1-18）。2000 年左右，英国 LiveWork 公司和美国 IDEO 设计咨询公司等将服务设计纳入服务范围。2001 年，IDEO 公司提出了设计思维，将设计实践延伸到服务领域。2003 年，卡内基–梅隆大学成立首个服务设计专业。2004 年，科隆国际设计学院、卡内基–梅隆大学、米兰理工大学和多莫斯设计学院共同成立了服务设计网络（SDN），这也是全球首家服务设计研究联盟。2005 年，科隆国际设计学院的斯特凡·莫瑞兹（Stefan Moritz）教授对服务设计的发展背景、新兴领域的意义、作用途径以及一些工具方法进行了详细的探讨，服务设计理论开始形成雏形。2008 年，芬兰阿尔托大学设立了服务工厂，整合了商业、设计和工程技术等，开展对服务设计的全过程的教育、设计与研究。随着全球服务设计研究的深入，美国纽约帕森新设计学院在 2010 年举办了首次全球服务设计论坛，来自美国和欧洲的大学的设计师和研究专家聚集一堂，集中研讨了服务设计的核心问题。

图 1-18　欧洲首家服务设计公司（Engine）诞生于 2000 年

2011 年，服务设计专家马克·斯迪克多恩（Marc Stickdorn）与雅各布·施耐德（Jakob Schneider）出版了《服务设计思维》，该书由数十位服务专家及跨领域专家学者集体编写，汇集了不同专业背景的服务设计专家的见解。该书提纲挈领，用大量事例详细阐述了服务设计的理论、方法和工具等问题，是服务设计领域最具权威性的著作。2018 年，他们出版了专著《服务设计实践》，进一步深化了服务设计的理论与实践。图 1-19 列出了服务设计历史发展的重要事件。此外，2018 年，瑞士创新学院创始人丹尼尔·卡塔拉诺托（Daniele Catalanotto）在检索了大量维基百科资源和咨询业内专家的基础上，出版了《服务设计简史》一书，为服务设计的历史研究提供了新视角。本书在附录中介绍了服务设计大事记列表，供读者学习时参考。

1.6　服务设计谱系图

服务设计所涉及的学科很多，包括多种观点、方法、工具和流程。从服务设计思想的发展看，可以发现有 3 个主要思想来源：服务管理、产品与服务以及交互设计。2015 年，服务设计工具网（servicedesigntools.org）梳理出一个谱系导图（见图 1-20），即社会科学 + 市场营销，设计学和技术（信息与交互）。

服务设计发展简史

1982

1982年，美国金融家林恩·肖斯塔克首次提出将有形的产品与无形的服务结合的设计理念

1991

1991年，德国科隆国际设计学院教授迈克·恩豪夫博士首先在设计学科提出了服务设计的概念。同年，英国专家比尔·霍林斯博士出版了《完全设计》一书，提出了服务设计的思想

1995

1995年，德国科隆应用科技大学的布瑞杰特·玛吉尔获得欧洲第一个服务设计教授的职位

2000

2000年，欧洲第一家专业服务设计公司Engine在英国伦敦成立。随后，英国LiveWork公司以及美国IDEO设计咨询公司开始将服务设计纳入业务

2003

2003年，美国卡内基-梅隆大学成立首个服务设计专业

2004

2004年，科隆国际设计学院、卡内基-梅隆大学、米兰理工大学和多莫斯设计学院之间建立起全球第一个服务设计网络（SDN），由英国Design Council主导，公共服务设计创新项目开始

2006

美国卡内基-梅隆大学召开首届Emergence服务设计国际论坛

2008

2008年，芬兰阿尔托大学设立了服务工厂并整合了商业、设计和工程技术等，对服务设计流程、教育、设计等进行研究

2010

美国纽约帕森设计学院在2010年举办了首次"全球服务设计论坛"

2011

2011年，服务设计专家马克·斯迪克多恩与雅各布·施耐德出版了服务设计专著*This is Service Design Thinking: Basics, Tools, Cases*

2015

2015年，服务设计权威专著《服务设计思维》（中文版）由江西美术出版社出版，译者郑军荣

2016

2016年，《中国服务设计发展报告2016》由电子工业出版社出版，作者胡鸿

图 1-19　服务设计发展的重要历史大事记

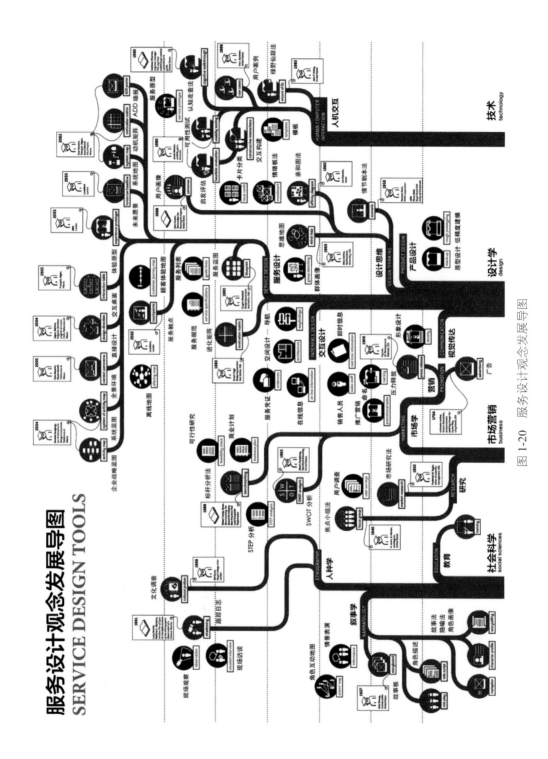

图 1-20　服务设计观念发展导图

作为一种伴随互联网经济而发展起来的设计思维，服务设计的理论、框架和方法仍在探索之中，但服务设计思想有着更为悠久的发展历史。服务设计的许多思想、观念、技术与方法都可以从设计学、管理学、营销学和社会科学中找到渊源和出处。例如，1927 年，迪士尼公司创始人沃尔特·迪士尼首次在动画片制作中采用了故事板作为电影脚本，该方法随后演变成服务设计中研究用户行为的情景还原法。美国社会学家列文（K. Levin）和马尔顿（R. Merton）在 1940 年提出的焦点小组的概念已成为交互与服务设计用户研究的方法之一。1960 年，日本文化人类学家川喜田二郎（Jiro Kawakita）提出了亲和图法，该方法随后成为服务设计中观察和归纳用户行为的手段。几乎在同年，美国西北大学认知科学家、著名教授艾伦·柯林斯（Allan Collins）提出了思维导图的概念，而这也成为如今广泛采用的创新型设计的方法。1969 年，诺贝尔奖获得者赫伯特·西蒙（Herbert Simon)出版其开创性著作《人工制造的科学》，在科学领域概述了设计思维过程的模型。随后，斯坦福大学教授罗伯特·麦克金姆（Robert McKim)于 1973 年出版的《视觉思维的体验》进一步发展了设计思维的思想。1987 年，哈佛设计学院的院长彼得·罗（Peter Rowe)编写了《设计思维》一书，为设计师和城市规划者提供了一整套实用的解决问题的体系，这也成为服务设计的主要思想来源。

随着 20 世纪末设计思维、交互设计与用户体验观念的发展，服务设计也逐渐开始形成自己的学科雏形和观念体系。一系列基于技术、管理、市场研究和心理学的方法被引入服务设计体系中，如用户体验地图、服务触点研究、体验原型、用户画像、可用性测试和认知走查等（见图 1-21）。由此，以设计学科为主干的服务设计体系逐步完善。在此期间，服务设计与人机交互、交互设计、用户研究、企业管理学、心理学和市场研究等学科的联系更加紧密。第一批服务设计从业人员和研究人员都在其他学科受过训练，他们不同的学科背景使得服务设计的思想更丰富多彩。

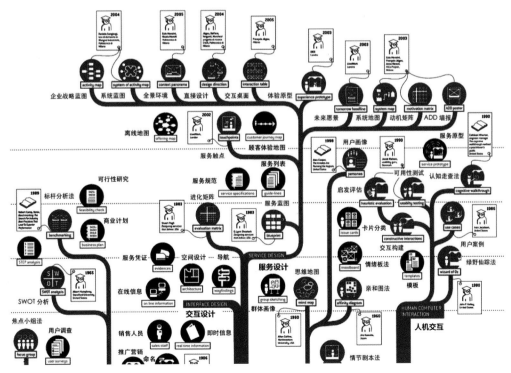

图 1-21　服务设计观念的发展导图（局部）

案例研究： 体验式旅游

　　以"体验"为经济提供物的体验经济是继农业经济、工业经济和服务经济之后的新经济形式。在体验经济时代，随着旅游者旅游经历的日益丰富和旅游消费观念的日益成熟，旅游者对体验的需求日益高涨，他们已不再满足于大众化的旅游产品，更渴望追求个性化、体验化、情感化、休闲化以及美化的旅游经历。所谓体验式旅游是指为游客提供参与性和亲历性活动，使游客从中感悟快乐。它着重于给游客带来一种新的生活体验，也成为文化创意产业和服务设计的亮点。例如，位于中国台湾省南投县埔里镇的广兴纸寮就是这种游客 DIY 体验式旅游的范例（见图 1-22）。该"造纸工坊"创立于 1965 年，是台湾 20 世纪七八十年代手工纸和手工宣纸的制造基地。1991 年后，随着台湾社会的变迁，埔里手工造纸产业面临转型的困境。为寻求产业新出路，广兴纸寮将体验式旅游作为发展重点，因此成为台湾第一家"深度体验游"的观光工厂。该造纸工坊提供了完整的手工造纸流程供游客免费参观，并且提供专业导览解说服务，不但让游客明白如何将纤维浆料经蒸煮、漂洗、打浆、抄纸、压水和烘干等过程制造出珍贵的手工纸，而且还让游客亲身体验参与 DIY 造纸的乐趣。它目前已经成为台湾地区知名的产业观光景点，也是许多学校社会实践的最佳场所。

图 1-22　台湾广兴纸寮是 DIY 体验式旅游的范例

　　广兴纸寮通过引导游客参观、DIY 造纸体验和解说的方式，使游客深度体验造纸文化与产业内涵。蔡伦造纸术是中国古代的伟大发明，也是手工造纸的起源。台湾埔里地处深山，洁净的水源是其得天独厚的造纸条件。当地有超过 70 年的造纸历史，这也为纸文化馆的建立奠定了基础。原有的生产车间经由设计师重新规划，除保有原先古厝人文空间之美外，还新建了埔里手工纸文化馆、造纸植物生态区、手工造纸体验工坊和台湾手工纸店等体验空间。广兴纸寮开办的体验课程有：①纸的历史：认识蔡伦和造纸术；②古今造纸：介绍造纸的原料、工具和技术；③纸的形成：介绍植物纤维造纸的原理；④纸的原料：介绍韧皮纤维、木质纤维和草木纤维造纸原料；⑤造纸工坊：实际体验 DIY 手工造纸的趣味（见图 1-23）；⑥纸艺教室：体验拓印、纸张暗花水印的设计（见图 1-24）；⑦纸艺工坊：将做好的宣纸设计成壁灯、团扇等工艺品。通过这个体验之旅，让游客从快乐的劳动体验中感受古代中国人的智慧，同时提升动手创意能力，启发创意思维，探索观察自然，重视环境保护。

图 1-23　在造纸工坊体验手工造纸和制作宣纸团扇的工艺

图 1-24　工坊教师在示范拓印和纸张暗花水印的设计

除广兴纸寮外，位于台湾省南投县草屯镇的台湾工艺研究中心也是这种 DIY 体验式旅游的一张名片。该中心的工艺体验馆是最受游客欢迎的景点之一。该工艺体验馆设有竹艺、砖艺、竹雕、扎染、漆艺、树艺、金工、玻璃和陶艺的体验工坊或创意教室。游客可以在专业技师的讲解和引导下，动手学习传统工艺，并且根据自己的想象大胆创意。这些体验课程内容丰富，生动有趣。有些体验项目只需要30分钟，而有些体验项目则需要两三小时。例如，扎染是中国民间传统而独特的染色工艺，它是通过线、绳等工具对织物进行捆、扎、缝、缀、夹等"扎结"后进行染色的工艺（见图1-25）。其中被扎结部分保持原色，而未被扎结部分均匀受染，从而形成深浅不均、层次丰富的色晕和皱印。染料主要来自板蓝根、艾蒿等天然植物的蓝靛溶液，因此也被称为蓝染。根据对织物捆绑方式的不同，可以产生千变万化的图案，因此它成为吸引游客进行深度体验的最成功的项目之一（见图1-26）。

图1-25　蓝染（扎染）工坊的教师在带领学员体验扎染工艺

图1-26　学员们在展示自己的劳动成果（个性图案的扎染头巾）

　　从服务设计角度看，体验式旅游将传统观光的观看和游览改变为动手和创意，不仅丰富了旅游的内容，增加了体验的乐趣，而且能够带给游客更多的乐趣和回忆。例如，工艺体验馆可以让游客带走自己的劳动成果，如扎染设计的头巾、手绢、手袋或者竹编的工艺品（见图 1-27）。由于体验式旅游有着更多的服务触点和互动环节，因此这对服务设计提出了更高要求：无论是活动本身的设计，还是相关服务人员（导游、领队、销售以及指导技师等）的培训，都需要了解顾客心理学，并且针对不同年龄、教育背景和地区的旅游团进行服务。目前，专职的旅游体验师已成为旅游服务设计的岗位之一，他们对旅游中的交通、住宿、美食、风景和体验等环节给出综合评价，作为管理者改进服务的参考指标。

图 1-27　竹编教室中的学员和游客们一起学习竹编工艺

课堂练习与讨论

一、简答题

1. 什么是体验式旅游？体验式旅游的核心是什么？

2. 体验式旅游体现了哪些服务设计思想？

3. 如何策划一个以传统民间工艺（如扎染、编织、糊风筝等）为主题的旅游项目？

4. 如何管理体验式旅游项目（包括课程规划、时间规划、材料费、技师费等）？

5. 如何让游客在体验项目中获得惊喜和意外的收获（提示：作品与分享）？

6. 如何针对小学儿童（好动、爱玩、注意力不集中）进行体验项目的设计？

7. 如何针对家庭亲子游进行体验服务设计？

8. 如何将产品设计、服务设计、DIY 和旅游体验相融合？

二、课堂小组讨论

现象透视：近年来，我国的"黄金周"旅游成为家庭、朋友出行的高峰。许多热门景点如八达岭长城、故宫、颐和园（见图 1-28）、杭州西湖、华山、泰山等地会出现"人山人海，寸步难行"的局面。节假日往往会造成高速公路和景区交通"大拥堵"，由此不仅带给景区巨大的压力，也使得游客的旅游体验大打折扣。

图 1-28 "黄金周"假日的集中旅游乱象——热门景点人满为患

头脑风暴：如果你是景区的管理者，如何通过手机来发布信息和管理人流？如何通过GPS 定位（如高德地图）的信息来导流游客？如果你是游客，如何提前知道景区的情况？如何借助手机 GPS 地图的帮助来重新规划游览线路？如果你是景区的商家，如何未雨绸缪，提前做好黄金周的服务设计？

方案设计：服务设计的核心在于服务流程的可视化与透明化。请各小组针对上述问题，扮演不同用户（景区园长、游客或商家）的角色，给出相关的设计方案（PPT）或设计草图（产品或服务设计）。

课后思考与实践

一、简答题

1. 请从客户端和服务端说明什么是服务设计?

2. 什么是服务设计的生态链? 什么是服务生态?

3. 以支付宝或共享单车为例说明服务设计的意义。

4. 为什么星巴克咖啡是全球最受赞誉的公司之一?

5. 服务设计的观念来源于哪些学科或研究领域?

6. 为什么玛吉尔教授认为服务与产品是密不可分的?

7. 举例说明服务设计的要素包括哪些内容。

8. 服务设计思想、观念与方法源自哪些学科领域?

二、实践题

1. 餐饮业是最能体现服务设计思想的领域,除菜品的价格、品质和服务环境外,对顾客体验的设计也是其中重要的环节,如海底捞店中员工表演抻面的舞蹈(见图 1-29)。请为某地方特色主题餐厅(如西藏)设计体验式服务环节,可参考的内容包括:藏舞表演(定时)、多媒体投影、自助烤肉、iPad 点餐、抽奖游戏。

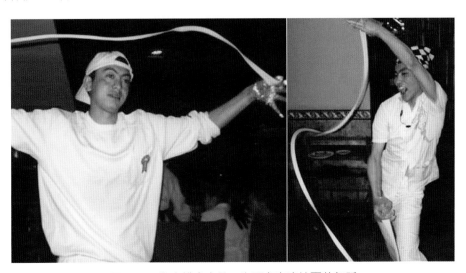

图 1-29　海底捞店中员工为顾客表演抻面的舞蹈

2. 服务设计的核心在于服务流程的可视化与透明化,例如就诊看病的流程包括网上预约、前往医院、排队挂号、就医(问诊、化验、确诊、开方)、缴费、取药等一系列触点,对流程的理解错误往往会让患者耗费许多时间。请调研当地医院,设计一个可以自动追踪服务进程并提示的手机智能 App。可以参考的方案包括:预约时间、提醒服务、远程候诊、刷卡付费、网络支付等。

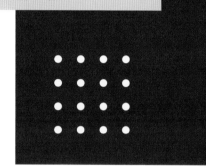

第 2 课　体验与服务

　　我国是全球服务经济排名第二的大国，仅次于美国，同时目前我国也是重点发展服务贸易的国家。因此，服务设计在我国具有重要的战略定位及价值。本课从体验经济、服务业与服务贸易开始，阐述服务业的价值以及当代设计的转型与范式的变迁，并且以星巴克、迪士尼的体验文化为例说明"产品即服务"的概念。本课还通过对共享经济和公共服务设计的需求分析，说明未来服务设计发展的空间与潜力。

2.1 体验经济时代

2006 年，加拿大导演詹妮弗·柏维尔（Jennifer Baichwal）和摄影家爱德华·伯汀斯基（Edward Burtynsky）一起来到被称为"世界工厂"的中国广东的深圳、东莞和福建的超大型工厂里，用生动的视觉语言记录和展示了忙碌的打工妹、紧张的生产线、宏大的车间和工业垃圾场。这部名为《人造风景》的纪录片（见图 2-1）以惊心动魄的镜头记录了十多年前的中国制造业为谋求发展所付出的巨大代价。导演和摄影师深入中国的工厂区、回收工业垃圾的乡村工场以及露天煤矿等地，以一条交织着强烈的同情与批判的叙事线索揭示了曾经的"世界工厂"所付出的巨大的环境与人力资源成本。该片导演对其创作意图阐述如下："整部电影都是要人们自我反省。它关系到我们所有人，不只是在中国的人。"我们应铭记这段中国制造业的历史，并且以更无畏的勇气来迎接明天的机遇与挑战。

图 2-1　纪录片《人造风景》的画面截图

服务设计的出现有着历史的必然性。在工业时代，由于经济落后与材料匮乏，公共机构提供的服务只能满足人们"有用"和"可用"的需求，而关于服务体验的设计在所难免被忽略。随着时代的发展，工业时代沿袭下来的服务观念并没有追上经济发展的步伐，依然存在诸多弊病，而人们对生活品质的追求却在不断提高。对于服务来说，仅是"有用"和"可用"已经不能满足人们的需求，而"好用""常用"和"乐用"正在成为人们关注的内容。例如个性化的订制餐饮和主题餐饮的出现就满足了人们对极致生活体验的追求（见图 2-2）。哈佛大学管理策略大师麦可·波特（Michael Porter）指出：未来企业发展的方向将由生产制造商品转变为以关心顾客的需求为目标，以能够为人类社会创造和分享价值作为主导。因此，体验和服务经济的繁荣是这个历史趋势的体现。腾讯 CEO 马化腾在 2015 年 IT 领袖峰会上指出：当前各种产业（包括制造业）都在从以制造为中心转向以服务为中心，最终都变成以人为中心。根据国家统计局的资料显示，2021 年我国的服务业占 GDP 比重已达到 58.3%，同时我国服务产业的就业比重已达到 44%。我国由工业主导向服务业主导转型的趋势更明显，但与欧美日韩等发达国家相比仍有不小的差距（见图 2-3）。面对 5G 时代的来临，物联网与数字科技仍有着巨大的发展潜力和增长空间，这也成为服务设计与交互设计的新市场。

图 2-2　满足人们对极致生活体验的追求是服务设计的目标之一

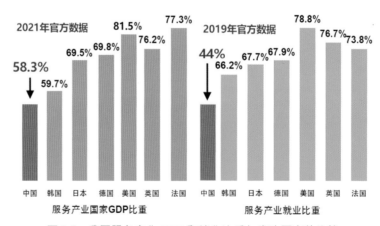

图 2-3　我国服务产业 GDP 和就业比重与发达国家的比较

　　体验经济时代的来临推动了许多企业的文化和价值观发生转变，例如荷兰著名的咖啡制造商雀巢公司由传统食品制造商转为关心消费者健康的体验服务型企业（见图 2-4）。同样，美国运动鞋制造商耐克公司也由单一制造商转为通过计步器、可穿戴智能设备与运动健身服装整合的"制造商＋服务商"。国内的产品制造商（如联想集团）也期望通过血氧／心跳监测仪、蓝牙心率耳机、智能体质分析仪等配件与手机的数据连接为用户提供更多的健康和保健服务。服务设计首先关心的就是如何为用户创造价值，其次才是如何获得商业价值。因为人们越来越意识到，前者是后者的源头。服务设计总是与新型商业模式联系在一起，因为这个新思想的核心是以无形的服务重组各方面的资源，通过重新发现用户需求，运用新技术来改善服务流程，并且带给用户便捷和贴心的体验。

图 2-4　雀巢公司的健康科学机构聚焦生活保健服务领域

根据体验经济鼻祖约瑟夫·派恩（B. Joseph Pine Ⅱ）的理论，体验可分为 4 种：娱乐的、教育的、逃避现实的和审美的体验（见图 2-5）。在其《体验经济》一书中，他从体验与人的关系的角度入手，采用二维坐标系对人的体验进行划分。横轴表示人的参与程度，这个轴的一端代表消极的参与者，另一端代表积极的参与者。纵轴则描述了体验的类型，或者说环境上的相关性。这个轴的一端表示吸收，即吸引注意力的体验；而另一端则是沉浸，表明消费者成为真实经历的一部分。换句话说，如果用户"走进了"客体，例如看电影的时候，他是

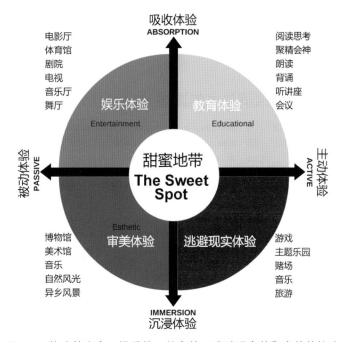

图 2-5　体验的内容：娱乐的、教育的、逃避现实的和审美的体验

正在吸收体验。如果用户"走进了"体验，例如玩一个虚拟现实的游戏，那么他就是沉浸在体验之中。而让人感觉最丰富的体验是同时涵盖上述 4 个方面，即处于 4 个方面交叉的"甜蜜地带"的体验。例如，到迪士尼乐园旅游就属于最丰富的体验活动之一。

2014 年，中国科学院院长路甬祥院士提出：在第三次工业革命浪潮中，创新设计将引领以信息化和网络化为特征的绿色、智能、个性化、可分享的可持续发展文明的走向。中国需要提升创新设计能力作为促进创新驱动、转型发展、建设创新型国家的重要战略。中国设计要引领世界发展潮流，积极迈向创新型设计。在前互联网时代，除迪士尼等少数企业外，多数公司依靠产品打天下，服务体验仅作为售后的环节，不入公司管理层的法眼。而在全球化经济时代，整个世界的经济格局在快速变化。"以产品为中心"的观点开始转向"以用户体验为中心"观点，体验经济时代已经来临。

获得诺贝尔经济学奖的行为经济学家丹尼尔·卡尼曼（Daniel Kahneman）证实了"心理决定经济上的价值"。因此，用户体验设计、服务设计、交互设计的地位越来越重要。工业时代的设计以"造物"为先，而互联网时代的设计对象开始从"可见之物"向"不可见之物"转换。正如零点研究咨询集团董事长袁岳在 2013 年《服务设计的时代》报告中提出的那样：工业设计的时代已经过去，服务设计的时代已经来临。在工业设计时代，设计师提供硬件产品解决方案；到了交互界面设计时代，设计师强调的是软件产品设计；进入用户体验设计时代，设计师需要进行软硬件产品的整合设计；在服务设计时代，更多的学科需要交叉，设计师要与技术、社会、管理人才协同创新，共创价值，加速推进我国传统服务业的转型升级和数字化建设。

2.2 服务经济学

2020 年，美国第三产业（即服务业）创造的 GDP 高达 17.065 万亿美元，占 GDP 的比重上涨至 81.5%。美国的服务业包括金融、保险、房地产、专业技术及商业服务，以及教育、健康及医疗保健 10 个子类（见图 2-6），主要为金融和保险、房地产、政府服务、健康和社

图 2-6　服务业占美国经济最大的比重

会保健、信息以及艺术和娱乐。服务业是美国经济增长最大的组成部分，因此可以说是服务型经济主导的社会。按照"服务主导逻辑"的观点，商品和服务之间没有真正的区别，因为商品创造的价值实际上是由嵌入其中的设计、工程、制造、营销、物流、销售等服务产生的，服务中必然包含着商品，反之亦然。因此，所有经济都是服务经济。数字经济改变了企业提供产品和服务的方式，由于人们更偏爱租赁、订阅或者共享服务的便利性而无须负担所有权，因此"一切皆服务"（Anything as a Service，XaaS）的商业模式正在兴起，并且促进了服务业和制造业的融合。

服务业是全球最重要的就业市场之一（见图 2-7）。根据国际劳工组织及世界银行 2020 年的数据，全球劳动力约有 33.9 亿人，其中 50.6% 从事服务业，26.7% 从事农业，22.7% 从事制造业。换句话说，今天大约有 1/2 的人从事服务业。美国发达的服务业属于高端定制服务业，主要集中在金融、保险、房地产、专业技术及商业服务领域。例如，英特尔生产 CPU，但英特尔公司在美国属于服务业，虽然英特尔很多工厂在国外，但需要更多的人员对 CPU 设计进行优化，而这些都属于服务业。类似的如思科、IBM、谷歌、高通、苹果、甲骨文、微软等也都是以服务业为主。在美国，服务业雇用了 80% 的劳动力。在服务经济持续增长的同时，服务业之间的工资差距也很大，部分企业提供兼职工作，另一些企业提供全职工作。一些行业支付低工资（如快餐服务、快递服务等），而另一些行业则有较高的报酬（如投资银行家、软件工程师、理财顾问等）。美国服务业也存在诸多矛盾并由此导致了收入不平等的扩大和生活水平下降等问题。

图 2-7　服务业是全球最重要的就业市场之一

我国的服务业正处于快速增长中。根据国家统计局公开的 2021 年的数据，我国目前服务业占比 58.3%，制造业为 27.47%。如果从发展速度看，服务业增长趋势更明显。过去 40 年中国经济结构发生了历史性变化。第一产业对中国 GDP 的贡献从 1978 年的 27.7% 下降到 2017 年的 7.9%；而第三产业占 GDP 的比重为 51.6%，比 1978 年提高了 27%，服务业成为国民经济的重要组成部分（见图 2-8）。个体与民营企业对服务业的增长起到了举足轻重的地位。根据 2018 年的数据，中国拥有 7137 万个个体户和 3067 万个私营企业；2017 年，共有 115 家中国民营企业上榜财富世界 500 强。今天，私营部门在中国经济中发挥着重要作用。它贡献了全国税收的一半以上，全国 GDP 的 60%，技术创新和新产品的 70%，城镇就业的 80%，新增就业岗位的 90%。上述数据说明，服务业的发展对我国国民经济的发展有着举足轻重的作用。

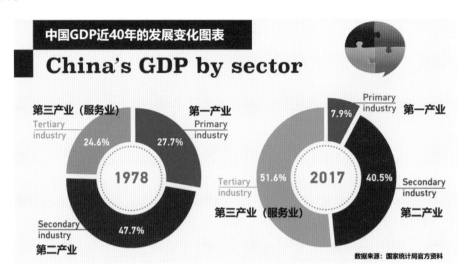

图 2-8　我国第三产业在 1978—2017 的 40 年中得到快速发展

服务业的繁荣与发展是服务设计行业存在与增长的前提。随着数字科技与智能技术的普及，基于数字经济的新型服务业（如智慧社区、智能家居、智能交通、智慧城市、体验式旅游、居家养老、远程医疗等）创造了创新服务商业模式的需求。我国已经连续 8 年由商务部举办"中国国际服务贸易交易会"（简称国际服贸会），这也成为我国服务业发展与繁荣的重要标志（见图 2-9）。数字科技与体验经济创新了服务模式，也改变了娱乐、音乐、零售、媒体和银行等传统服务行业的面貌，如手机银行、远程服务与机器人客服等已成为各大银行节约成本、减员增效和改善服务的举措。

图 2-9　中国国际服贸会代表了我国服务贸易的增长

在前数字时代，服务业被定义为不可贸易的行为。因为服务就是一个劳务形态，无论是教育、医疗、音乐还是家政，服务提供方和服务接受方都必须同时同地；上课时老师学生必须同时在场，看病时医生病人必须同时在场。因此，那时候的服务业是不可贸易的当地化经济。随着互联网与数字经济的发展，远程同步化服务已成为数字服务业中发展最快的分支，例如现在的远程教育、远程医疗、远程会议、软件外包、服务外包（特别是动漫、影视后期及衍生产品等）都在蓬勃发展。随着数字时代来临，服务业不仅可以有国际贸易，而且还可以进行国际分工，包括生产者服务、消费者服务、研发设计服务、公共服务等都在全球化，都可以远程交易和全球分工。从全球看，数字交付式的服务贸易比重已占全球服务贸易的 52%，中国数字贸易的比重也接近 50%，数字化服务贸易已成为国家重点战略之一。

5G 技术为全球化服务的实现搭建了平台。例如，猪八戒网是地处重庆的生产者服务平台，它把各种各样全生命周期的生产者服务和 1400 万户都放到平台上，例如要办一个新企业或一个 logo，用户把需求确定好后在平台上发布，平台可以智能匹配国内国际的服务供应商（见图 2-10 左下）。设计全球化分工不仅具有速度优势，而且还能在每个领域集成全球最优秀的设计师共同完成，这是单个设计团队不能匹敌的。目前世界贸易组织（WTO）界定了服务贸易的 12 大领域，包括商业服务、通信服务、建筑及相关工程服务、金融服务、旅游及旅行相关服务、娱乐文化与体育服务、运输服务、健康与社会服务、教育服务、分销服务、环境服务以及其他服务。服务贸易与我们的日常生活息息相关，如旅游服务、体育健身、教育医疗、信息通信等。最重要的是，服务贸易的快速增长为服务设计的发展与繁荣奠定了基础。中国不仅是全球制造业强国，而且通过加入世界贸易组织向外国投资者开放了服务业，这进一步促进了服务业的快速增长。智能手机、物联网和可穿戴设备的普及打造了新的数字服务生态，而国内的服务设计公司与工作室会从中得到更多的项目与提供不同类型的解决方案的机会。

图 2-10　5G 技术推进数字服务平台的建设

2.3　臻选烘焙工坊

　　1971 年创办的星巴克一直是行业的成功范本，其打造家和办公室之外"第三空间"的咖啡店商业模式被广为称道。但随着电商的出现，线下实体店的"第三空间"也要与时俱进。2017 年初，星巴克创始人霍华德·舒尔茨在清华大学的演讲中提到："因为有亚马逊、阿里巴巴等，每一家实体店都受到电商威胁。这就意味着零售业的一次大调整，很多实体店会关门，我们必须打造更好的、有情感诉求的、浪漫的实体店。"因此，2014 年，灵感来源于电影《查理的巧克力工厂》并被打造为"咖啡的奇幻乐园"的全球第一家星巴克臻选烘焙工坊在美国西雅图星巴克总部开张。其店面采用古典建筑风格，约 1393 平方米，尝试了沉浸式体验和多元化产品组合。舒尔茨将其比作"一张承载咖啡、戏剧和浪漫的魔毯"。第一家臻选烘焙工坊目前已成为西雅图最受欢迎的旅游景点之一，因此 3 年以后在上海的第二家工坊就特别令行业内外瞩目，新技术快速催化零售变革的中国市场成为星巴克探索咖啡店的最新试验场。

　　上海烘焙工坊约 2700 平方米，面积远超西雅图店。星巴克负责店铺的消费体验设计，技术产品底层则来自阿里巴巴。最显眼的标志物是一个刻有一千多个篆体中文的巨型铜罐（见图 2-11），咖啡豆经过烘焙，会先在这个巨大的铜罐中静置 7 天，之后会经过头顶的黄色管道进入咖啡烹煮的各个环节。同时，铜罐也相当于储货仓，天猫会员可在线上下单，预订上海烘焙工坊正式烘焙的第一批臻选咖啡豆，之后按月送达。为加强数字化沉浸式体验，店内还设置了 AR 体验区；用手机扫一扫店内随处可见的二维码，该部分的介绍就会在手机上自动显示，可以使用户直观了解烘焙设备、咖啡吧台、冲煮器具等的每一处细节。用户也可以通过 AR 技术观看"从一颗咖啡生豆到一杯香醇咖啡"的全过程。用户在指定工坊景点打卡，即可获得虚拟徽章，并且解锁工坊定制款拍照工具，体验成为星级咖啡师的乐趣。星巴克采用的 AR 方案由阿里巴巴人工智能实验室研发，是科技创新体验的代表范例。

图 2-11　星巴克探索咖啡店上海烘焙工坊内景

想象一下，在浩大的烘焙机器车间，空气中弥漫着浓郁的咖啡香气，环境华丽又雅致，戴黑围裙的咖啡大师拿着手冲壶，专注而缓缓地冲出一杯咖啡给你……是不是在气势上已让你折服？这些服务和体验本身以及细节设计将用户对咖啡的功能性需求上升到全方位的体验和感受级别。从消费体验上说，在这间全店无餐牌的"咖啡剧场"里，只要拿出手机扫一扫，就可以实现"智慧消费"，这对于酷爱手机文化的年轻人来说无疑有着巨大的吸引力。从星巴克这个新一代门店的体验和技术探索，我们可以看到服务设计所带来的效率和顾客体验的提升空间。

星巴克最经典的广告词"我不在办公室，就在星巴克；我不在星巴克，就在去星巴克的路上"一度成为众多广告效仿的经典案例。对于喝惯了茶的中国人，星巴克不仅代表着一杯纯正的咖啡，还意味着享受一种品味极致的环境、周到细致的服务，还有各种富于创意的甜点和最受追捧的单品——星巴克杯子。无数的创意让星巴克在中国市场获得了前所未有的成功。体验可以产生经济价值，好的服务设计同样可以产生价值，这一点已经被互联网时代无数企业的实践所证实。

以咖啡为例，通常收获的咖啡豆每 500 克的价格约为 10 元，根据不同的品牌和地域，可以冲制 10~20 杯咖啡；在街头咖啡店里，现磨咖啡要卖到将近 15 元一杯。而在旅游点的星巴克店，一杯咖啡可能要卖到 30~45 元；如果在一家五星级酒店或高档星巴克咖啡店里，对于同样的咖啡，顾客会非常乐意支付 50 元一杯的价格，因为在那里，无论是点单、冲煮还是每一杯的细细品味，均融入了一种特殊的格调或氛围。其他的服务（包括免费上网、免费充电、舒适的沙发以及灯光和轻音乐的选择）都为消费者带来不同的体验。室内设计和温馨气氛的营造使得商品提高了两个层次，从而提高了其价格。目前顶级的经典烘焙坊咖啡价格高达 65 元。随着咖啡文化近几年在中国快速传播，民众对好咖啡和良好服务体验的追求越来越高。虽然咖啡可以是大宗商品、零售商品或服务商品，但顾客为之付出了截然不同的价格，这就是服务设计的魅力（见图 2-12）。因此，更加关注数字时代人们的需求以及真心地设计出感动人心的产品和服务体验不仅可以提高产品的附加价值，而且也将成为推广和发展服务产业的新方向。

图 2-12　咖啡作为大宗商品、零售商品或服务商品的附加值曲线

2.4 迪士尼体验文化

1955 年创建于美国洛杉矶的迪士尼乐园是世界上最早的主题游乐园；而在美国佛罗里达州奥兰多的迪士尼世界（Disney World）则是全球最大的主题游乐园，也是全球娱乐项目最多的主题公园。迪士尼公司创始人沃尔特·迪士尼是一位具有丰富想象力和创意的企业家。他将以往制作动画电影所运用的色彩、魔幻、刺激和娱乐元素与游乐园的特性相融合，使游乐形态以一种戏剧性和舞台化的方式表现出来。迪士尼乐园用主题情节暗示和贯穿各个游乐项目，使游客成为游乐项目中的角色。在"用户体验设计"这个概念仍未广为人知的 40 年前，老迪士尼就以睿智的眼光，将体验文化与"顾客为先"的理念融入公园建设与管理中（见图 2-13），使得迪士尼乐园成为全球最早、最成功的服务设计典范之一。

图 2-13　迪士尼乐园是全球最早、最成功的服务设计典范之一

沃尔特·迪士尼的"游乐园之梦"可以追溯到 20 世纪 40 年代，很少有人知道，在电影界叱咤风云的迪士尼在日常生活中还是一位尽职的好丈夫和好父亲。几乎每个周末，他都会带着自己的妻子和女儿郊游，但发现在公园里游玩的孩子们以及他们的父母总是一副无精打采的样子。这些传统公园不仅设施陈旧，员工的服务态度恶劣，而且卫生状况也很糟糕。沃尔特无法忍受这种无聊乏味和糟糕的体验，萌生了自己建立一个主题娱乐公园的构想，也就是将经典动画的主题与角色还原到现实世界，将观众特别是儿童对动画观影的记忆与迪士尼乐园的现实体验融为一体。乐园建成后，为掌握游客对乐园的真实感受，迪士尼走访了乐园的各个角落。他不仅观察游客玩乐，倾听他们的意见，而且还向各服务部门询问有关改进的方案并制订了一系列员工服务守则。这些管理规范帮助该主题乐园成长为体验文化的典范（见图 2-14）。

对用户体验的重视成为迪士尼的"传家宝"。迪士尼前任副总裁李·科克雷尔（Lee Cockerell）就被誉为"客户体验领域最权威的专家"。他还写了一本专著《卖什么都是卖体验》来阐明他的理念（见图 2-15 右）。科克雷尔曾多年担任迪士尼乐园、希尔顿酒店和万豪酒店

图 2-14　迪士尼乐园的成功与沃尔特本人对顾客体验的重视是分不开的

的高管，该书对他积累的客户服务经验进行了总结，并且融汇成 39 条基本法则。科克雷尔通过一个个真实、生动的案例展示了如何赢得客户、留住客户，以及如何把忠实客户转变为企业的铁杆粉丝的种种服务理念和举措。

图 2-15　迪士尼乐园游览花车和专著《卖什么都是卖体验》

对于迪士尼乐园来说，所有的优质体验都来自人与人之间最真诚的相互关系。互联网颠覆的是人与人的沟通渠道和方式，而优质体验的本质并未改变。因此，回归用户体验的基本原则是所有平台、产品和服务的必修课。迪士尼乐园前 CEO 迈克尔·艾斯纳说："我们的演职员们多年来的热情和责任心以及游客们对我们的待客方式的满意是迪士尼乐园最突出的特点。"事实上，迪士尼乐园的员工同时也是演员，永远面带笑容的迪士尼员工已经成为乐园的一种典型形象（见图2-15左）。对迪士尼乐园来说，培养这样的行为和印象是其"服务主题"的一个非常重要的部分，这个主题就是"为所有地方的所有年龄段的人创造快乐"。作为培训内容，迪士尼新员工要学习各种表演技巧，除花车游行表演和卡通装扮表演的技巧外，还要研究姿势、手势和面部表情对来宾体验的影响。例如，迪士尼的雇员在接到小朋友问话时，都要蹲下来，微笑着回答他们。蹲下后员工的眼睛要和小孩的眼睛保持在同一高度，不能让小孩子抬着头和员工说话，因为他们是迪士尼现在和未来的顾客，需要特别的重视。

在数字时代，优质的用户体验不仅来自人性化的服务，更重要的是企业不断的科技创新。例如，迪士尼乐园的最新成员是"星球大战：银河边缘"（Galaxy's Edge）主题的"仿真实景+AR"的沉浸体验以及数字影像全息投影（见图2-16）。这不仅给全世界超过千万的"星战粉丝"带来了更多惊喜，也为数字时代成长起来的青少年带来了他们所熟悉的媒体与互动体验。目前迪士尼已成功申请了一项名为"虚拟世界模拟器"的系统专利，该系统将使用户无需耳机或眼镜即可体验立体的数字世界。这是超越传统增强现实或虚拟现实的重要一步。该技术的核心是一系列高速高清投影仪并结合了SLAM（同步定位和映射）技术。该系统可以持续跟踪访问者的位置并从他们独特的角度显示正确的"视图"，这使得多个游客能够从不同的位置同时体验3D虚拟世界，而无须借助任何可穿戴外围设备。预计该技术将会很快推广到全球迪士尼世界的互动体验厅、沉浸餐厅和迪士尼度假酒店，给大家带来全新感受。

图2-16   星球大战主题体验馆的AR角色及沉浸餐厅

迪士尼乐园的服务设计渗透到管理的每一个细节。从人工服务的软件到物质设施的硬件都完美体现了对人性的关怀。在这里，每一个简单的动作都有严格的标准，所有可能的"服务触点"都有清晰的手册指南。例如，迪士尼乐园除提供借车、导览、取款机、失物招领、住宿联系等服务外，还提供婴儿换尿布和宠物寄存服务。如果购物游客嫌手上提的物品太沉，公园在 3 小时内可以把游客所购的物品送到出口或客人下榻的酒店。如果大人和孩子要分开玩，园内提供沟通联络服务或替代照看。公园内的厕所不仅分布合理，而且还为带孩子的父母设置了专用厕所以及残疾人异性互助专用厕所。公园里备有婴儿推车、自助电瓶车和残疾人轮椅，以方便老人、儿童和特殊人士的出行。这种周全的服务设施为迪士尼乐园的客源提供了最可靠的服务保证。

在数字时代，人们的体验离不开智能手机。迪士尼幻想工程体验厅提供了沉浸投影和乐园沙盘的手机扫描服务（见图 2-17 上）。游客可以在这里通过手机扫描模型的各景点来获取更详细的资料。乐园还提供了不同款式的魔力智能手环（MagicBand）。通过配合智能手机 App，这个手环可以帮助游客预约要游览的场馆；可以直接刷卡，减少排队和等候的时间。当然，游客也可以通过手机感应的方式实现相同的体验（见图 2-17 右下）。统计表明，迪士尼公园的回头客超过 70%，堪称优质服务的典范。目前迪士尼集团已经在全球建立了 6 座主题乐园，除本土的两座外，还有东京、巴黎、香港和上海的迪士尼乐园。而迪士尼的体验文化和优质服务已成为全球各个主题公园学习的样板，包括珠海长隆海洋主题乐园、武汉方特世界和北京欢乐谷等都得益于迪士尼的文化。

图 2-17　迪士尼幻想工程体验厅和魔力智能手环

2.5 共享经济模式

早在 2000 年 1 月，共享经济的鼻祖、美国企业家罗宾·蔡斯（Robin Chase）就和伙伴联合创立了全球第一家汽车共享公司 Zipcar，该公司从没有一辆属于自己的汽车成长为如今全球最大的租车公司。从那时起，蔡斯就预言 21 世纪经济是共享经济的世纪，共享经济将改变人类生活以及城市和未来。今天，"共同创造"和"共享经济"的理念和实践已经在全球如火如荼地发展起来，而第三方交易、支付平台的出现成为这种模式风靡全球的契机。租房、拼车、拼餐、网约或买卖二手车等 O2O 交易都是在这个商业模式下发展起来的应用。在共享经济时代，不再像以往的传统商业社会那样，消费者面对的只是商家，现在是人与人互相面对，这为服务设计打开了一扇新的大门。例如，"共享经济"离不开线上平台的设计与管理和线下的服务（见图 2-18），这个平台也集中了金融服务、交易、信息安全、管理、广告、数字营销甚至社交服务等一系列功能。因此，这种服务需要政府机构、设计师、客服人员、数据支持以及第三方公司的共同合作，才能完成服务流程。

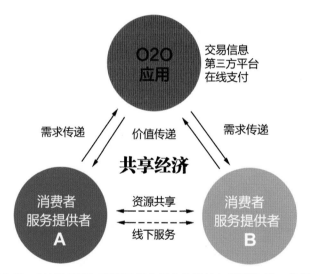

图 2-18 "共享经济"离不开线上平台的设计与管理和线下的服务

在共享经济模式下，消费者可以通过合作的方式与他人分享产品和服务，而无须持有产品与服务的所有权。使用但不拥有，分享替代私有，这也成为之后如日中天的优步（Uber）、滴滴出行等分享服务的模板。据美国《时代》周刊统计，全球共享经济中目前活跃着 1 万家公司，如全球知名民宿与短租企业爱彼迎（Airbnb）、实时租车和共乘服务公司优步、欧洲知名长途拼车公司 BlaBlaCar 等。同样，像优步、滴滴出行、小猪短租这些创新企业也在中国取得了相当大的成功，滴滴出行还将市场拓展到巴士、代驾等新的服务领域。全球最大的民宿与酒店预订服务网站之一"缤客网"（Booking.com）将短租与旅游相结合，将全球美食、表演、民俗民歌、特色建筑和自然景观通过网络提供给短租游客（见图 2-19）。与传统的酒店或汽车租赁业不同，这些共享经济平台通过撮合交易获得佣金，利用移动设备、评价系统、支付、LBS 等技术手段将供需方进行最优匹配，达到双方收益的最大化；其本质就是整合线下资源或服务者，让他们以较低的价格提供产品或服务（见图 2-20）。

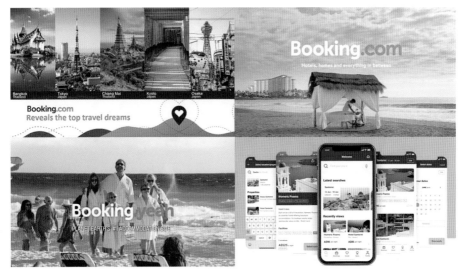

图 2-19　缤客网通过将短租与旅游相结合开拓服务市场

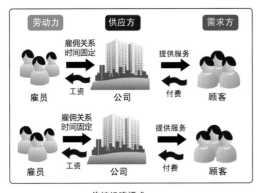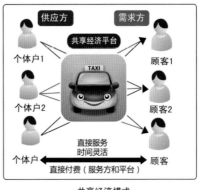

图 2-20　共享经济通过整合线下资源提供更灵活的服务

　　国内的共享经济模式与传统的"分享"有所不同，而更接近分时租赁。例如共享单车、共享雨伞（见图 2-21）等并不是社会闲置资源，而是企业自有的产品，并且以传统租赁的形式租给用户。也就是说，很多共享项目并不是对已有闲置资源的再利用，而是创造出来的"共享"。因此，与传统的共享经济的三方模式不同，分时租赁经济是比较典型的两方交易模式；或者说是运营商自己以"共享"的名义直接面向消费者推出的租赁服务。这种创新模式的共享项目仍处于探索之中，虽然一些创新服务的确方便了百姓生活，但从服务设计角度看，有些廉价的"共享"资源并非刚需，也难以有更大的发展空间。因此，如何针对用户需求进行设计（特别是如何将数据、服务与用户有机融合）是需要深层思考的问题。

　　社会与创新和可持续设计联盟主席埃佐·曼奇尼（Ezio Manzini）先生高度评价了共享和分享在解决社会问题和推动社会创新设计中的重要作用。曼奇尼认为：从实践的角度来说，社会创新所做的就是将现有的资源和能力进行重新解构组合，从而创造新的功能和意义。例如，对于酒店服务，根据用户（旅客）主动参与以及协作参与的程度不同，可以将其分成 4 种不同的服务模式：被动服务式、共同运营式、共同生产式和自助服务式（见图 2-22）。在

图 2-21　共享雨伞并非社会闲置资源，而更接近分时租赁的产品

共享经济模式下，除传统酒店外，还有自助式酒店、民宿短租以及异地换房免租（换房旅游）。在人们互相接触并且为得到某种利益而交换东西或服务时，协作就创造了可分享价值。积极参与和协作参与模式除当事双方，还涉及政府、共享网站、民间组织和公益机构等的协调。

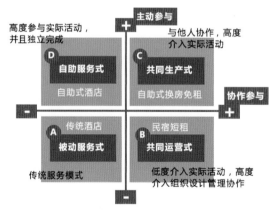

图 2-22　曼奇尼教授提出的 4 种不同的共享服务模式

曼奇尼教授还认为：为城市中的通勤族设计拼车、共享汽车、共享车位，其本质上都是资源重构和社会创新。其"创新"所在不单单在于设计的过程，更在于这些方案本身蕴含的对各种资源（如车辆、车位等）的重新组合，以及对人与人关系的重新构建——如拼车过程中司机与乘客之间的关系；共享同一车位时不同车辆所有者与车位之间的关系等。他在《设计，在人人设计的时代》一书中提出了大量相关的案例，如社区支持农业，即消费者积极参与到食物的生产和流通环节中，在获得更优质产品的同时帮助农民提高收入，构成了新型的产销关系；如"家有学生"，独居老人将空余房间出租给大学生，大学生以承担日常照料和陪伴的活动来抵销一半房租，构成了新的"房东-租客"关系；如"关爱圈"，不同年龄的

老人生活在一起，在专业医务人员和社工的支持下，共同养老，构建了新的服务与被服务关系。在这些案例中，设计师的传统职能被弱化，而沟通、创造工具等职能被强化。在"创意"本身开始普及，人们解决问题的意愿和能力都足够强大时，设计师面临的挑战已经远远超出传统的专业范围，而这也是未来设计师们需要深思的问题。

硅谷思想家、科技预言家、《连线》杂志创办人兼主编凯文·凯利（Kevin Kelly）认为：互联网正从静态向动态转变，未来互联网的变化趋势是形成信息池，所有信息集中在这个巨大的信息池中供所有人应用，这个信息池会成为我们生活的基础。他还进一步指出：在云计算的时代，共享是一个主题词，它不再强调个人拥有，而是共享和得以使用。他不无幽默地谈道："很多人说，我不会去跟别人分享我的医疗数据、财务数据或性生活。但这只是你现在的观点。今后人们会分享这些数据，我们现在还处于分享时代的早期。"虽然凯文·凯利的观点值得商榷，但长达两年多的新冠肺炎疫情使得人们开始重视个人隐私与公众利益之间的矛盾。例如，个人出行的大数据分享对于政府的疫情防控与流调溯源非常重要，但这无疑需要个人做出一些牺牲和让步。从西方国家在抗疫过程中暴露出来的各种问题可以看出我国社会主义制度的优越性。

2.6 公共服务设计

由于用户本身的多样性和复杂性，服务设计必须多视角思考用户需求。以城市中最常见的公共交通"地铁"的服务为例，一些我们司空见惯的轨道交通导航与服务设施对普通人来说应该没有问题，但对于特殊群体（如老人、精神障碍者、肢体残疾人、盲人、孕妇、哺乳期带婴儿的妈妈等）来说，往往会成为障碍。因此，无障碍设计、关爱设计成为公共服务设计中的重要环节。

其他一些国家的范例可以给公共交通的服务设计提供很好的思考。例如，在日本，肢体残疾人不但可以拄着拐杖进百货公司，还可以坐着轮椅逛街和坐地铁。各个公共场所和机构都为残疾人预先设置了各种便利的专用通道和标识，路面有残疾人黄色通道。坐地铁时，残疾人只要把轮椅开到地铁进口处的垂直电梯即可。垂直电梯有两排按钮。一排在高处，是给正常人使用的；另一排在低处，是供残疾人使用的。电梯关门的间隔时间很长，是为照顾残疾人和老年人而特意设定的，因此不用担心电梯门会夹住人。在日本地铁站，残疾人上车会得到工作人员特别的照顾。在一些没有垂直电梯的地铁站，滚梯或楼梯旁边会专门备用供残疾人和轮椅乘坐的阶梯运送车（见图 2-23 上），工作人员通过这个设施将乘客送到站台。日本的部分车站还安装有轮椅无障碍电梯（见图 2-23 左下）。在工作人员的操控下，这些电梯可以自动将 3 个电梯台阶平齐来放置轮椅（前方有防滑挡板），以实现轮椅的无障碍通过。此外，日本公共卫生间以及家庭浴室配备的婴幼儿固定座椅（见图 2-23 右下）也广受妈妈们的喜爱。服务设计需要体现在细节之中，我们可以由此感受到设计师的良苦用心。

日本的列车上通常有供轮椅停靠的位置，在车厢外面绘有显著的标志。而站台的工作人员会提前将乘客安排在特定车厢停靠点等候列车。由于列车和站台之间是有缝隙的，为方便残疾人士上车，工作人员会准备一块专用的塑料板，让残疾乘客更顺畅地进入车厢而完全没有后顾之忧（见图 2-24）。如果是乘坐轮椅，工作人员会全程帮助乘客上车。列车到站后，乘务人员会提前出现在乘客身边，帮忙准备好行李并推着轮椅缓缓行至车门，车上所有

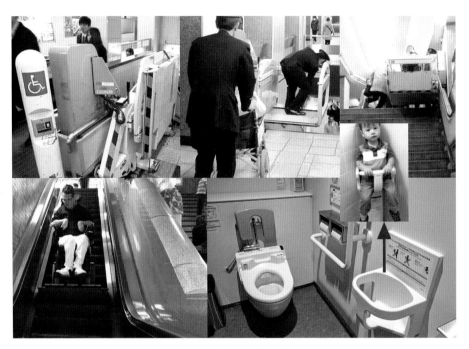

图 2-23　残疾人电梯车、无障碍电梯和婴儿固定座椅

人都会让该乘客先下车，没有人抢道。门开后，站台上的工作人员已将专用的塑料板铺好，方便乘客的轮椅顺利出车门。抵达站台后，会有工作人员通过阶梯运送车将乘客送至出站口，确保乘客全程安全抵达。日本政府还规定：残疾人上下班如果有家属陪同，则公交车一律对陪同的家属免票。

图 2-24　地铁站工作人员专门辅助残疾人上下车

　　同样，美国几乎所有的城市公交车都提供了方便残疾人轮椅上下车的自动踏板（见图 2-25）和专用靠位（有地锁和安全带帮助固定轮椅），这些也都体现了服务设计的细微之处。中国和日本一样，在未来 20 年会面临严重的老龄化社会的问题，未雨绸缪并尽快完善针对老人或残疾人的服务设计是当务之急。

图 2-25　公交车为残疾人轮椅设置的自动踏板

　　日本拥有世界上最先进的机器人技术，这也成为日本未来社会公共服务的重要资源之一。东京的一家养老院让护理员通过穿戴 Cyberdyne 公司生产的外骨骼机器肢（HAL）来协助护理老人（见图 2-26 上）。这套腰部支撑服可以接收佩戴者身体的生物电信号，并且帮助护理员弯腰和抬起老人。此外，能够与人沟通和提供陪伴的机器人也非常受养老院欢迎，福永高级住宅的老人们喜欢与能跳舞的小型机器人 Palro 和两个小海豹形状的治疗机器人 Paro 进行有趣的互动（见图 2-26 下）。

　　随着日本社会快速进入老龄化，许多养老院护理人员短缺的问题日益严重，同时许多不能完全自理的老人需要更多高强度的护理。翻身、下床、起夜、输液等工作不仅需要耐心细致，而且还需要体力。护理机器人和监测传感器可以更好地协助护理员进行日常管理。例如，当老人半夜翻身有滚落到床下的危险时，床上传感器会向护理员发出警报。同样，老人身上的排泄传感器可以让护理员随时监测老人的肠道运动以预测其何时需要上厕所。日本的一项全国性研究发现，护理机器人能够使超过 1/3 的居民变得更主动和自觉。如果人们能够更早熟悉机器人的性能并习惯与之互动，那么在这些人进入晚年之后，会更快地适应机器人的陪伴和护理。

　　服务设计水平的高低不仅会影响大众的体验和满意度，甚至也会成为国家之间竞争的标准之一。据联合国儿童基金会和日本国立社会保障与人口问题研究所的调查显示，日本儿童的幸福感在 31 个先进国家中位居第六位，第一位为荷兰；英国 BBC 和日本《读卖新闻》等24 个国家的媒体共同实施的舆论调查显示，认为日本给世界带来良好影响的人占 49%，排名第五位，仅次于排名第四的法国（50%）；在日本 65 岁的老年人中，有一半人还在工作。

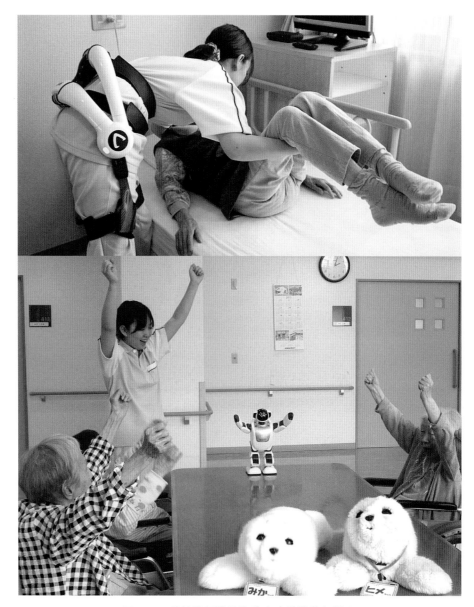

图 2-26　外骨骼机器肢和养老院的陪伴机器人

有的超市还贴出了招募 70 岁以下的服务员。这一比例创下了世界各国的最高纪录；日本政府还提出了健康医疗战略，力争以世界最先进的医疗技术打造健康长寿型社会。新战略提出了到 2020 年把不需要日常护理便可正常生活的健康寿命延长 1 岁以上，并且把代谢综合征患者数量在 2008 年的基础上减少 25%。这些都说明，良好的服务设计可以延长人们的工作年限并使人们有更好的生活体验。同时，如今人口老龄化已成为全球的普遍社会现象。要普及针对特殊人群（如行动迟缓的老人以及需要借助轮椅、拐杖出行的人）的公共服务设计（见图 2-27），不仅需要企业提供贴心的产品，而且需要政府的社会保障和公众服务意识的普遍增强，这样才能创造出一个温馨舒适的和谐环境，使全社会成为更人性化的健康家园。

图 2-27　国外轻轨上针对老人和残疾人的轮椅车位（带固定装置）

案例研究A：　自助迷你公寓

共享经济的核心是传统的服务商 / 顾客模式的转变，自助型服务正在悄悄改变着服务业。例如，现在最酷的事情已经不是去青年旅舍当背包客。随着移动互联网和共享经济时代的到来，一种没有服务员的廉价自助式酒店应运而生。2015 年末，一家由两位荷兰年轻创业者专门为年轻人设计的自助式酒店 CityHub 在荷兰首都阿姆斯特丹正式开张营业。每一个游客都可以通过位于大堂里的触摸屏来启动住店自助式登录程序，为自己办理入住和退房手续（见图 2-28）。大厅内还有搭配地图导游等多种与旅游相关服务的专用 App 可供使用。它将"数字社区"与"自助旅游"紧密结合，让旅客能够实惠和舒适地出行，同时促进旅客愿意更深入地探索这座城市的欲望，而不只是为他们提供一个住宿的地方。

CityHub 概念是由两个荷兰大学生山姆·施恩克斯（Sem Schuurkes）和彼得·范·迪博格（Pieter van Tilburg）提出的，他们以自己的亲身经历了解到现在世界各地为数众多的学生群体和年轻旅行者的需求，这些年轻人追求时尚，酷爱手机、网聊和游戏文化，但经济能力有限。因此，他们决定打造一个与传统酒店业不同的适合当今社会年轻人需要的新型酒店。施恩克斯在谈到其创意时说道："我们自己在学生时代也经常背起行囊外出去旅行，既开阔了眼界又锻炼了身体。为减轻旅行负担，我们有时会住在青年旅馆。旅馆的好处是它有一个相对自由宽松的环境和一个互动社区，缺点是你要与素不相识的陌生人共用一个房间。另一方面，如果你想保护自己的个人隐私，提高住宿的舒适度，那么通常在房间上的花费就会过于昂贵。我们创建 CityHub 可将酒店的互动社区功能和住客的私密性、舒适性结合起来，并且进一步整合了智能和有趣的互联网解决方案，为所有客人提供既舒适有趣又方便快捷的住宿体验。"

图 2-28　自助式酒店 CityHub 的服务大厅与客房

　　为了节约成本，第一间 CityHub 酒店是由一个位于阿姆斯特丹西部的旧工厂仓库改建而成的，酒店提供给旅客休息的房间称为 Hub。酒店为旅行者提供了 50 间经过精心布置的迷你客房（见图 2-29）。内部布局的设计由荷兰 Uberdutch 工作室完成，所有房间小巧而雅致、舒适而温馨。这里虽然没有五星级酒店的豪华设施，也不在著名旅游景点附近，但是却通过充满个性的住店体验与多样化、时尚化的服务吸引了众多年轻游客。酒店房间有干净整洁的双人床、无线网络、柔和的灯光和流媒体音乐，客人可以依据自己的喜好和感受进行个性化设置。酒店里设有宽敞明亮的客人休息大厅，充满活力的年轻人可以在此认识来自五湖四海的新朋友，使用酒店配给每个住店客人使用的个人 RFID 腕带（除用来方便地进出自己的迷你房间外，还可以用它在酒吧里进行自助消费）。

图 2-29　自助式酒店 CityHub 里的迷你房间与公共浴室舒适而温馨

CityHub 酒店还联手本地互联网运营商 T-Mobile 公司，为住店的客人们提供他们自己专属的 WiFi，这为他们节省了无线漫游费。除借助网站登录外，客人们还可以在手机上下载酒店的 App，里面除本地的 GPS 地图导游外，还提供了附近正在进行的表演或活动信息，如舞会或时装秀等的详细时间提示。该 App 还包括一个可以谈天说地的聊天室，让客人们之间可以相互联系，分享他们在旅行过程中发现的新热点及旅游心得，为所有客人打造个性化旅游体验提供方便。与此同时，该 App 还可以用于控制房间内的灯光明暗、设定闹钟和控制房间内睡眠环境必要的空气流通。

自助式酒店的出现不是偶然的，而是智能信息服务和共享经济发展到一定阶段的产物。无论是酒店、咖啡厅还是银行，由于移动媒体、服务机器人和智能化科技的出现，自助式服务将成为未来服务业发展的一股潮流。自助式服务不仅降低了服务成本，简化了服务流程，实现了服务触点的全程可视化，而且将选择权和知情权交给了用户，从而形成了全新的服务模式，也成为酒店行业创新的突破口。

课堂练习与讨论A

一、简答题

1. 自助式酒店还需要哪些必要的人工服务？

2. 自助式酒店如何将社交媒体和住客的私密性、舒适性结合起来？

3. 自助式酒店如何提供公共服务空间和设施？

4. 国内的青年旅舍是如何为背包客打造共享体验服务的？

5. 试比较国内不同档位的快捷酒店的价格及服务差异。

6. 如何策划一个由校内大学生共同管理的"周末创意集市"？

7. 如何组织通过共创来建立一个为大学生提供水果和蔬菜的互助社？

8. 参观并体验本地的星巴克并思考星巴克有哪些服务设计？

二、课堂小组讨论

现象透视：我国部分高校寝室拥挤现象较为普遍（见图 2-30）。缺乏收纳，复合床具缺少隐私与空间设计，功能空间设计不合理，相互干扰多，特别是复合床具、桌子功能太过单一，需要向多功能改进，以满足用户不同需求。复合床具的扶梯可以改为斜梯、升降式床铺或活动床架，提高安全性。

头脑风暴：如果你是高校寝室的设计者或管理者，如何通过可用性设计来重新规划个人空间和公共空间？如何保证寝室的私密性、便捷性和安全性？复合床具的扶梯应该如何设计？特别是涉及个人物品的收纳箱如何设计？

方案设计：服务设计应该尽可能考虑学生每天寝室活动的规律，合理安排空间布局与个人活动范围。请各小组针对上述问题，从服务设计角度，对环境、空间、任务、行为进行分析，给出相关的设计方案或设计草图。

图 2-30　国内某大学女生寝室的学习与生活环境

案例研究B：　冬奥会睡眠休息舱

　　奥运会无疑是一个全球性的盛会，除球迷和运动员外，记者和新闻界人士也是盛会不可或缺的一部分，这些人在幕后辛苦工作，不知疲倦地向公众提供新闻报道。2022 年北京冬奥会是在一个特殊的历史时期举办的盛会，为了疫情防控的需要，也为了给记者提供一个工作、休息和放松的环境，北京奥组委专门提供了由麒盛科技开发的 20 个胶囊型睡眠休息舱（见图 2-31）并放置在 2022 年北京冬奥会主媒体中心（MMC）。这些高科技设备很快就被各国媒体"刷屏"并得到了广泛的赞誉。

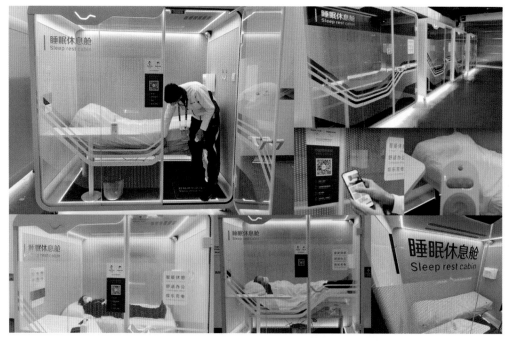

图 2-31　2022 年北京冬奥会提供的胶囊型睡眠休息舱

该睡眠休息舱长约 2.3 米、宽约 1.4 米、高约 2.4 米，占地空间不大，可移动并放置于主媒体中心的过道等公共区域。用户可以通过扫描二维码进入睡眠舱。睡眠舱内配置一张单人床、一张办公桌、两个插座、两个挂钩、一个垃圾桶、免洗手消毒液，同时还配置灯光、空气净化凝胶以及换气的通风扇等设施。睡眠休息舱是首次出现在冬奥会的设施，也是我国高科技制造水平的体现。服务保障人员需要根据防疫要求定时对舱内进行消杀、清洁等服务。其中消杀频率大概间隔一个小时，床单则是一人一换。床单采用一次性的环保抑菌无纺布材料。服务人员也担任咨询工作或为使用该睡眠休息舱的媒体工作者提供引导服务，告知如何操作软件，使用睡眠舱等。这个具备睡眠、工作、娱乐等功能的睡眠休息舱科技感十足，符合科技冬奥的理念。据介绍，睡眠休息舱内配置的是智能床，可以通过手机 App 控制床的升降。该床还有推力闹钟的功能，可以设置时间，到叫醒时间后床的背部会慢慢升起并提供闹钟叫醒服务。该睡眠休息舱还具有"零重力"模式并模拟了宇航员在外太空的感觉。用户头部可以抬高 15 度，双腿抬高 35 度，特别有利于血液循环和压力缓解，是智能睡眠科技的体现。该设备代表了我国在自助式服务设备的设计与制造上已处于国际领先水平。

课堂练习与讨论B

一、简答题

1. 什么是自助式服务？典型的自助式服务有哪些类型？

2. 冬奥会睡眠休息舱体现了哪些服务设计思想？

3. 如何为失眠人群设计一个能够辅助睡眠的智能装置？

4. 如何解决残疾人出行时所遇到的麻烦？

5. 星巴克"臻选烘焙工坊"体现了哪些服务设计思想？

6. 参观并体验本地的养老机构的服务并思考需要进行哪些改进？

7. 迪士尼的体验文化是如何发展起来的？游客的体验与需求有几个层次？

8. 组织动漫社团举办一个以分享和社交为主的"大学生创意集市"。

二、课堂小组讨论

现象透视：随着电商的发展和网购在高校的普及，各大快递公司在高校门口、周边"摆地摊"已成为国内大学的独特风景线（见图 2-32）。由此也带来了许多问题，如邮件物品会损坏丢失，寻找麻烦；人手不够，下课时间学生们会蜂拥而至，难免手忙脚乱；没有监控，时间长了物品更容易被窃。

头脑风暴：如何通过服务设计解决快递"最后一公里"的问题？考虑的出发点有几个方面：①安全性；②高效率；③易查找；④保护环境；⑤减轻快递员的工作强度。

方案设计：服务设计的重点在于"多方参与"。请各小组针对上述问题，扮演不同利益相关方（学校管理者、快递员、收件学生、学生互助社）的角色，设想成立提供该服务的"学生互助社"并展示设计方案（产品＋服务＋商业模式）。

图 2-32 "摆地摊"式的快递服务已成为国内大学的独特风景线

课后思考与实践

一、简答题

1. 什么是体验经济？顾客体验可分为哪4种？

2. 什么是体验的"甜蜜地带"？如何设计丰富的体验？

3. 迪士尼主题乐园的体验文化和服务设计有何特点？

4. 什么是服务贸易？服务贸易与5G互联网有何联系？

5. 共享经济的特点什么？共享经济和移动互联网有何联系？

6. 自助式酒店如何解决结账、安全、清洁和身份验证的问题？

7. 什么是通用设计？通用设计的对象主要是哪些群体？

8. 请针对母婴出行时面临的问题（如哺乳、换婴儿尿不湿等）思考服务设计。

二、实践题

1. 新冠肺炎疫情暴发两年多来，核酸检测已成为当下公众出行的"必修课"。特别是在我国中高风险的城市或地区，全员检测大排长龙的现象随处可见（见图 2-33）。因此，为方便群众和降低医务工作者的劳动强度，设计自助式的检测设备势在必行。请从成本、便捷、安全性、可靠性与数据上传等几个角度思考其可行性。

图 2-33　集中核酸检测是中高风险地区的普遍现象

2. 去人气爆棚的餐馆排队是一种"幸福"和"烦躁与无奈"混杂的感觉。为留住排队的客户，许多餐馆推出了棋牌、茶点和免费服务（美甲、擦鞋或自助照相等）。请设计一款排队叫号的手机 App，功能包括信息服务、提醒服务、提前点餐和下单、抽奖活动和补偿设计（如等待时间超过 20 分钟，就可以免除 10 元餐饮费等）。

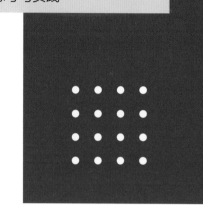

第 3 课　服务设计研究

　　我国工业设计前辈、清华大学教授柳冠中先生在 2016 国际创新设计高峰论坛演讲中指出："分享型的服务设计是设计的最高解释，我们的终极目标是大家能用。"本课从设计研究历史出发，重点考察服务设计的思想来源以及服务设计原则、公理、准则、设计理念和其在设计学中的地位。本课的重点是服务设计六原则及其解析和说明。本课还将通过人类资源可持续发展及设计创新的角度，阐述服务设计的理论和学术价值。

///////////

3.1　设计研究简史

　　设计研究的广义定义是用于支撑产品开发的对人的研究。设计研究的目的是将设计过程引向真正符合用户需求的解决方案。当然，设计研究也可以用于解决产品设计之外的其他设计问题，如建筑、标志、工作场所以及服务设计等。从以上定义可以看出，有两类人群需要被考虑在内：①设计所需服务的对象（用户），他们是设计过程的受益者；②设计师或与设计相关的工程师、技术专家及市场专家等，他们是设计的执行者，同时设计师实际上也是设计研究的对象。

　　为有效满足用户需求，设计研究首先必须是细致、精确的，其次要全面而系统。精确、细致的研究正是为了满足用户的需求。设计研究的一个关键作用在于：基于设计师的直觉和倾向性，在掌握准确信息的基础上，过滤掉错误的假设。但仅有精确是不够的，设计研究还需要提供足够的用户信息，为设计团队后期的各种设计决策提供依据。例如，阿里集团在2017年底发布了一则招聘启事：阿里年薪40万元招聘两名淘宝资深用户研究专员。要求年龄65岁以上，广场舞领袖、社区居委会成员优先，需要有1年以上网购经验……淘宝公众与客户沟通部负责人介绍说：这个职位主要是从老年群体视角出发，深度体验淘宝的"亲情版"手淘产品，发现并反馈问题（见图3-1）；研究专员要定期组织座谈或小课堂，了解老年人使用手机淘宝的体验；通过问卷调查、访谈等形式收集中老年群体对产品的体验情况和用户需求。阿里直接招聘老年群体中的意见领袖做用户研究，关注的恰恰是服务设计最容易缺失的环节——同理心和换位思考。

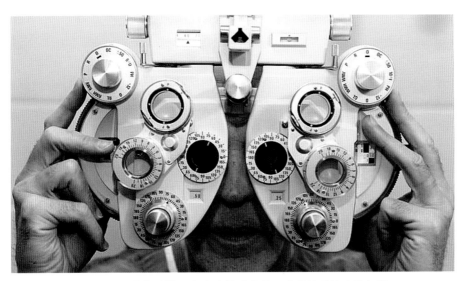

图 3-1　从老年群体视角出发体验产品，发现并反馈产品问题

　　设计研究作为一门学科，源于产品设计师的需求——理解用户。设计研究源于二战后的工业设计和人体工程学的兴起，这使得"以人为本"的设计思想开始流行。第一代工业设计师亨利·德雷夫斯（Henry Dreyfuss，1903—1972）就是其中的典型代表。他不追求时髦的流线型，尽量避免风格上的夸张。他在1955年出版的著作《为人而设计》（见图3-2）开创了基于人机工程学的设计理念。德雷夫斯的一个强烈信念是设计必须符合人体的基本要求，

他认为适应于人的机器才是最有效率的机器。德雷夫斯的经典作品是贝尔电话机，他通过反复的前期研究和可用性测试保证了这种电话机易于使用。其外形美观简洁、方便清洁和维修并减小了损坏的可能性。这一设计大获成功，德雷夫斯因此成为贝尔公司的设计顾问。在20 世纪 50 年代，该公司产品已达到一百余种。德雷夫斯自己的设计事务所的设计还包括蒸汽火车机车和吸尘器等，他也成为美国第一代工业设计师中的佼佼者。

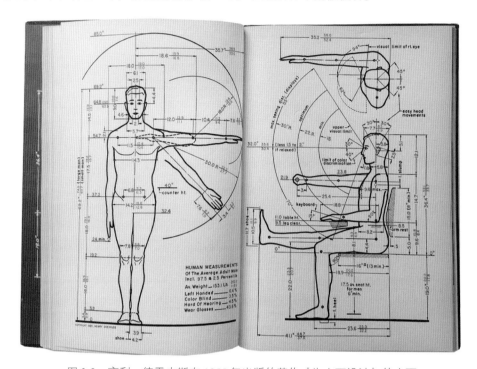

图 3-2　亨利·德雷夫斯在 1955 年出版的著作《为人而设计》的内页

历史上第一个设计研究专家是阿尔文·狄里（Alvin R.Tilley，1914—1993）。他从事人类工程学研究四十多年，被公认为人类因素研究方面最权威的专家之一。他在 1960 年与德雷夫斯共同编写了《人体比例》一书。狄里曾经参与设计贝尔电话机、胡佛真空吸尘器、宝丽来相机、韦斯特克洛斯闹钟、霍尼韦尔温度自动调节器、约翰迪尔拖车等重要的工业产品。《人体比例》是一本人体测量学百科全书，是关于人体形态和尺寸的重要工具书，时至今日对于设计师来说仍然十分有用。

狄里以敏锐的眼光领先于他的时代，直到他开始做这项工作多年之后，设计研究才真正成为一门学科。20 世纪 60 年代，设计研究领域开始在英国出现，国际设计研究学于 1966 年成立。20 世纪 70 年代对计算机人机界面的探索也推动了该领域的发展。但从 20 世纪 80 年代开始，设计研究这一领域才真正形成。1980 年，从事产品设计咨询的 Richardson Smith 公司开始雇用心理学博士和社会行为科学家从事设计研究。

20 世纪 80 年代中期，参与发明世界第一台笔记本电脑的 IDEO 设计师比尔·莫格里奇（Bill Moggridge，1943—2012）首次提出了交互设计一词。他认为："数字技术改变了我们和其他东西之间的交流（交互）方式——从游戏到工具。数字产品的设计师不再认为他们只是设计一个（漂亮的或商业化的）物体，而是设计与之相关的交互。"通过了解人们的潜在需求、行为和期望来提供设计方向，包括产品、服务、空间、媒体和软件，这成为设计思维的工作方法。自从 1969 年在伦敦创办莫格里奇事务所开始，莫格里奇就看到了设计研究与设计咨询服务的价值。在整个职业生涯中，他都在深入研究交互设计理论与价值。莫格里奇曾担任伦敦皇家艺术学院客座教授以及美国斯坦福大学教授，他在 2003 年出版了该领域第一本学术专著《设计交互》(见图 3-3)。该书系统介绍了交互设计的观念、方法及原型，很多设计研究的内容成为服务设计思想和方法的直接来源。进入 21 世纪，设计研究已成为微软、苹果、宝洁等公司的战略思维，其研究方法包括观察性研究、历史资料研究、可用性测试和参与式设计，这些设计方法成为企业理解和研究用户的法宝。

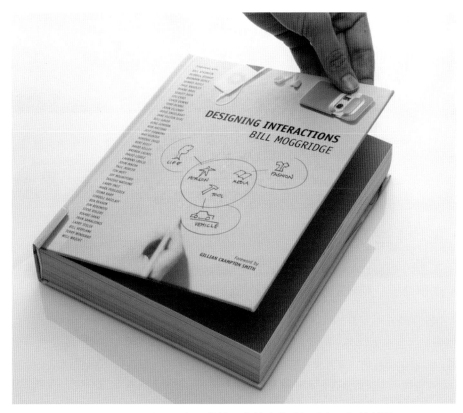

图 3-3　IDEO 公司比尔·莫格里奇的专著《设计交互》的封面

3.2　服务设计六原则

服务设计源于在社会生活和经济活动中寻找诸多复杂设计问题的应对策略。服务设计思维超越了包豪斯以来的经典设计思想，洞见了设计创新的本质：为个体以及人类群体的可持续发展而进行价值创新。目前服务设计面临的主要挑战之一是如何构建自身的体系和设计方法。服务设计研究主要依靠两种方法：一是扩大服务设计的范围，从非设计领域（如营销、领导才能和管理工程等）整合实践和观念；二是挑战和探索服务设计中的基本假定和从其他学科继承的方法，例如认知科学、服务科学、人类学和社会学的加入使得服务设计的理论与方法更加丰富（见图 3-4）。通过这两个途径，便可以深化服务设计的理论与实践。

图 3-4　服务设计通过人类学方法（亲和图法）研究用户

马克·斯迪克多恩与雅各布·施耐德的权威著作《服务设计思维》为服务设计走向专业学科奠定了基础。该书总结了服务设计的五大原则。

- 以用户为中心，服务需要从用户的视角看世界。

- 共同创造，需要所有参与者进入设计流程中。

- 可视化流程，能够展示出服务流程的全部环节。

- 透明化服务，使顾客能够更容易理解隐形（后台）服务。

- 全局思考，设计者需要多角度、系统化思考服务流程的复杂性。

马克·斯迪克多恩指出"服务设计是学科交叉的一种方法"，由此拓展了服务设计区别于现有设计学科的新视野。正如服务设计领域资深专家斯蒂芬·莫里茨（Stefan Moritz）所言："服务设计有助于创新或改善现有的服务，对客户来说，服务会更有用、更可用、更满足需要；而对于组织来说，服务会更高效、更有效。服务设计是一个崭新的、全面的、涉及多种学科的、综合性的领域。"以人为本，共同创造，可视化流程，透明化服务和全局思考服务设计的特征，成为该领域的主要设计理念。

随着科技的发展与企业服务设计实践的深入，2018 年斯迪克多恩等人基于当前企业实践经验的总结，又出版了《服务设计实践》一书并与时俱进地将五大原则更新为六大原则。作者除重新诠释了 2011 年提出的原则外，还增加了"迭代设计"的内容，强调服务设计是一种探索性、适应性和实验性的不断迭代的方法，隐喻了"从失败中学习"并通过探索实验寻找解决方案的过程（见图 3-5）。该原则与"实事求是"原则（即服务设计必须立足于现实与实践的思考方法）相辅相成。这种"做，而不是说"的理念与中国古人的"坐而论道，不如起而行之"的实践哲学一脉相承，充分体现了服务设计所具有的灵活性、实用性与广泛性。该书还进一步提出了 5 条服务设计公理及 12 条服务设计实践准则，由此丰富了服务设计的理论与实践，也成为服务设计的最新标准。

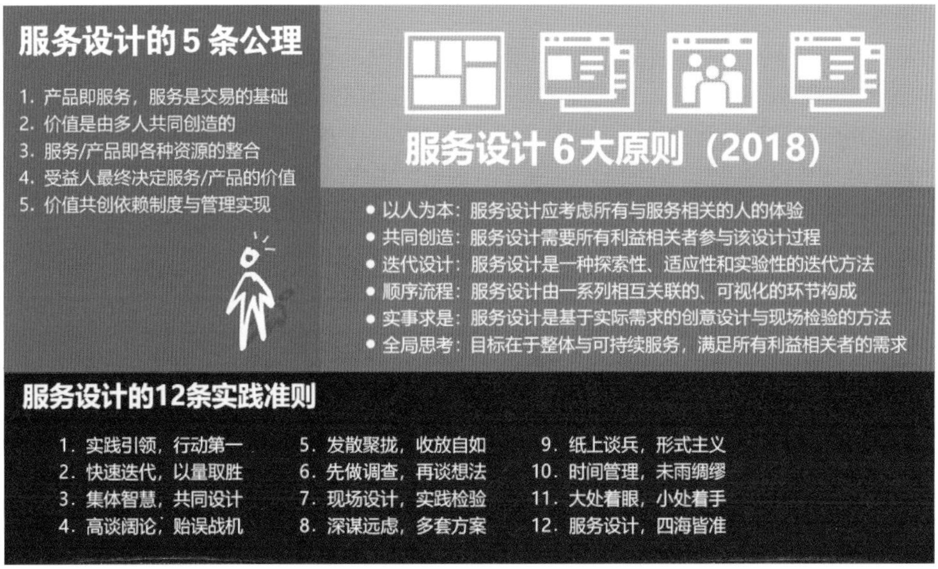

服务设计的 5 条公理

1. 产品即服务，服务是交易的基础
2. 价值是由多人共同创造的
3. 服务/产品即各种资源的整合
4. 受益人最终决定服务/产品的价值
5. 价值共创依赖制度与管理实现

服务设计 6 大原则（2018）

- 以人为本：服务设计应考虑所有与服务相关的人的体验
- 共同创造：服务设计需要所有利益相关者参与该设计过程
- 迭代设计：服务设计是一种探索性、适应性和实验性的迭代方法
- 顺序流程：服务设计由一系列相互关联的、可视化的环节构成
- 实事求是：服务设计是基于实际需求的创意设计与现场检验的方法
- 全局思考：目标在于整体与可持续服务，满足所有利益相关者的需求

服务设计的 12 条实践准则

1. 实践引领，行动第一
2. 快速迭代，以量取胜
3. 集体智慧，共同设计
4. 高谈阔论，贻误战机
5. 发散聚拢，收放自如
6. 先做调查，再谈想法
7. 现场设计，实践检验
8. 深谋远虑，多套方案
9. 纸上谈兵，形式主义
10. 时间管理，未雨绸缪
11. 大处着眼，小处着手
12. 服务设计，四海皆准

图 3-5　服务设计 6 大原则、5 条公理及 12 条实践准则

经过十多年的探索，目前服务设计的理论体系已具雏形，也成为企业服务设计实践的依据和参考。2018 年，服务设计专家劳拉·佩宁（Lara Penin）教授出版了《服务设计导论：不可见的设计》一书，系统总结了服务设计的理论与方法，成为该领域重要的教科书之一。佩宁认为：设计就是通过创意与设想来展望及实现新的生活方式；无论是动画设计师、影视设计师、服装设计师、体验设计师还是产品设计师，设计的核心都是将想法转化为现实，定义人与产品、服务与交互的新方式，同时将设想具体化、可视化、形象化并通过交流和分享来促进社会的和谐与进步。从根本上说，设计是一种能够为人们提供福祉的创意与实践能力，服务设计正是这种思想的延伸与发展。下面将逐条解析服务设计的 6 大原则，帮助读者掌握服务设计最核心的理论基础。

3.3　服务设计原则解析

1. 以人为本的设计

人是设计的核心，也是服务的核心。服务设计以用户为中心，是以人为本设计思想的集中体现。以用户为中心的设计主要出现在工业设计（消费产品）和人机交互系统的背景下，以确保在设计新产品和技术时满足最终用户的需求。随着工业产品和新技术的日益复杂和市场的扩张，以用户为中心的设计（UCD）方法可以避免单凭设计师、经理和工程师的假设和直觉来设计新产品的盲目性。该方法还是一种在设计界获得广泛关注的针对人与环境的哲学思考。UCD 不仅考虑用户的身体和认知，而且还需要考虑用户的情感、交互情境以及可持续性等多个元素，其特征是以人类（含子孙后代）的整体利益为思考的出发点，这使得该理念更符合世界潮流。

以用户为中心的设计方法依赖于对用户的深入考虑，确保他们的需求和观点在新产品、服务或流程的开发中处于核心地位。这意味着设计师不仅要在启动新项目之前进行市场调查，还要确保用户的需求和观点是整个过程的一部分，包括从设计研究到产品构思、从原型设计到启动阶段等。人类学方法（如访谈、观察或涉及用户、一线员工、利益相关者、后台人员的共创研讨会以及用户画像、旅程地图、生态图等）都有助于用户研究与设计定位。UCD流程通过迭代循环，使用户建议能融入产品设计方案。社区、家庭、城市和文化等因素也是服务设计必须考虑的因素。例如，一个基于生态社区的食品服务体系由社区零售系统、附近农场、电商网络订购与配送、社区公共食品保鲜、食品垃圾回收与处理等多个环节构成，涉及终端用户、社区、电商、配送、政府部门、农场、超市等多方利益相关者（见图3-6）。因此，一个完整的服务设计不仅需要考虑服务直接用户，还需要考虑所有相关利益方的诉求，在更大范围内实现服务的可用性。

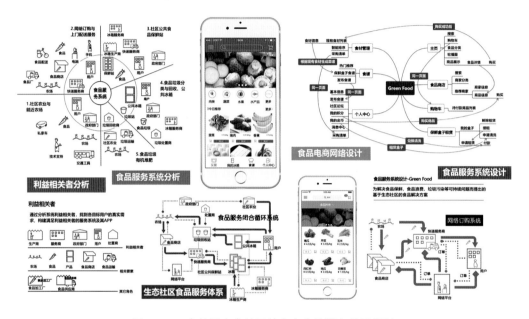

图 3-6　一个基于生态社区的电商食品服务体系设计

2. 参与和协同设计

参与式设计实践是服务设计的核心，也是服务设计师的核心能力之一。它是一种将服务双方及利益相关者理解为合作伙伴的方法。因此，持续的对话、主题研讨、访谈、小组磋商、焦点会议等形式必不可少。设计师是协调、整合与促进上述各方人员达成一致解决方案的专家与组织者，同时也是实施共创策略并使用设计原型与数字技术来推进设计与协同的专家。对于服务设计来说，参与式设计最大的挑战就是如何在保持大方向一致的前提下，充分发挥参与者的主观能动性与想法的多样性。设计团队成员看问题的角度不同，利益也不同，因此各自的观点往往会发生冲突。同理心、对话与共同利益是协同设计的法宝，组织者可以通过求同存异来弥补双方立场的差异。

3. 可视化设计

可视化与故事叙事可以帮助我们梳理设计中的复杂性。设计师不仅需要理解事物，还需要通过设计来实现目标，故事板是传达设计意图的最有效工具。相比语言，视觉故事可以快速与他人分享。因此，服务设计师需要擅长制作各种墙报、图表与故事板。设计师会根据设计流程而选择使用不同的视觉叙事工具。例如，记录用户和员工访谈的视频在研究阶段很有用，而用户旅程地图在研究阶段或创意阶段都很有用。此外，基于表演和即兴创作的故事原型对于交互设计特别有用。用户旅程地图、服务蓝图等也可用作研究或构思工具，尤其是在考虑用户、员工和服务支持系统之间的交互关系时非常有用。腾讯 CDC 与 UI 中国联合发布的《2021 互联网新兴设计人才白皮书》对我国用户体验及交互设计行业的主要可视化工具进行了调研，由此我们可以对服务设计师工作中需要掌握的工具与技术有一些基本的了解（见图 3-7）。

图 3-7　企业常用可视化工具、故事板和软件排行榜

4. 清晰化与透明化

《服务设计》作者丹妮拉·桑乔吉教授指出：服务设计是一种将人们的见解及行为转化为具有审美品质的想法和解决方案的能力。服务设计师有能力围绕用户需求和人们的实际能力进行设计。它融合了以人为本的方法并将其转化为创新实践。例如，新的服务理念、概念和新的交互方式使得服务创新不仅被技术和市场而且被用户体验所驱动。所有服务都有实体环境、产品或接触点，因此可以通过多种方式让用户在服务旅程中得到某种体验。这些触点可能是健康诊所柔和的色彩、连锁餐厅的醒目 logo 或机场内的路牌标志等。触点也是服务载体：一旦体验本身结束，它们就会成为记忆，如过期的电影票、餐厅的收据、机票、音乐会入场券、你从酒店带来的小瓶洗发水，以及旅游景点的纪念品、看病出院后的病历、婴儿出生后的腕带等。触点不仅具有特定的交互功能，而且也被我们赋予了意义，成为我们经历体验的证明或实物证据。这些小物件能够引起我们温暖的回忆，使服务体验变成有形的实体。

与其他设计实践不同，服务设计的挑战在于设计师需要跨越不同媒体的界限，思考依靠哪些东西来支持和定义某种服务体验，而且许多情况下可能没有明确的答案或典型的选择。服务触点与服务载体的设计（例如旅游过程中的景点或活动设计）需要设计师用敏锐的洞察力和同理心来把握用户（游客）的体验，并且通过不断的循环测试和持续的修改完善，形成最终的旅游方案（见图 3-8）。针对服务和体验进行设计需要设计师掌握一套相当复杂的原型设计方法，迪士尼公司为其主题公园单独设置的首席幻想设计官就说明了其重要性。故事、叙事、表演和道具设计不仅是帮助我们预测事物的美学、功能、隐喻以及意义的关键点，也是服务设计能够抓住用户、打动人心并让用户流连忘返的价值所在。

图 3-8　西双版纳旅游中的景点与活动

5. 整体性和系统性

服务是复杂和多维的，并且可以通过多种渠道体验。例如，目前国内多数银行除传统的柜台服务外，都陆续开通了网络银行和手机银行，无论是用户亲自到银行、通过电话与银行客服交谈，还是通过网络或手机在线系统进行转账或支付，我们如何期望获得更好的服务体验和收益？手机银行是否具有足够的安全性？如何在特殊情况下（如受到网络诈骗、手机丢失或网络信号不畅时）还能够得到银行的信任、支持或服务？这些问题都需要服务方与设计师进行深入的思考。因此，设计服务的挑战就是如何建立完整的服务系统、服务流程和服务触点。

服务设计项目书是一个分析性的研究报告，针对企业战略、流程与实践提出建议。服务设计报告书还通过用户分析、触点分析、用户旅程地图和服务场景分析为企业创新服务体验提供参考。例如，服务设计公司为一个科学博物馆做的用户体验分析地图展示了游客全程的服务触点（见图 3-9），并且由此为博物馆提出了一系列改进服务体验的建议或意见。无论是设计餐饮、洗衣、美发、医院、医疗等个人服务或是思考银行、金融、投资、交通、垃圾收集、博物馆、电影院等公共服务，设计师都需要从服务的全链条来思考服务设计的整体性，确保用户能够以一种熟悉的方式来体验服务。例如，老年人或者来自农村的用户往往不熟悉手机银行、电子支付、扫码挂号或电子火车票等新型服务方式，服务商能够提供替代的解决方案就尤为重要，如增加人工服务、电话指导或语音辅助系统就是比较好的选项。虽然这种方式会增加服务成本，但却是"以人为本"的具体体现。整体性和系统性是服务设计超越了包豪斯以来的传统设计的主要特征，因此服务设计站在更高的角度发展了设计创新的思维：为人类的可持续发展和服务体验而不断进行全方位的探索。

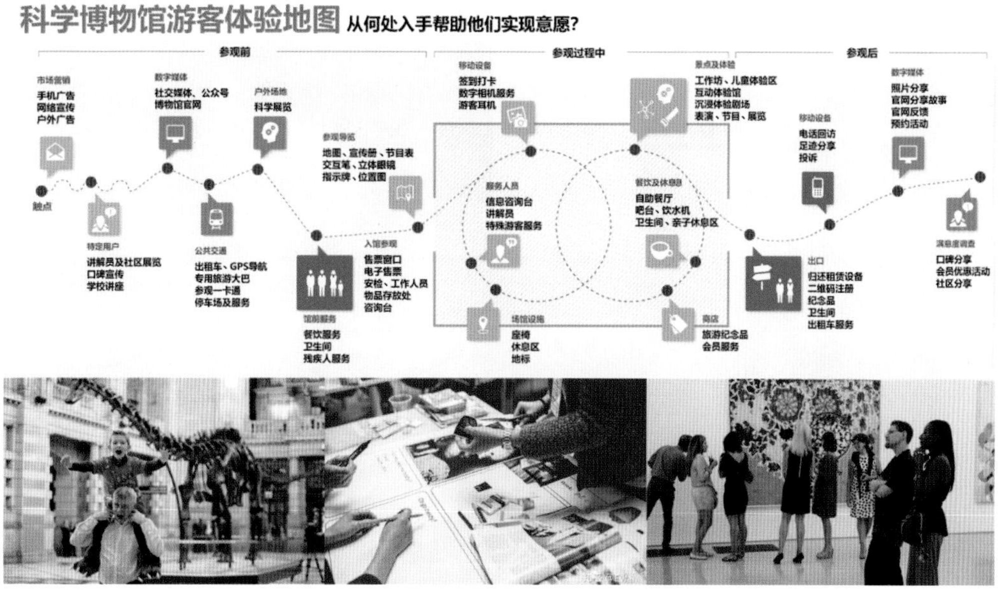

图 3-9　科学博物馆的游客体验地图

6. 迭代设计

服务设计采用了设计思维的方法和工作流程。这种设计模式将主动的、迭代式的设计方法、灵活的创新战略与来自市场营销、品牌设计、用户体验以及人类学、社会学及心理学的经验和技术相结合，形成了探索与解决问题的方法论。作为一门设计学科，服务设计专注于通过正确的方式发现和解决问题，因此通常从调查用户或客户需求开始。它通过探究性与好奇心来培养设计师的洞察能力，并且采用以定性研究为主的一系列方法来探索问题并发现商机。这种基于实践的而非闭门造车的设计使真正的创新成为可能。

最为重要的是，服务设计采用了迭代设计、快速实验和原型设计的方法，在产生新见解和想法的同时，快速并且低成本测试各种可能的解决方案。这种迭代后的原型构成了早期供测试的产品或服务模型，然后在此基础上进一步深入形成较为完美的创新产品。这一过程是思维不断发散与聚拢和设计不断深化的过程，也是集体智慧（包含最终客户的参与）的结晶（见图 3-10）。欧洲工商管理学院的曼纽·苏萨（Manuel Sosa）教授提出：凡是成功的创新企业往往都具备 3 项核心的组织创新技能或 3I 原则，即以用户为中心的需求洞察（insighting）、深层而多样的创意激发（ideating）和快速且低成本的反复验证（iterating），由此才能抓住商机并实现转型，例如微软、苹果、华为、小米、字节跳动和腾讯等企业的经验。正是由于对设计研究、原型设计以及产品测试与迭代流程的高度重视，才使得服务设计在实践中具有坚实的基础。服务设计是建立在研究、推理、思考和测试之上的设计工作流，而不是按照某个权威的意见自上而下的设计。敏捷设计方法是当代软件工程与产品开发的主流方式。同样，迭代方法使服务设计的决策与执行成为一项低风险的活动，企业通过依靠原型设计和不断迭代测试就可以改进及创新产品和服务，助力企业基业长青。

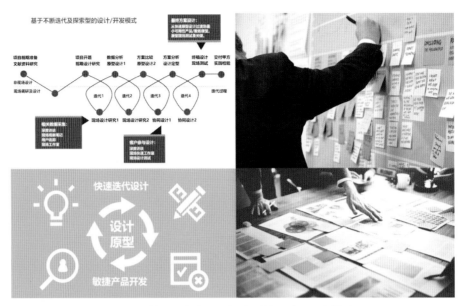

图 3-10 基于不断迭代及探索型的设计 / 开发模式图

3.4 设计公理与准则

公理是经过人类长期反复实践的考验而不需要再加证明的命题，如"经过两点只能画一条直线"就是传统几何学中的公理。《服务设计实践》的作者认为随着全球数字化服务进程的加速，有形产品与无形服务之间的区别或界限日益模糊。因此，我们必须对现有的服务设计原则进行深入思考，并由此提炼出服务设计最本质的特征与属性。这种特征就如同几何学不证自明的公理，可以由此推理及衍生出其他服务设计的原则、准则及方法。马克·斯迪克多恩等人提出的服务设计 5 条公理见图 3-5。

服务设计公理是基于企业实践及学术研究的总结。例如，早在 2004 年，市场营销学教授史蒂芬·瓦戈（Stephen Vargo）和罗伯特·卢施（Robert Lusch）就提出了服务主导逻辑（SDL），即公理的第 1 条内容。同样，经济行为不仅涉及服务商与客户，而且涉及众多的利益相关者，由此构成了一个复杂的生态网络体系。这就是公理第 2、3 条涉及的内容。例如，通过绘制利益相关者地图，一个滑雪度假村经营企业就可以明确服务系统中的生态及价值关系，包括供应商、服务商、股东、投资商、高管、雇员、工会组织、媒体广告、政府机构、社团及社交网络等。该地图由 3 级同心圆组成，最中心为企业自身及内部关系，其次为主要利益相关者，最外圈为二级利益相关者（见图 3-11 左）。该生态地图通过视觉化的方式将产品或服务所有的利益相关者之间的关系表达出来，可以帮助企业明确服务对象、相关资源及远近亲疏等价值链，并且可以通过服务设计重构企业生态，实现创新产品及服务的战略。

服务设计公理的第 4、5 条明确了服务设计的对象与性质。当代社会的"用户"或"客户"往往不一定指最终客户。例如，在 B2B（企业对企业）模式下或者针对内部合作伙伴的产品、产业链上下游的中间产品和公共服务产品等，其客户的定义更为模糊。因此，公理第 4 条强调产品（商品和 / 或服务）本身并没有内在价值，而只有受益者感知到的价值，即"受益人

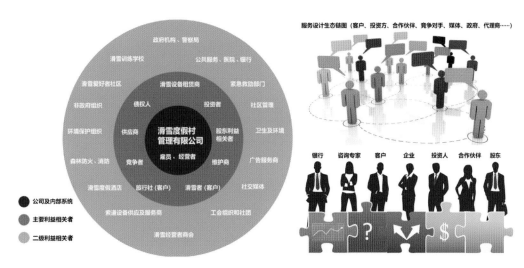

图 3-11　一个滑雪度假村公司的利益相关者地图和行业生态链

最终决定服务 / 产品的价值"。一把椅子可能是一件普通商品，也可能是一件古董或艺术品（见图 3-12）。虽然"椅子"提供了服务，但其受益人却是完全不同的，这把椅子的价值当然是根据最终购买者或收藏者的估值而定。同样，按照政治经济学理论，这把椅子的价格是由椅子生产过程中所凝结的"集体劳动"的复杂性决定的。在椅子的设计、生产、运输与销售过程中，设计师、工程师、生产经理、批发商和销售人员承担了大量的潜在服务并完成了椅子的"价值共创"。因此，这把椅子的价格最后通过市场定价机制（制度与管理）最终实现，这就是服务设计的第 5 条公理。综合上述 5 条公理，可以得出"服务设计是协调设计机构、市场机制和制度安排以实现价值的共同创造的过程"。

图 3-12　椅子可能是一件普通商品或一件古董

　　为了让服务设计更具有指导实践的作用。《服务设计实践》的作者还根据大量的访谈与调研，总结归纳了"服务设计实践的 12 条实践准则"，具体内容见图 3-5。

　　该指导原则重点是强调服务设计在实践中应该注意的问题。例如，第 1、4、6、7、9 条均说明实践第一、少说多看、深入基层、实事求是的重要性，避免设计师高谈阔论、纸上谈兵、脱离实际的官僚作风；第 2、3、5、8、10、11 条为服务设计的具体实践方法，源自"设计思维"的建构模型，如"微笑模型""双菱模型"。本书关于服务设计的流程与方法的相关章节会详细介绍这些内容；第 12 条说明了服务设计作为一种设计实践指导原则具有普遍性与广泛性，可以应用于多种实践（如政府服务、公共服务、交互设计、流程管理和产品设计等），而不只是让客户开心。

3.5　崭新的设计理念

　　美国著名学者、思想家丹尼尔·贝尔（Daniel Bell）把技术作为中轴，将人类社会划分为前工业社会、工业社会、后工业社会 3 种形态。从产品生产型经济到服务型经济，恰恰是后工业社会经济方面的特征。新经济时代的来临促使服务产业进入一个新的快速发展阶段，消费者更注重服务的环境、品味、体验、人性等软件建设。因此，21 世纪服务设计的出现并不是偶然的，而是以互联网为代表的技术革命、全球化和服务贸易的必然产物。正如服务设计研究学者陈嘉嘉在其专著《服务设计》中指出的那样，"服务设计的到来可谓是解决现代性危机的一种方法"。书中还通过服务设计语境的变迁（见图 3-13）说明了服务设计出现的历史必然性。我国工业设计前辈、清华大学教授柳冠中先生指出：真正的服务创新并不是把一个产品变成一个服务体系，设计主战场不再是企业，而是全社会，也就是进行社会设计，把设计的目标放在社会。设计应该靠近人的本质需求，而且不只是以人为本，更应该是以生态为本。服务设计正是从系统和生态着眼，提倡使用而不提倡占有，它能让社会、企业、经济转型。因此，服务设计不只是一个思维方法，它实际上是一个观念的转换。从这个角度看问题，就会理解服务设计出现的深刻意义。

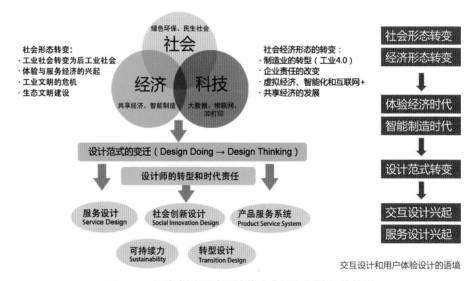

图 3-13　语境变迁导致设计范式变迁和设计师的转型

　　此外，服务设计的出现也是对传统设计观念、体系和学科分类的一个挑战。服务设计的思维和实践超越了传统设计学科的划分。服务设计以建立可持续的服务生态为导向，促进了产品、信息交互、环境设计等设计门类的交叉与整合。如果服务设计深入管理学领域，则会直接影响企业组织的战略思维，并且在社会公共服务方面影响政府机构的服务决策与创新。对设计教育的影响同样如此。众所周知，现代设计教育始于 1919 年建立的德国包豪斯学校，这通常也被视为现代教育中设计学科开始的标志。包豪斯的意义在于创始人将其视为一门重要的专门学科进行系统且全专业的规划、组织并实施教学。虽然这个教育体系已经有 100 多年的历史，但并未受到广泛的质疑。而随着智能手机、分享经济和电子商务的普及，要求设计师必须从全局角度看问题。以滴滴打车为例，通常交互设计师的工作范围包括用户研究、界面设计、功能创新设计（如微信支付）和营销广告等。但由于滴滴打车的线下服务会涉及司机、乘客和管理方的不同诉求，因此包括安全、价格、税收、城管等一系列利益相关者。服务设计是生态设计，通过服务全程多环节的触点分析和服务追踪可以更好地发现问题，平衡各方的权利与利益，并且通过综合设计来解决线上与线下的衔接问题。图 3-14 将传统设计和以"服务、分享"为代表的新型设计在设计主体、工作场所、工作内容、流程方法、设计目标和设计定位等方面进行比较，以更清楚地揭示服务设计所代表的深刻意义。

比较项目	传 统 设 计	新 型 设 计
设计主体	专家、设计师、天才	全部利益相关者： 设计师、客户、工程师、投资商……
兴起时间	1919 年包豪斯学校成立	21 世纪初
工作场所	工作室（有形产品）	现场工作（服务设计）
工作内容	产品设计、视觉传达、包装……	体验、服务、触点、综合系统
流程方法	可视化、创意、灵感	可视化、观察、参与、合作
设计目标	促销，提升市场占有率	提升用户体验和持续可能性
设计定位	现实目标（增长、业绩、魅力度）	长期目标（绿色、环保、可持续）

图 3-14　传统设计和新型设计的区别

尽管服务设计被视为未来设计的发展趋势之一，但在我国仍面临着诸多挑战。服务设计着重服务方法的设计、服务环境的设计、产品与服务设计的关系、服务制度设计与服务组织设计等定量或定性的研究，而这些在我国高校仍处于起步阶段。同时，在服务质量的保证方面，欧美的设计机构已在服务预期与服务体验的质量对比方面进行了非常有效的探讨，提出了有形性、可靠性、响应性、保证性、移情性（同理心）等重要的可以实际评价的指标。而我国的服务管理系统还缺乏细致的标准，相应的法律法规也不够完善，这也导致在服务流程和监管上出现了模糊地带。例如，近年来手机点餐和餐馆外卖非常火爆，但服务中的安全、卫生、环境以及价格等方面暴露了很多问题。要使得服务透明化和让客户放心、舒心，有赖于服务环境的进一步提升。但毋庸置疑的是，服务设计思维的普及将会对我国制造业的转型升级以及服务业品质的进一步提升产生积极的影响。

3.6　面向未来的设计

卡内基 – 梅隆大学设计学院院长理查德·布坎南（Richard Buchanan）教授指出："坦率地说，设计最大的优点之一就是不会局限于唯一的定义。现在，有固定定义的领域变得毫无生气、失去活力或索然无味。在这些领域中，探究不再去挑战既定的真理。"而服务设计对传统设计观念最大的挑战就是将产品设计视作完整服务活动的一部分。服务设计着重通过无形和有形的媒介从体验的角度创造概念。从系统和过程入手，为用户提供整体的服务，这使得服务设计成为面向未来的设计。

服务设计将设计从"造物"转变为"事人"。正如清华大学美术学院教授柳冠中先生所强调的那样，从"物"的设计发展到"事"的设计；从简单的对单个系统"要素"的设计发展到对系统"关系"的总体设计；从对系统"内部因素"的设计转向对"外部因素"的整合设计。这种设计思维跨越了技术、人的因素和经济活动三大领域，设计事理学作为协调"关系"的设计思维方式，从"造物"转为"谋事"，正是服务设计核心思想的体现（见图 3-15）。柳冠中先生指出：从古代哲学开始，中国就有自己的设计方法论，老子曾经在《道德经》中说道"人法地，地法天，天法道，道法自然"。师法造化、实事求是、审时度势，这就是中国特色的设计方法论。设计不仅要满足需求，而且要定义需求、引领需求和创造需求。因此，服务设计所提倡的共赢、共享、节制、协作和整体等理念是与中国古代哲学的思想不谋而合的，也是坚持绿色可持续发展和谐社会的价值核心。

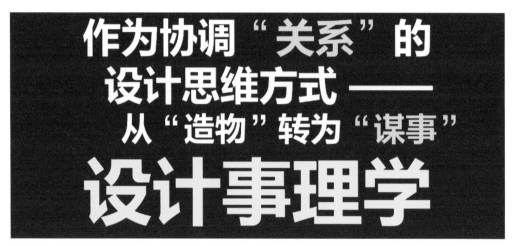

图 3-15　设计事理学是服务设计核心思想的体现

2016 年，柳冠中教授在服务设计国际论坛暨服务设计教育研讨会上发表了题为"耳听为虚，眼见为实吗"的演讲，对服务设计的意义与价值进行了精彩的论述（见图 3-16）。柳教授认为服务设计诠释了设计最根本的宗旨是"创造人类社会健康、合理、共享、公平的生存方式"。但是当前世界领域的"服务设计"基本仍局限于工具、技术层面的探讨，至多是策略层次的研究，仍以商业牟利为目的，忽略了服务设计最根本的价值观——提倡使用的分享、公平的生存方式。柳教授指出："服务设计思维"在全球虽然仅有二十多年的发展历程，但在全球产业服务化的大背景下，服务设计作为一门新兴的跨专业学科方向，已经或正在成为个人和组织在服务战略、价值创新和用户体验创新等层面迫在眉睫的需求。柳教授认为"分享型"的服务设计开启了人类可持续发展的希望之门。当前既要发挥服务设计创造和拉动中国市场和社会进步的新的强大力量；也要运用服务设计联合现代科技创新，成为实现共创共赢的新的有力工具；还要将服务设计作为中国乃至世界的经济模式，为人类文明的发展注入新的活力。柳教授还特别呼吁："我们倡导中国设计界、学术界和产业界以及具有共识的组织和个人，结合中国社会发展的实践，共同建构中国特色的服务创新理论和方法，以'为人民服务'为宗旨，共同开启中国服务设计的新纪元。"

意大利特伦托大学教授雷纳托·特隆康（Renato Troncon）指出：服务设计的美学超越了

图 3-16　柳冠中教授在会议上呼吁关注分享型服务设计

基于传统康德美学的关于艺术品的认知、想象力和信念。德国哲学家康德坚信：美丽证明了物体的无用，而功利主义者也漠视美丽的事物。这个想法把美学特性局限于交响乐厅、画廊和诗集，使设计师在很大程度上受到功能主义和功利主义的支配。而服务设计通过聚焦于服务触点（即整个服务过程的链式环节）来考察整体服务活动设计的合理性。由此，服务设计代表了崭新的设计美学：关注设计与服务流程中"至关重要的次序"，并且它不能从"媒介"（即人工制品或其他事物）的多样性中被分离出来。这种类型的设计是"积极向上的哲学思想"，它致力于为生活创造空间。因此，服务设计代表了一种"负责任的"哲学。换句话说，要响应每个人和每个事物，如年轻人和老人、富人和穷人、美丽的人和丑陋的人，并且把知识的"响应"与这个世界紧密结合起来。这种热爱生命、关注生活的态度就是服务设计的美学基础。从视觉层面来说，服务设计的美学意味着简洁、清晰、高效、实用和大众化，也意味着更为简约和清晰的视觉设计。以手机界面为例，这种美学强调通过明快的色彩、大胆的布局、简约的风格和亲切的图像营造出更具有活力和感性的页面，从而使得信息流更清晰，实用性和易用性更强，也更受公众的欢迎。

案例研究：交互博物馆

参观博物馆或艺术馆是对各地文化最好的体验，但国内大多数博物馆在展示内容和形式上没有创新，展示的内容脱离观众的实际生活，没有新鲜感和趣味性。特别是展示方式主要还停留在传统的静态陈列层面，而观众已经厌烦这种参观模式，渴望参与其中，与展览互动。对于博物馆或艺术馆的游览（特别是以图片展示为主的展馆），观众往往会在即将结束时感到身心疲惫，兴趣大减。如何解决这个问题？位于美国纽约曼哈顿的库珀·赫维特（Cooper Hewitt）史密斯设计博物馆（见图 3-17 上）提供了一种不寻常的解决思路。在该设计馆前台，工作人员除向观众提供导游图、胸牌和带有唯一标识码的门票外，还提供定制的光笔（见

图 3-17 下 ）。

图 3-17　博物馆给每个参观者提供一支定制的光笔

　　这支光笔的神奇之处在于它能够帮助你记忆。史密斯设计博物馆内几乎所有的展品旁边都有带"+"符号的标牌，观众只要把笔的末端对准标牌并按住，就可以把这件展品"存入"该馆网站为该观众保留的个人空间，包括该观众感兴趣的图片、文字、影像、声音等文件。游览完的观众在回家以后，在博物馆网站上输入门票上的密码（见图 3-18 上），就可以进入自己的空间，欣赏自己在该博物馆留下的足迹和保存下来的感兴趣的展品资料。例如你对 20 世纪 70 年代英国 Brompton 生产的折叠自行车（见图 3-18 下）感兴趣，用光笔对准展品旁边说明标牌上的"+"，就可以将这款折叠自行车的全部历史资料（包括文字、图片和音频等）

保存到自己的个人空间。这种服务的内容和方式超越了观众借助相机保存资料的体验，成为观众温馨的时光回忆。史密斯设计博物馆通过这个服务设计的创意深化了观众的体验。

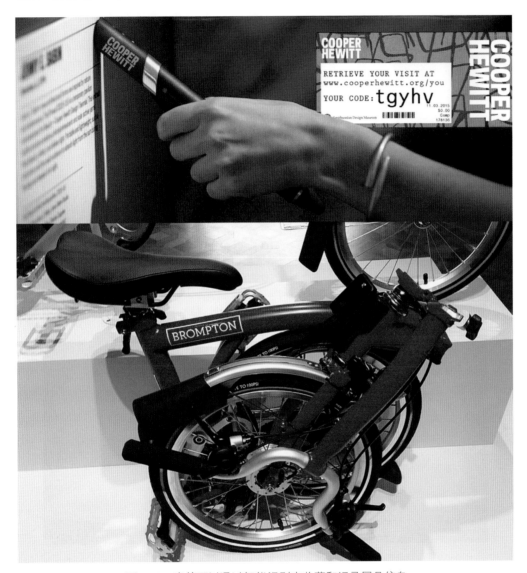

图 3-18　光笔可以通过智能识别来收藏和记录展品信息

　　不仅如此，史密斯设计博物馆还通过各个展厅中的交互桌（见图 3-19）让观众（特别是儿童）打开博物馆的交互虚拟空间，里面有超过 4000 件作品和 200 个体验项目。观众可以用光笔和手指来设计自己的图案和三维模型产品，如家具、服饰等。这个交互桌还可以拖曳不同的作品图片，进行拼贴、涂色、变形等有趣的互动。这个创意吸引了众多的观众参与游戏，也让观众在互动体验中对博物馆陈设的内容有了更丰富的认识。这种寓教于乐的方式突破了一般展馆枯燥和静态的观展模式，对于数字环境下成长起来的新一代来说，是一种更自然的学习与交流的模式。同样，观众也可以把自己设计的作品放入个人空间收藏或分享。史密斯设计博物馆的这种服务模式也为博物馆未来的创新体验提供了一种独特的思路。

图 3-19　博物馆的交互桌可以让参观者玩创意游戏

课堂练习与讨论

一、简答题

1. 什么是设计研究？设计研究与服务设计有何关系？

2. 服务设计的六大原则是什么？如何解释这些原则？

3. 为什么说服务设计是解决现代性危机的一种方法？

4. 服务设计的公理和准则有哪些？如何理解？

5. 什么是"设计事理学"？ 与服务设计思想有何关系？

6. 从农场到餐桌的服务设计有哪些关键环节，企业如何实现盈利？

7. 博物馆如何解决"保护"与"动手"的矛盾？

8. 史密斯设计博物馆是如何创新游客的深层体验的？

二、课堂小组讨论

现象透视：日本新媒体艺术家团体 teamLab 是一家 2014 年成立的专门设计大型互动体验装置的科技艺术家小组。该团体近年来在纽约、伦敦、巴黎、北京等地举办了一系列新媒体互动装置秀（见图 3-20），例如 2020 年，他们在东京数字艺术博物馆举办的"四季花海"沉浸互动体验展吸引了大批年轻观众，展期长达 6 个月。

图 3-20　teamLab 团体的"四季花海"主题交互艺术展

头脑风暴：如何通过手机触控改变环境或作品？ 新媒体展览如何才能增加观众的黏性？科技创新体验如何与传统文化相结合？ 如何实现盈利？

方案设计：博物馆或艺术馆是文化体验场所。请为当地的（自然、民俗、历史或艺术）博物馆设计一个交互式创新体验的方案。服务设计的对象为中小学生和周末家庭亲子类游客，设计的出发点是深度体验、新奇感、沉浸感与获得感。

课后思考与实践

一、简答题

1. 举例说明什么是以人为本的设计原则。

2. 设计研究方法源自哪些学科？

3. 请从社会、科技、经济与文化的角度解读后工业社会的特征。

4. 传统设计和新型设计的主要联系和区别在哪里？

5. 从美学角度如何看待服务设计？

6. 什么是"为真实世界而设计"？设计师的社会责任有哪些？

7. 什么是利益相关者？服务设计的利益相关者有哪些人？

8. 如何理解服务设计的 5 条公理和 12 条实践准则？

二、实践题

1. 对于大学生来说，身边的服务体验是最直接和感同身受的。例如传统的大学宿舍上下梯式双人铁架床（见图 3-21）因种种不方便、不舒心、不实用和不安全而被许多新生吐槽。请从安全性、隐私性、舒适性、美观性和实用性等角度对双人床具进行创新设计。

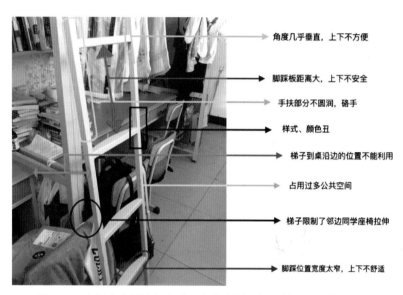

图 3-21　大学宿舍的铁架床（示意安全性、舒适性和便捷性问题）

2. 柳冠中教授认为设计应该从"物"转到"事"，即关注人 – 环境 – 事件。请针对"游泳"的互动体验馆展开联想，设计一个集"探索""健身"和"游戏"一体化游乐项目（产品和服务），如冰桶挑战、与鱼同乐、水下探险、美人鱼、双人冲浪等。

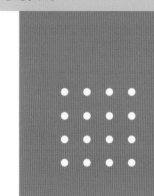

第 4 课　服务流程设计

　　美国著名交互设计专家詹姆斯·加瑞特在《用户体验要素》一书中指出：产品设计是从战略层开始，经过范围层、结构层、框架层和表现层，使设计意图逐步具象化、清晰化的过程。同样，服务设计流程主要依据设计思维的方法论（如 IDEO 的目标导向设计模型或双菱（微笑）设计模型）来实现服务创意。本课的重点在于解释服务设计流程的理论与模型，包括用户体验设计、瀑布法与敏捷法和设计流程管理等内容。本课还提供了服务设计的课程任务书供读者参考。

///////////

4.1　目标导向设计

心理学家、交互设计专家唐纳德·诺曼指出：用户对产品的完整体验远远超过产品本身，这与用户的期望有关，它包含用户与产品公司互动的所有层面——从刚开始接触、体验到公司如何与用户维持关系。而服务设计就是对用户完整体验的设计。VB 之父、Cooper 交互设计公司总裁艾伦·库珀（Alan Cooper）在 IDEO 工作期间领导了一种设计研究——目标导向设计方法。该方法给设计师提供了一个研究用户需求、交互与服务设计和用户体验的操作流程。该设计流程可分为 5 个阶段，即同理心（理解用户）、定义（发现需求）、创意、原型设计和评测（见图 4-1）。目标导向设计方法并不是一个线性过程，而是不断重复、迭代的螺旋式开发过程。艾伦·库珀指出："交互设计不是凭空猜测，成功的设计师必须在紧迫而混乱的产品开发周期中保持对用户目标的敏感，而目标导向设计也许是回答大部分重要问题的有效工具。"1991 年，IDEO 公司设计师比尔·莫格里奇等人在担任斯坦福设计学院教授时，对这套设计方法进行了推广和整理创新，使之成为创新设计思维的基础。

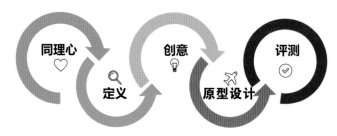

图 4-1　由 IDEO 设计公司提出的目标导向设计方法

服务设计是一项包含产品设计、服务、活动与环境等多个因素的综合性工作流程，从需求分析、原型设计、软件开发、技术深入到产品跟踪的全部环节。这些流程可能是瀑布式的，也可能是"螺旋式"的（见图 4-2），但无论简单还是复杂，都构成了一个明确的目标导向的产品开发周期的循环。作为迭代设计，大循环的内部会嵌套小循环。艾伦·库珀指出：这种流程体现了以人为本的原则，可以表达用户的诉求，提升产品的可用性和用户体验。该方法综合了现场调查、竞品分析、利益相关者（如投资商、开发商）访谈、用户模型和基于场景的设计，形成了服务设计原则和模式。该方法也是面向行为的设计，旨在处理并满足用户和利益相关者的目标和动机。设计师除了需要注重形式和美学规则，更要关注通过恰当设计的行为来实现用户目标，这样所有的一切才能和谐地融为一体。

在工作流程中，设计与用户研究往往相互迭代，交替完成，由此推进产品研发的正循环。服务设计师规划新产品或新功能时，无论是针对服务流程还是服务产品，都必须回答 3 个问题：用户是否有需求？用户的需求是否足够普遍？提供的功能是否能够很好地满足这些需求？因此，需求分析、设计规划、设计实施、项目跟进和成果检验不仅是产品开发流程，而且其中的用户研究、原型设计、产品开发、产品测试和用户反馈也是服务设计所遵循的方法和规律。

IDEO 公司的许多成功项目的实施过程都是这几个步骤的变体：灵感、综合、构思 / 测试和执行。例如，IDEO 曾受学校的委托，设计改善旧金山地区小学生的膳食结构的方案。该团队到学校餐厅与学生们一起吃饭，深入观察学生们的午餐情况。通过近一个月的观察、记录、交谈和聆听，IDEO 发现学校餐厅普遍存在营养不均衡、食物浪费、环境脏乱、学生不主动

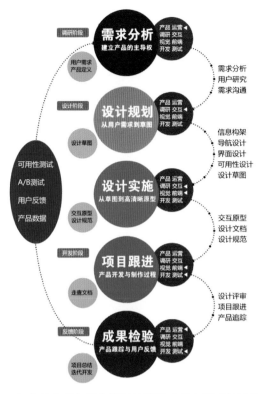

图 4-2　经典的交互与服务设计流程图（从上到下的迭代过程）

等一系列问题。由此提出了一系列改进学校"装配线式"餐饮服务设计的思路，如提供更多的学生自助式服务，避免食物浪费；采用家庭小餐桌式布局，由小学生"桌长"负责分配午餐的流程（见图 4-3）；改进学校餐厅灯光和环境设计；改变肉类和蔬菜比例等。这些措施使得学校餐厅的面貌焕然一新，该服务设计也得到了斯坦福大学专家的好评。

图 4-3　通过鼓励学生采用自助式服务来改善小学生午餐

4.2　双菱与微笑模型

早在 20 世纪 80 年代，斯坦福大学教授、美国著名设计师、设计教育家拉夫·费斯特（Rolf A. Faste）就创办了斯坦福设计联合项目并成为斯坦福设计研究院的前身。1991 年，大卫·凯利开始在斯坦福大学任教并逐步推广 IDEO 公司的交互与服务设计方法论。2005 年，斯坦福大学收到 SAP 公司创始人哈索·普拉特纳（Hasso Platner）的捐赠，成立了斯坦福大学设计学院。与此同时，卡内基–梅隆大学商学院也把设计思维引入课程。由此，设计思维开始在设计界、学术界引起广泛关注，也成为各大知名企业所普遍采用的创新方法。

设计思维最初源于传统的设计方法论，即需求与发现、头脑风暴、原型设计和产品检验这样一整套产品创意与开发的流程。受到广告创意大师詹姆斯·韦伯·扬（James Webb Young）的"创意五步法"的启发和美国心理学家米哈里·希斯赞特米哈伊（Mihaly Csikszentmihalyi）的"心流理论"的支持，1991 年 IDEO 公司设计师比尔·莫格里奇等人将这套设计方法整理创新为设计思维的基础（见图 4-4）。该方法归纳为五大类：同理心（理解、观察、提问、访谈）、需求定位（头脑风暴、焦点小组、竞品分析、用户行为地图等）、创意/尝试与观点陈述、可视化（原型设计、视觉化思维）、检验（产品推进、迭代、用户反馈、螺旋式创新）。其中，同理心或者与用户共鸣是问题研究的开始，也是这个设计思维的关键。设计思维的基础是，要了解和研究用户，就要走出办公室，和用户交谈，询问他们是如何生活的。只有有机会和他们一起生活，换位思考，感同身受，才能知道用户的问题在哪里，也就是同理心。这套设计流程所强调的另一点是视觉化思维或者动手制作模型和展示概念设计的能力。因此，斯坦福创意课的实质是基于实践的交互及服务设计的基础，或者说是创造力实现的普遍规律。

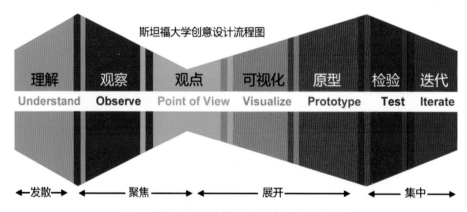

图 4-4　斯坦福设计学院提出的设计思维流程

2004 年，英国设计委员会归纳出双菱模型（也称为双钻石模型，见图 4-5），即探索、定义、深入与执行的设计流程，它反映了在设计过程中思维发散与收敛的过程。该流程强调前期研究并在此基础上得出最终的解决方案；因为这样获得的最终解决方案往往是经过精挑细选、仔细验证后的结果，也能确保产品投入市场后不会有太高风险。该流程分为 4 个阶段：前两个是确认问题的发散和收敛阶段，后两个则是制订与执行方案的发散和收敛阶段。该流程并非以线性思维的方式展开，实质上是一个将混沌发散的思维不断收敛的过程。

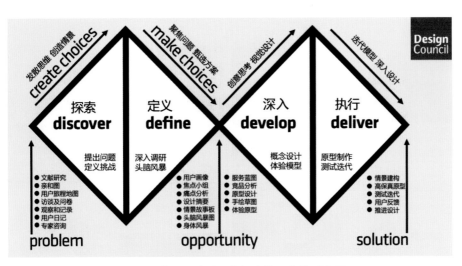

图 4-5 英国设计委员会提出的双菱模型流程

该模型的另一种表示方法是问题导向设计（POD）模型，由用户体验设计咨询专家克里斯·贝克尔（Chris Becker）在 2020 年提出。该模型与双菱模型类似，因形似笑脸故又被称为"微笑模型"（见图 4-6）。POD 模型的核心有两个：①寻找发现"值得"的问题；②为这个问题的解决选择"适合"的方法。"微笑模型"强调"移情"与"定义"是发现问题的出发点，而"好的问题"是产品或服务能够真正满足用户刚需、打动人心的关键。例如，随着电商的火爆，天猫双 11、双 12 购物节以及 618 购物节、周年庆等促销活动令人眼花缭乱。如何能够抓住用户的"痛点"和"痒点"正是考验设计师与商家眼光的时候。有一则关于荔枝的促销页开门见山，以"健康"为卖点，强调桂味荔枝的纯天然、无污染的特征，并且以原产地商家郑重承诺来打消买家的疑虑（见图 4-7），这个创意就是发现了"好问题"的范例。随后，设计师围绕"健康"这个主题，精心拍摄了包括荔枝特写和采摘场景等大量照片，并且根据荔枝色调进行版式设计。整体页面风格清新自然、美观大方、生动感人，以照片为核心的设计风格让消费者"眼见为实"。

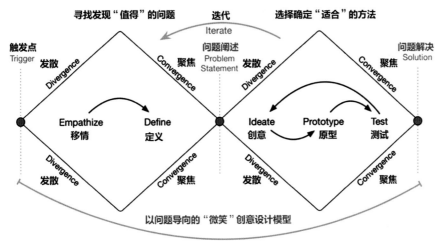

图 4-6 微笑模型

图 4-7 关于荔枝销售的 HTML5 促销页的 UI 界面设计

4.3 设计流程的思考

双菱及微笑模型的要点在于发现和解决问题。有些问题显而易见，但解决的思路往往会涉及材料、成本、预算、工期、环境、维护以及技术复杂性等一系列问题。例如，据报道，深圳图书馆自 20 世纪 90 年代建成以来，读者长期受到暴晒的阳光的困扰，他们只好撑起一把把遮阳伞（见图 4-8 上）。在头脑风暴会上，同学们针对这个问题展开了讨论。研究内容包括：①夏日华南地区阳光照射的角度有多大？会持续多长时间？②考虑几种切实可行的"遮阳"设计方案。③暴晒的阳光虽然影响了阅读，但是却提供了充足的太阳能，如何能够加以利用？④哪些人类活动是可以在强光照环境里进行的？然后根据以上问题的调研和思考提出图书馆的改造方案。该课题具有很强的挑战性。例如，图书馆加装绿色植物防晒网就是一个好的创意（见图 4-8 下），这样既遮挡了阳光暴晒，又有效地利用了太阳能并美化了环境。当然这个创意也可能会带来一系列新问题，如植被养护、防虫、安全性、技术复杂性等，需要在设计原型的基础上经过反复测试、修改和完善等才能真正解决。

无论是斯坦福设计思维还是微笑模型都具有双菱模型的特征，这就说明了创意解决方法的相似性：寻找"正确的"问题与寻找"合适的"解决问题的方法。无论哪种方法，其设计的关键都在于问题思考，就是围绕产品或服务存在的意义、开发的目的、受众的定位及需求、经营者的利益等核心问题展开的头脑风暴。设计师需要明确用户的真实需求，有时人们买的不是产品，而是对舒适生活的体验。例如，"夏季乘凉"的需求产生了折扇、团扇、电扇、小吊扇、凉席、遮阳伞等一系列产品，而迷你风扇所具有的智能化、小型化、便携性和多功能性使得它们成为热销的夏季产品（见图 4-9）。设计师需要挖掘为什么开发这个产品？要针对哪些用户（环境）？这个产品所对应的用户"刚需"和"痛点"在哪里？

图 4-8　深圳图书馆暴晒的阳光给读者造成了困扰

图 4-9　市场上各种热销的迷你风扇

　　问题导向设计从剖析用户心理及行为分析入手，正是抓住了服务设计的核心。这种设计方法能够聚焦核心问题、规范企业行为、缩短设计时间并避免设计的盲目性，不仅被 IDEO、苹果、谷歌、微软等著名 IT 公司所推崇，而且也成为国内众多互联网创新企业（如百度、小米、腾讯、阿里等企业）所熟悉的项目管理方法和产品创新方法。

　　除企业外，国内的高校及创新咨询机构也对设计思维的理论及本土实践进行了深入研究。例如，2021 年，企业创新咨询专家李欣宇老师将多年的项目实践总结为"二心四力"模型并出版了《突破创新窘境，用设计思维打造受欢迎的产品》一书，为国内众多企业的数字化转型提供了参考。"二心四力"指的是好奇心、同理心、洞察力、全局思考力、创想力和敏捷行动力。该模型也是双菱形结构，从上到下分别为方向探索、用户共情、价值洞察、机会辨识、创意生发和原型测试 6 个步骤（见图 4-10）。其中，好奇心可帮助企业洞悉未来机遇，探索创新方向；同理心可以潜入用户的世界并实现共情；洞察力是捕捉和感知他人的想法与

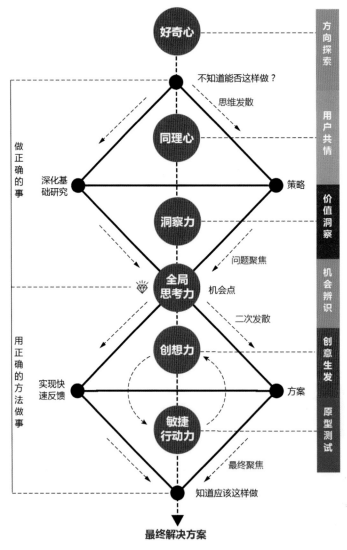

图 4-10　"二心四力"设计思维模型

感觉，找准用户需求的关键；全局思考力倡导从多角度看问题，挖掘未来创新机会点；创想力帮助设计师打开"脑洞"并做出有针对性的解决方案；敏捷行动力即执行力，也就是将想法转化为原型的能力。"二心四力"可以被看作设计思维的延伸，也是一种服务体验创新的方法，可以帮助企业打破部门协作之间的壁垒，加速数字化转型。

4.4 用户体验设计

英国服务设计公司 Engine 曾经定义"服务设计是一门研发及交付优质服务的专业。服务设计项目可以提升诸如用户体验、用户满意度、用户忠诚度及使用效率"。因此，用户体验与服务设计密切相关。用户体验（UX）通常是指人与环境（技术与服务）交互过程中的心理感受，如正面的新奇感、温馨感、舒适感或者负面的冷漠感、失望感、无助感。2007 年，美国著名 Ajax 之父、Web 交互设计专家詹姆斯·加瑞特提出了用户体验设计模型（见图 4-11），即通过战略层、范围层、结构层、框架层和表现层来实现产品开发的目标。该模型属于层层递进的战略。第一层是战略层，主要聚焦于产品目标和用户需求，该层是所有产品设计的基础；第二层是范围层，具体设计与交互产品相关的功能和内容；第三层是结构层，体验设计、交互设计和信息构架是其主要的工作；第四层是框架层，主要完成交互产品的可视化工作，包括界面设计、导航设计和信息设计等工作；第五层是表现层，主要涉及视觉设计、动画转场、多媒体、文字和版式等具体呈现的形态。通过漏斗型的筛选、优化、聚焦，最终的产品 / 服务经过多轮验证，能够实现产品的可用性并被用户所接受。

对于服务设计来说，加瑞特模型也提供实现服务目标与服务解决方案的基本途径。从时间角度看，该流程可以分解为一系列阶段性的任务目标与成果（见图 4-11）。其中每个层面都有具体的阶段任务，如战略层的核心在于用户需求与市场分析，具体目标包括行业分析、市场研究、竞品分析、用户研究等，挖掘用户特征（画像）与痛点是关键，其产出物就是设计构想或产品 / 服务定位。范围层的关键在产品 / 服务实现所需的信息与功能，就是通过列表的方式给出具体化、清晰化的用户需求。这个过程需要通过观察、访谈、问卷、焦点小组等一系列方法实现。结构层、框架层和表现层的设计也遵循同样的流程与方法，只是更关注具体的产品 / 服务形态，如界面、信息或视觉等因素。对于设计师来说，这个模型提供了产品和服务设计的"导航图"。对于企业管理者来说，通过这个流程可以实现产品创新与团队管理。

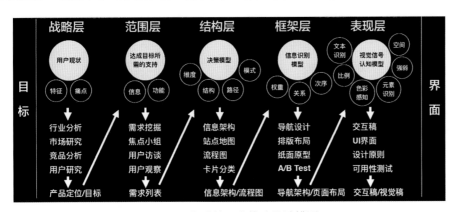

图 4-11　加瑞特用户体验设计模型

4.5 瀑布法与敏捷法

服务设计从来都不是一成不变的流程，往往需要根据实际情况进行变通或修改。如果过于依赖流程步骤，可能会拉长设计工期而影响项目进度，也会限制设计师创造力的发挥。例如，设计团队选择不同的软件开发流程（敏捷与瀑布）往往会影响设计开发人员处理项目的方式、团队管理以及与合作伙伴沟通的方式。瀑布模式（Waterfall Model）是一种传统的计算机软件开发方法，严格遵循预先计划的需求分析、设计、编码、集成、测试、维护的步骤（见图 4-12 上）。步骤成果作为衡量进度的方法，例如需求规格、设计文档、测试计划和代码审阅等。该模式包括 6 个阶段。①发现阶段：团队提供完整的需求列表。②设计阶段：提供产品开发的前期策划文档。③编程阶段：开发人员根据要求进行设计。④测试阶段：产品原型内部测试并完善。⑤开发阶段：正式推出产品并交付客户。⑥维护阶段：对产品提供后期支撑服务。瀑布模型优点是易于理解和管理，即使对于初学者也是如此。

敏捷开发（Agile Development）是一种从 1990 年开始的新型软件开发方法，是一种以人为核心，不断迭代，循序渐进的开发方法，并在一系列的"冲刺"中完成开发（见图 4-12 下）。敏捷开发是一种协作化的工作方式，可以应对快速变化的需求。在瀑布模式中，设计师把方案交给工程师任务就结束了。但在敏捷开发模式中，设计师会和程序员一起完成产品的迭代。

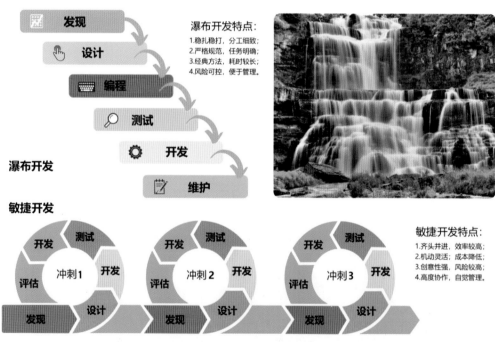

图 4-12　瀑布模式（上）和敏捷开发模式（下）

敏捷开发模式有 3 个特征。①团队合作，集体智慧。这类似于美式橄榄球的中团队拼抢冲刺的画面，最大限度地发挥设计师的主观能动性。②小团队、焦点小组（包括客户代表）和开放式工作空间。设计师、研究员、产品经理与工程师面对面沟通，缩短与用户沟通反馈的周期，加快产品原型开发周期（见图 4-13）。③目标明确，小步迭代，滚雪球式开发。敏捷设计紧抓用户的"刚需"与"痛点"，要求设计师可以从简洁的语言开始，快速实现设计原型。

敏捷开发有 6 条基本原则。①快速迭代。小版本流程更加简单快速。②焦点小组。设计师、客户和工程师等组成焦点小组，设计师可以承担多个角色（见图 4-14）。③编写需求文档。④快速沟通。尽量减少内部交流的文档。团队通过面对面沟通，获取快速的反馈，从而快速调整，减少时间的浪费。⑤做好产品原型。通过使用草图和模型来阐明产品设计思想。⑥尽早测试。

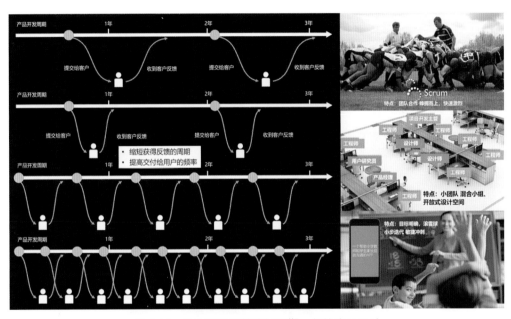

图 4-13　敏捷开发能够缩短工期，加快产品设计

图 4-14　敏捷开发模式下交互设计师的多角色职责与任务

4.6 设计流程管理

交互 / 服务设计大多以线性流程的方式呈现。对于企业来说，流程管理代表了交互设计能够顺利完成的时间节点和任务分配。产品开发过程包括战略规划、需求分析、原型设计、交互设计、视觉设计和前端制作（见图 4-15），其中每个阶段都有明确的交付文档。战略规划包括产品战略、产品定位、目标用户和用户研究。交付文档就是用户画像，内容包括痛点分析、用户特征、需求分析等。

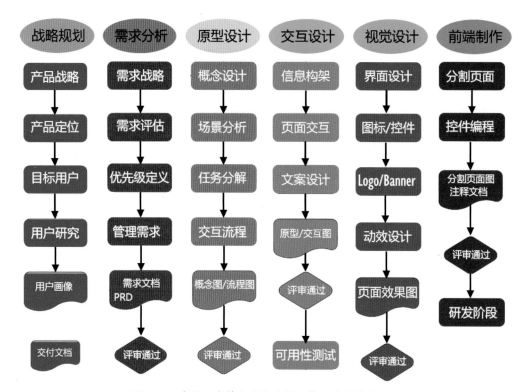

图 4-15 产品开发的流程和支付文档（阶段性成果）

产品需求文档（PRD）是产品开发的依据。文档内容包括 7 个部分。①封面：撰写人、撰写时间、修订记录、目录、版权等。②项目概述：项目概述、名词解释、产品目标、名词说明、受众分析、项目周期、时间节点等。③产品描述：产品概述及目标、产品整体流程、产品版本规划、产品框架图表和产品功能列表。④用户需求：用户需求、目标用户、场景描述、功能优先级和产品风险。⑤功能描述：验收标准、线上线下、信息设计、框架图、流程图、交互设计图、界面设计（导航）、色彩与风格。⑥非功能需求：包括安全、统计、性能、易用性、可用性、兼容性和管理需求。⑦业务流程：总体流程图、项目进度及管理、运营计划、推广和开发、项目经费、人员预估、后期维护（见图 4-16）。不同的体验设计项目需求文档的内容也有差别。

除了提供 PRD 文档外，需求分析的内容还可能包括需求评估、定义优先级和价值评估。需求评估就是挖掘真实需求，去掉非目标用户和非定位产品。优先级的确定次序是：用户价

值 > 商业价值 > 投入产出比（ROI）。投入产出比要考虑项目的人力成本、运营推广、产品维护等综合因素。价值评估包括用户价值和商业价值，前者包括用户痛点、用户人数及产品使用频次，后者就是产品 / 服务带给公司的收入分析。

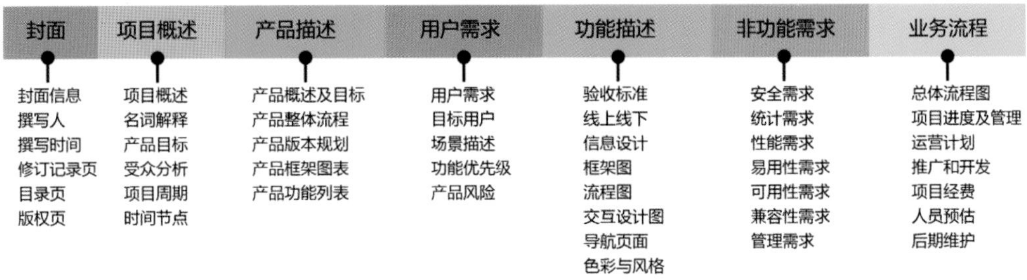

封面	项目概述	产品描述	用户需求	功能描述	非功能需求	业务流程
封面信息	项目概述	产品概述及目标	用户需求	验收标准	安全需求	总体流程图
撰写人	名词解释	产品整体流程	目标用户	线上线下	统计需求	项目进度及管理
撰写时间	产品目标	产品版本规划	场景描述	信息设计	性能需求	运营计划
修订记录页	受众分析	产品框架图表	功能优先级	框架图	易用性需求	推广和开发
目录页	项目周期	产品功能列表	产品风险	流程图	可用性需求	项目经费
版权页	时间节点			交互设计图	兼容性需求	人员预估
				导航页面	管理需求	后期维护
				色彩与风格		

图 4-16　产品开发各阶段需要交付的文档（产品策划书）

4.7　服务设计课程

对于公司来说，软件开发周期一般比较长，设计团队比较完整，交付的文档较多，涉及的部门和人员也比较多。但高校的体验设计课程时间比较短（4~5 周，32~40 课时），且学生缺乏实践经验。因此，高校普遍采用模拟项目实践的方式来让学生掌握相关的知识与方法。模拟项目流程包括项目立项、调查研究、情境建模、需求定义、概念设计、细化设计以及修改设计等环节，最后以设计任务书、小组简报（PPT）汇报、文件夹提交和课程作业展的形式呈现。项目团队既可以选择校内服务，如宿舍环境、校内交通、食堂餐饮、社交及文化、外卖快递、洗浴设施、健身运动设施等，也可以选择面向社会的研究，如共享单车、旅游文化、购物商场、儿童阅读、健身服务、宠物服务、医疗环境、老人及特殊人群关爱等。对于 4~5 个人的项目小组，可以分别模拟扮演项目经理（负责人）、调研员、设计师、厂商和顾客等不同的角色。服务设计课程也可以和企业合作，采用命题创作和"设计马拉松"的形式，规定学生团队限时拿出解决方案，并通过 PPT、模型等方式进行汇报。

为了让项目实践更接近实战，服务设计场地如教室、会议室、展厅、创客空间等需要重新设计。①需要有足够的空间便于发挥小组成员的灵活性，桌椅应便于移动或拼接在一起。②应该有可移动的白板或方便贴标签、即时贴或者挂图的墙面，便于随时记录和讨论想法。③需要有可以摆放研究文档、照片、故事板、模型、各种概念图等的地方，必要时可以借助投影、PPT、动画等来诠释想法。④最重要的是，气氛要活跃，让人进入后心情愉悦，不想离开。如果必须有远程成员参与，需要准备好腾讯会议、Zoom 等虚拟环境。

在课程实践中，项目导师可以通过"量化评估检查表"（见图 4-17）对项目小组的工作进程、交付物以及设计方案进行评估和管理。该表格明确了服务设计的目标和任务，可以让同学们快速熟悉设计流程。其中的交付物，如概念图、用户旅程地图、服务蓝图、功能结构图、信息架构图和界面设计等可以作为工作量与成绩的参考。在实际课程中，导师可以根据项目的类型对该表格内容进行修改。

各研究小组根据服务设计进程表检查表检查项目完成情况并在各选项中确认：　　小组组长（项目经理）：　　　　研究课题小组成员：

课程选题（20%）*	用户调研（20%）**	原型设计（25%）**	深入设计（25%）***	报告与展示（10%）***
□ 研究的意义与价值	□ 访谈法+观察法（照片、视频等）	□ 设计原型草图	□ 简单实物模型（塑料、硬纸板）	□ 规范设计报告书
□ 目标产品或服务对象	□ 问卷调查+五维雷达图分析	□ 创新服务流程图	□ 高清界面设计（PS）	□ 简报PPT设计与制作
□ 文献法（网络、论文、检索）	□ 服务蓝图、利益相关者地图	□ 信息结构图（线上模型）	□ 该产品的创新性体验分析	□ 小组项目成果与汇报会
□ 商业模式画布	□ KANO分析法（照片、视频等）	□ 交互产品界面设计	□ 服务商业模式分析	□ 展板设计与制作
□ 项目计划（时间、任务、分工）	□ SWOT竞品分析矩阵	□ 产品模型及说明（2D+3D）	□ 产品可持续竞争力分析	□ 课程作业汇报展览
□ 设计研究可行性分析	□ 顾客旅程地图+服务触点（TP）	□ 头脑风暴图（蜘蛛图）	□ 科技趋势与SWOT竞品分析	□ 创新团队创业策划书
□ 前期项目PPT说明	□ 用户画像和故事卡	□ 产品商业模式草图	□ 产品体验情景故事板	□ 产品商业前景和风险分析
核心问题：同理心与观察	**核心问题：同理心与观察**	**核心问题：头脑风暴与创新**	**核心问题：设计与创新**	**核心问题：规范化设计**
● 该产品或服务对象是谁？	● 你看到了什么？（观察）	● 该原型设计的优势在哪里？	● 什么是该产品的可用性？	● 报告书是否合规范、美观？
● 产品商业模式画布为什么用？	● 你了解到了什么？（资料收集）	● 该原型设计费线支费事吗？	● 该产品的体验优势在哪里？	● 简报设计是否简洁清晰？
● 设计调研的可行性？	● 你问到了什么？（访谈）	● 该原型设计环保吗？	● 功能、易用性、价格和周期如何？	● 如何进行演讲和阐述？
● 相关用户调研的可行性？	● 你总结到了什么？（图表分析）	● 同宿舍同学审你的设计吗？	● 该产品的潜在问题有哪些？	● 如何设计汇报模板？
● 这个用户调研的意义和创新？	● 你对该服务或产品来自尝试过吗？	● 该设计有何不确定的风险？	● 竞争性产品或服务有几家？	● 团队分工与合作总结？
● 该选选题有何意义和成果？	● 能归纳列表分析潜在的风险？	● 产品可持续竞争力在哪个缺陷？	● 该产品的界面设计有何缺陷？	● 创新与创业的可行性？
● 该选题预期取得什么成果？	● 能发现痛点并设想解决方案吗？	● 技术、服务、价格、品牌等	● 该产品的民族性与认同感？	● 团队项目进一步的策划？
● 小组如何分工？				
观察与思考（立项阶段）	**整理与分析（调研阶段）**	**研讨与设计（创意阶段）**	**完善与规范（深入阶段）**	**演示与推广（展示阶段）**
备注栏：	备注栏：	备注栏：	备注栏：	备注栏：
第1周8课时，小组立项，分组5人；文献法、初步汇报；前期调研的PPT项目说明提供设计的大致方向与范围。人员分工与责任	第2周8课时，项目调研+课堂研讨。服务研究分析法（中期PPT项目说明）。目前同类服务的潜在痛问题？市场空白点？新技术与商机？	第3周8课时，创意说明汇报会；原创模型、原型设计头脑风暴；问题？前景？优势？风险？创新点？与观有产品的矛盾？	第4周8课时，深入设计展示会；手绘、模型、实物、三维建模、效果图；详细设计效果图；规范报告书的整理与撰写	第5周8课时，课程设计成果汇报会；PPT报告读是课文和课场演示会；设计原型分析、教师讲评、课程设计与课程展览展板

* 该部分选项可以任选4项，** 该部分选项可以任选5项，*** 该部分选项可以任选2项。

图 4-17　服务设计课程实践进程量化评估检查表（产品设计任务书）

案例研究：无印良品

　　无印良品是一个日本百货品牌，也是一种生活方式。无印良品一向以致力于倡导简约、自然、质感丰富的现代生活著称，它的产品特点是使用可持续的材料，尽量减少对环境的影响并以合理的价格发售。虽然有着今日的风光，但在 15 年前，无印良品曾经出现巨额赤字，濒临倒闭。临危受命的社长松井忠三认为：当务之急不是裁员，而是要找到企业内部的根源性问题。通过建立一定的管理机制与企业文化，无印良品将服务设计落实到工作手册和具体的服务细节上。15 年后，松井忠三先生出版了《解密无印良品》，解释了无印良品成功逆袭的秘密：一本无印良品内部通用的厚达 2000 页的工作手册（MUJIGRAM）或者说是服务设计手册成为无印良品店铺使用的经营指南。从小事做起，从细节着眼，将公司哲学和员工行为规范化、可视化，这成为无印良品反败为胜的法宝。

　　松井忠三之所以要制定如此翔实的手册，是为了"将依赖个人经验和直觉的服务进行'机制整合'，使它作为规范延续下去"。手册细致入微，如规定商品摆放何时为正三角形和何时为倒三角形、搭配服装的色彩必须保持在三色以内。此外，所有的商品布局均须统一，商品陈列方式都有固定规则（见图 4-18）。在无印良品店铺中有 5 种衣架，手册里将每种衣架使用时的注意点都配上照片进行了说明。为避免歧义，手册对规则有质朴通俗的解释，如"礼貌待客"中的"礼貌"，不同的人会有多种不同的理解，可以是"说话态度要亲切热情"，也可以是"注意使用敬语"。手册在解释"把商品摆放整齐"时说明，整齐即"正面朝上（有价签的一面朝向上面）""商品的方向，例如杯子一类的把手要朝向一致，缝隙、间隔等要呈一条直线"。所有的商品标签都有明确固定的尺寸和标准的说明要求，例如"无印良品的商品命名方法首先对客人来说要浅显易懂""可以使用羊毛、棉、麻等天然材质名称。不可使用外来语，如 cotton 和 hemp""不可以用辞藻修饰。描述真实的事物就要用真实的语言"。此外，手册还配有具体图解。总之，为了使不同地区的无印良品店铺都能够让顾客体会到无印良品风格，必须将店铺建设和待客服务细节等统一加以规范。

图 4-18　店内的商品布局和陈列方式都有统一和规范的标准

　　服务管理是服务设计的一部分，也是改善用户体验的重要一环。良好的服务体验不仅在于设计，也在于严格的管理与执行。无印良品的服务管理设计就是一个经典的范例。服务设计要求透明化，就是指所有隐藏的服务环节需要清晰化和规范化，这些后台包括仓储、配送及管理和IT系统等。幕后服务包括管理者（店长、高管）、规则、条例、政策、预算等。无印良品的工作手册规范了店铺视觉设计和员工行为，正是一种透明化的服务设计。松井忠三说："工作手册绝非那种枯燥无味的东西，而是生动地结合了每日工作，能够创造最终成功的最重要的工具。"松井忠三的要求是：①手册要从店铺中来，共享智慧，是集体智慧的结晶；②通过服务标准化来促进服务质量的提升；③通过该手册，每个员工都可以自我完善，大大节约了企业员工的培训成本；④统一团队成员的工作目标，关注细节。

无印良品的努力取得了明显的回报。到2015年，无印良品海外店铺已有348家，已逼近日本本土的425家，海外销售额占比33%。据松井忠三透露，目前中国39个城市有134家无印良品店，平均15.9个月收回投资。从2011年起，无印良品连续3年进入了日本"我喜欢就职的公司"排行榜前25名。无印良品的经验说明：服务的透明化、人性化、可视化以及服务流程各环节（行为触点）的规范化是其成功的奥秘。近年来，无印良品的管理模式也为其他日本知名品牌所借鉴，如来自日本的时尚休闲品牌优衣库（UNIQLO，见图4-19）同样强调现代极简主义风格和简单、朴素、时尚的元素。特别是由日本广告和平面设计大师佐藤可士和（Kashiwa Sato）设计的优衣库品牌视觉识别规范（VIS）简洁醒目、震撼力强，已成为所有优衣库店面、媒体和时尚品牌的醒目标志（见图4-20）。和无印良品相似的是，优衣库的品牌和设计也反映了日本乃至东方文化传统中强调与自然的和谐、对自然材质的珍爱以及通过简约的形式发挥材料本质等特点。优衣库不仅已经跻身全球著名服装品牌的行列，

图4-19　日本的时尚休闲品牌"优衣库"的标志与商品

图4-20　由佐藤可士和设计的优衣库品牌视觉识别规范

而且在 2015 年的"双 11"网络购物大战中同时夺下男女装交易指数排行的第一名,被许多服饰品牌喻为"神一样的对手",可见其服务设计极为成功。

课堂练习与讨论

一、简答题

1. 为什么服务设计要求透明化?无印良品的管理思想有何启示?

2. 举例说明餐饮企业服务设计中的后台隐藏部分由哪些人与物组成。

3. 服务设计如何体现简约、自然和环保的理念?

4. 双菱和微笑设计模型源于哪些企业的实践和成功案例?

5. 以婴儿纸尿裤(帮宝适)为例,说明服务设计的利益相关者。

6. 参观本地的优衣库并比较其商品、价格、服务、环境和信息的特点。

7. 什么是服务体验?以浴室和卫生间的服务设计为例,说明在洗浴或使用卫生间过程中用户(可能是儿童、孕妇或老人)最关注哪些环节。

8. 如何将服务设计的诸多环节以可视化流程呈现?每个环节的交付物是什么?

二、课堂小组讨论

现象透视:观察学习加动手实践是获得第一手资料并加深记忆的最佳方法。美国芝加哥自然历史博物馆鼓励小学生通过动手实践,借助道具理解古埃及制作木乃伊的方法及其文化(见图 4-21),成为博物馆创新体验的范例。

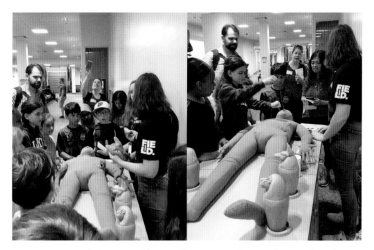

图 4-21　小学生在工作人员讲解下学习古埃及木乃伊的制作

头脑风暴:参观本地的民俗、历史和自然博物馆,了解有多少小学生以班级为单位在里面参观学习。他们如何进行动手实践?有博物馆工作人员协助吗?

方案设计:可以从几个角度调研并思考:如何通过服务设计创新博物馆的教育功能?如

何结合小学实践课，为小朋友设计"寓教于乐"的工作坊？如何采用非数字化或"低科技"的方式提高小学生的动手能力？根据以上思考，与博物馆服务方一起，提出一些创新教育体验的方案。

课后思考与实践

一、简答题

1. 什么是服务设计的工作流程？从哪里开始设计？

2. 什么是"二心四力"设计模型？和设计思维比较有哪些特点？

3. 什么是用户体验？如何理解 UX 设计的 5S 模型？

4. 双菱和微笑设计模型均包括两次思维发散和收敛过程，试说明其原因。

5. 以堂食和外卖的餐厅为例，说明其用户和利益相关者的差异。

6. 服务设计实践课程主要包含哪些环节？各阶段交付物是什么？

7. 什么是产品需求文档？该文档可分为哪几个部分？

8. 什么是软件开发的敏捷法与瀑布法？这两种方法对服务设计流程有何启示？

二、实践题

1. 自助式服务不仅可以降低商业成本，而且也提升了顾客的服务体验。如何借助智能手机、自助服务、O2O 平台和客服系统实现汽车自助型无人加油站（见图 4-22）可能是今后高速公路服务模式改革的方向。请调研该领域的智能产品并从用户需求、用户体验和功能定位3 个角度设计自助加油的 App。

图 4-22　结合远程客服管理和手机 App 的自助式加油服务

2. 迪士尼乐园以规范化、人性化的服务设计著称于世。请参观上海迪士尼乐园并以普通家庭（三口之家，月均收入 1.5 万元）为例，从其角度体验该乐园在服务、管理、价格、娱乐性、可用性方面存在的问题并提出改进设想：①如何通过设计可穿戴、智能化的园内服务 App 来提升用户体验？②如何解决乐园服务设计中的商业回报、技术成本和用户需求这三者的矛盾？

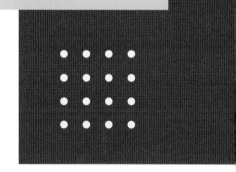

第 5 课　服务需求与分析

服务设计师需要观察和解读用户行为，并且将需求转化为潜在的服务产品。其中，服务流程中的"触点"就是服务对象（客户、用户）和服务提供者（服务商）在行为上相互接触的地方。通过对触点的选取和设计，可以提供给消费者最好的体验。本课的重点在于阐释服务设计的方法，如服务触点、服务蓝图和用户体验地图等知识。对于设计师来说，具体的、可视化的、可触摸（交互）的流程设计是提升用户体验的关键。

/////////

5.1　服务触点

　　服务设计关注人与服务系统的交互关系并从中改进或创新服务体验。具体的、可视化的、可触摸的流程是服务设计思维的核心。服务设计研究学者、科隆国际设计学院教授布瑞杰特·玛吉尔认为：服务设计师的主要工作是对设计方案进行视觉化。他们需要观察和解读用户的需求和行为，并且将它们转化为潜在的服务产品。例如，汽车属于"出行服务"，手机属于"通信服务"，购买和后期的增值服务是环环相扣的生态设计。因此，任何一种产品都带有服务触点的属性。触点就是服务对象（客户、用户）和服务提供者（服务商）在行为上相互接触的地方，如商场的服务前台、手机购物的流程等。通过对触点的选取和设计，可以提供给消费者最好的体验。为了将服务触点和用户行为视觉化，2002 年英国 LiveWork 服务设计咨询公司首次提出了用户体验地图和服务触点的分析方法。用户体验地图又称用户（顾客）旅程地图，是一种用于描述用户对产品 / 服务体验的模型（见图 5-1）。它主要借助描绘用户行为轨迹的地图来呈现用户从 A 点到 B 点一步步实现目标或满足需求的过程。通过对服务流程中的触点进行研究，可以发现用户的消费习惯、消费心理和消费行为。同时，触点不仅是服务环节的关键点，而且也是用户的痛点，触点分析往往可以提供改善服务的思路、方案和设想。

图 5-1　用户体验地图是一种用于描述用户轨迹和体验的模型

　　用户体验地图可拆分为 3 个部分：任务分析、用户行为构建、产品体验分析。首先需要分解用户在使用过程中的任务流程，找出触点；再逐步建立用户行为模型，进一步描述交互过程中的问题；最后结合产品所提供的服务，比较产品使用过程在哪些地方未能满足用户预期和在哪些地方体验良好。以旅客出行服务为例，其行为顺序为：查询和计划→挑选机票服务机构→订票→订票后出行前→出行或计划变更→出行后。这个过程涉及一系列前后衔接的轨迹和服务触点（见图 5-2），用图形化方式对这些轨迹和触点进行记录、整理和表现成为服务设计最重要的用户研究依据，也是产品制胜的法宝。

　　服务触点的类型包括线下的、线上的和情感的。以用户购物的轨迹为例（见图 5-3），彩条为事件发生的时间轴，代表用户购物从想法到实施完成的全部时间。图中的 S 形曲线是用户体验地图，具体标示了从线上到线下的所有行为触点。彩条的下方为线下（物理的）行为触点，彩条上方为线上（数字的）行为触点，这个旅程经历了从虚拟购物到实体购物再回到

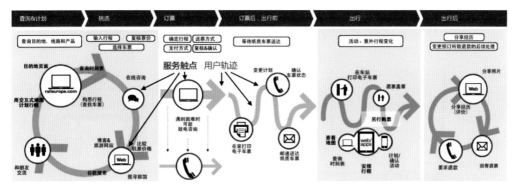

图 5-2 旅客出行服务前后衔接的轨迹和服务触点

网络分享的过程。可以假设有一个购买洗衣机的家庭主妇,从需求(欲望)开始,经历了计划、浏览和搜索,包括广告的潜移默化、货比三家(酝酿),最后确定购买的网络旅程;接下来是实体购物旅程,如和销售人员、前台、收款、客服中心、安装调试工程师的交互;最后是以会员的身份完成售后服务评价和会员分享等。该过程就是典型的用户体验地图。

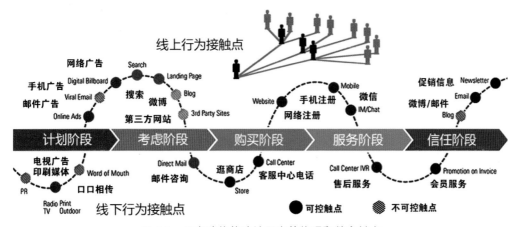

图 5-3 用户购物体验地图中的物理和数字触点

在网络购物过程中,顾客在手机、平板电脑或桌面电脑的数字界面中完成的行为(无论是鼠标点击还是触屏交互)都是线上触点,交互设计师大部分工作都是在这个范围内的。实体购物流程意味着从线上到线下,涉及店面环境、服务员、购物流程、售后服务……这些都是实体服务的触点,也就是人与人的互动环节。这也是情感接触发生的地方。情感触点也称为人际接触点。例如快捷酒店通过提供细致的服务以及对卫生间、盥洗室和洗浴房间的服务设计,能够使旅客感受到贴心、舒心和温馨,也就留下了深刻的记忆(见图5-4)。情感触点是顾客记忆的重要部分,也是用户体验地图最后阶段(信任阶段)的核心。对优质服务的体验是用户再次光顾和分享点赞的基础,而反面的体验则会使得用户懊悔不已。如果用户发帖传播自己的坎坷经历,还会导致舆论关注。在国内,无论是青岛的天价大虾(宰客)还是云南旅游的强制消费(导游违规),都对当地的旅游形象造成了负面影响。因此,线下的服务设计更琐碎、更困难,也更重要。如果说交互设计是一个点,那么服务设计就是一个面,包括空间、用户、技术及媒体(界面)等元素的综合。好的服务不仅来自用户需求,也来自设计师的不断探索和为用户提供更好体验的动机。

图 5-4　卫生间、盥洗室和洗浴房间的服务设计可增强用户体验

5.2　服务蓝图

从"连接人与信息"到"连接人与服务"，用户体验在产品设计中扮演着越来越重要的角色。那么如何精准地优化服务体验？如何捕捉到遍布产品和服务流程中的每个用户体验痛点？为解决这个棘手的问题，20 世纪 80 年代美国金融家兰·肖斯塔克将工业设计、管理学和计算机图形学等知识应用到服务设计方面，发明了服务蓝图（SBP，见图 5-5）。服务蓝图通过可视化、透明化的方式来描述顾客行为、前台员工行为、后台员工行为和支持过程。顾客行为是顾客在购买和消费过程中的步骤、选择、行动和互动。与顾客行为平行的部分是服

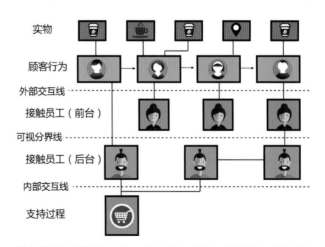

图 5-5　服务蓝图包括顾客行为、前台员工行为、后台员工行为和支持过程

务人员行为,包括前台和后台员工(如饭店的厨师)。前台和后台员工之间有一条可视分界线,把顾客能看到的服务与顾客看不到的服务分开。例如,在医疗诊断时,医生既进行诊断和回答病人问题的可视或前台工作,也进行事先阅读病历、事后记录病情的不可视或后台工作。服务蓝图中的支持过程包括内部服务和后勤系统,如餐厅的后厨和采购、管理机构。服务蓝图中的外部互动线表示顾客与服务方的交互。垂直线表明顾客开始与服务方接触。内部互动线用于区分服务员和其他员工(如采购经理)。如果垂直线穿过内部互动线,就表示发生了内部接触(如顾客直接到厨房接触厨师的行为)。服务蓝图的最上面是服务的有形展示(如购买产品、点餐或将车开入停车场)。

相比用户体验地图,服务蓝图更具体,涉及的因素更全面、更准确。服务往往涉及一连串的互动行为。以旅店住宿为例,典型的顾客行为可以拆解为网上搜索、选房、下订单、网银支付、前台确认、付押金、住店、清洁服务、退房、退押金、开具发票等,可能还包括残疾人(轮椅)、会员、取消订单、换房、提前退房、餐饮、叫车、娱乐和投诉等更多的服务环节。因此,服务蓝图可以让隐形的服务变得可视化。例如,酒店的清洁服务属于隐性服务(清洁时旅客往往不在房间内),但在欧美很多酒店中,服务员清洁旅客房间时备有各种小礼品(见图 5-6),让住客在惊喜中把无形的服务(清洁)转化为有形的温馨记忆。

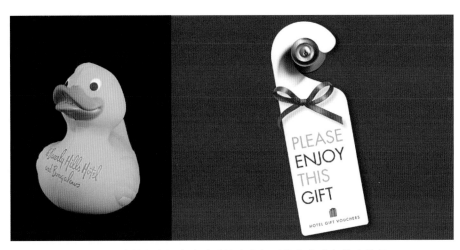

图 5-6 欧美很多酒店在清洁旅客房间时为住客准备的小礼品

服务蓝图不仅可以描述服务提供过程、服务行为、员工和顾客角色以及服务证据等来直观地展示整个用户体验的过程,还可以全面体现整个流程中的用户体验过程,从而使设计者更好地改善服务设计。例如,美国麦当劳餐厅是大型的连锁快餐集团,主要售卖汉堡包、薯条、炸鸡、汽水和沙拉等。作为餐饮业巨头,麦当劳服务蓝图的控制点在 4 个方面:质量(quality)、服务(service)、清洁(cleanliness)和价值(value),即 QSCV 原则。通过麦当劳餐厅的服务蓝图(见图 5-7)可以看出,从顾客进门到顾客离开的一系列连续性服务都体现了该餐厅的服务效率。前台服务和后台服务分工明确,餐厅支持过程严谨流畅。但就餐者的用户体验是否就很完善呢?图中的红色、绿色和黄色圆点分别代表了在服务的不同环节可以进一步改善用户体验的方式。例如,在就餐者排队等待的过程中,时间被浪费了。如果借鉴海底捞的服务模式,则可以通过一系列的排队附加服务来减轻就餐者等待时烦躁、焦虑的情绪。

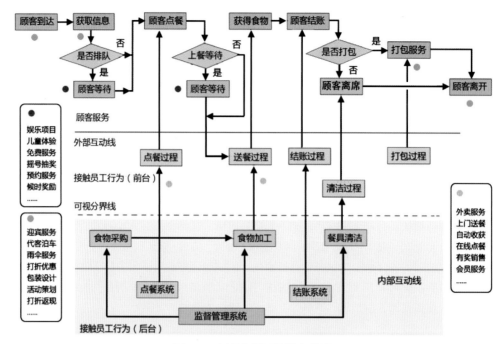

图 5-7　麦当劳餐厅的服务蓝图

　　服务蓝图是服务设计中使用最广泛的一个工具。它可以展示服务流程、服务环境以及顾客、雇员、后台等服务中的要素。服务蓝图不仅是服务流程中的顾客和企业行为的参考，也成为改善服务的参考，其意义在于：①提供一个全局性视角来把握用户需求；②外部互动线阐明了客户与员工的"接触点"，这是顾客行为分析的依据；③可视分界线说明了服务具有可见性和不可见性；④内部互动线显示了部门之间的界面，它可加强持续不断的质量改进；⑤该蓝图为计算企业服务成本和收入提供依据；⑥为实现外部营销和内部营销构建合理的基础，有利于选择沟通的渠道；⑦提供一种质量管理途径，可以快速识别和分析服务环节的问题。

　　2014 年，英特尔公司专门举办了一个创新设计工作营，向参加该工作营的研究生介绍创新设计的思维方法。其中的一个创意项目是"如何通过智能产品和物联网来改善生态环境"，研究生小组在导师的指导下，设计了一个类似龙猫的桌面智能玩具——科比（见图 5-8）。这个小家伙能够"吃掉"用户每次去超市购物的收据，并且通过扫描计算其中各商品的碳排放量。这些数据可以显示在智能手机上，使得大家可以有意识地多购买低碳产品。顾客还可以把自己的碳足迹或碳记录通过政府的税务部门进行交易，一些低碳生活的人（如素食主义者）可以把他们每年用不完的碳指标作为信用额度转给高碳生活（如喜欢奢侈品、大排量汽车）的人士，从而获得政府的退税鼓励。这个涉及多项服务的智能产品需要一个清晰的服务流程来展示，而该小组给出的服务蓝图（见图 5-9）通过一个虚拟用户的行为链，即"信息获取→购买→试用→持续关注→服务完成"的流程，将顾客、前台与后台服务行为清晰地展示在地图上。最重要的是，该服务蓝图还将涉及的各种隐性服务，如政府退税、碳交易、物联网支持的碳足迹计算、手机 App 和个人碳信用额度等，都通过后台的形式呈现出来，形成了从产品（科比）到服务（低碳生活）的整体生态圈。

图 5-8　类似龙猫的桌面智能玩具科比可以计算碳排放量

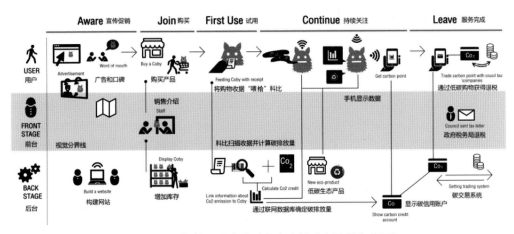

图 5-9　以智能玩具为基础的个人低碳生活服务蓝图

5.3　用户体验地图

　　用户体验地图和服务蓝图的思想一样，该地图也是将服务过程中的用户需求和体验通过可视化流程图的形式来展示。但是和服务蓝图不同的是，该地图最关注的是用户的行为触点以及顾客的心理感受，由此反映出服务过程中用户的痛点并提出改进措施。该地图通过 4 个步骤发现用户需求并设计创新服务（见图 5-10）：①通过行为触点和各种媒介或设备（如网络媒体、手机等）来研究用户行为；②综合各种研究数据绘制行为地图；③建立可视化的流程故事来理解和感受顾客的体验；④利用行为地图来设计更好的服务。触点是指人与人（如顾客与服务员）、人与设备（如手机、ATM、汽车等）的交互时刻。例如启动汽车涉及"遥控开门→接触方向盘→踩住离合器→点火→松开离合器给油→从后视镜观察→挂挡倒车（出库）→换挡给油→按喇叭上路"的一系列人车触点（含手、眼、脚和耳朵的配合）。行为触点的特征是时空明确、前后连贯、目的性强。绘制用户体验地图的 4 个步骤是绘图、记录、分析和创意（见图 5-11）。

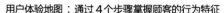

图 5-10　通过 4 个步骤发现用户需求并设计创新服务

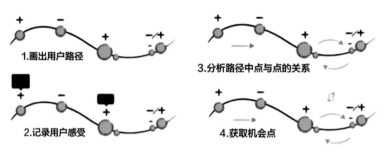

图 5-11　采用 4 个步骤完成用户体验地图

　　用户体验地图可以为服务设计体验提供生动清晰的视觉表现，让设计师更全面地了解整个项目的情况。很多关键触点都能在用户体验地图上一目了然。用户体验地图可以清楚地展示出每个关键触点的人、行为和情绪，从而更容易了解到哪些地方做得不错和哪些地方还有创新的空间。定义触点可以有很多方式，包括观察法、访谈法、录音法、问卷法等。定义好触点后，可以把触点写在纸上，并且用时间连线的方式把触点之间的关系理清。图 5-12 就是一个共享单车的服务旅程分析图,横线是时间轴,上面有触点、问题点（绿色）和风险点（橘

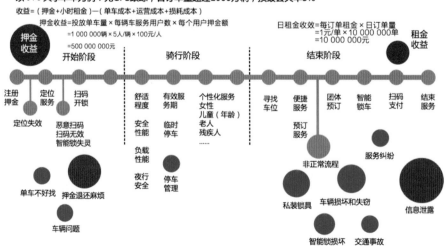

图 5-12　共享单车的用户体验地图

红色）。该图还提供了共享单车的收益和商业模式。共享单车的用户体验地图还可以更详细，可以在触点上补充一些必要的说明，如人物、交互事件、用户感受（情绪）等。由于触点是基于场景和人物的，因此用户体验地图的场景需要描述清楚，人物也可以用角色模型或用户画像来描述，在图上还可以针对各个触点的问题给出相应的解决方案（见图 5-13）。

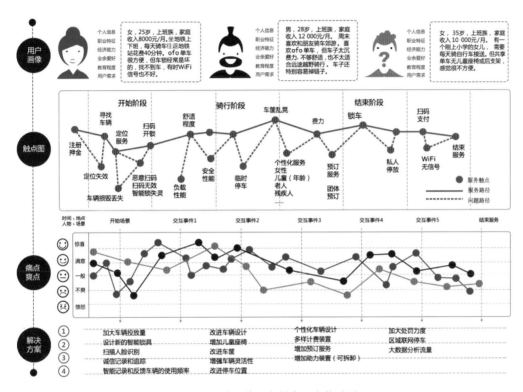

图 5-13　更详细的共享单车用户体验地图

例如，位于贵州黎平的铜关村四周大山环绕，共有居民 460 户，1863 人，侗族占 93%。和全国很多贫困地区一样，铜关村青壮年普遍外出打工，只有留守儿童及老人。但铜关村还有一项特殊之处，即这里是世界非物质文化遗产侗族大歌的发祥地之一，因此，铜关村有着"侗歌之乡"的美誉。2015 年，腾讯 CDC 公益团队深入铜关村，为当地发展旅游进行服务设计（见图 5-14）。该团队借助智能手机、微信和 App 设计，将旅游、短租、博物馆、社区服务、品

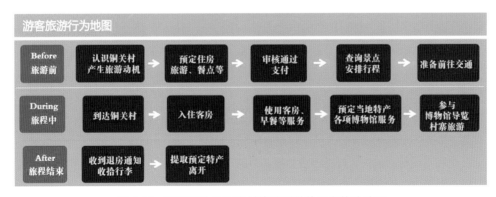

图 5-14　腾讯团队为铜关村旅游所做的用户体验地图

牌设计、旅游品开发等融合在一起。在短租服务设计中，设计师深入现场，悉心感受，将旅游前、旅游中和旅程结束的所有触点都标示在一张图上（见图 5-15）。为表现游客"从订房到入住"和"从确定旅程到开始游览"的全部服务环节，该团队用了两个相互对应的用户体验地图来呈现顾客和服务提供方（旅行社）的不同行为轨迹。

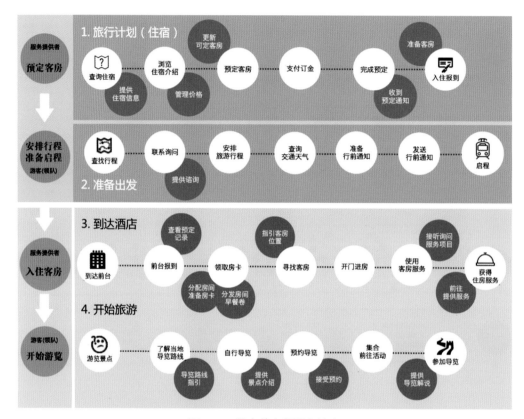

图 5-15　游客的全部服务触点

绘制用户体验地图的最终目的是改善服务，即通过地图分析出服务系统中的行为触点和问题点，分析影响用户服务体验的关键所在，如游客对乡村旅店房间设施和清洁服务的担心、对景点服务和价格的疑虑等。因此，腾讯 CDC 团队的设计师通过亲身体验，将这些问题点一一标示在用户体验地图中（见图 5-16），并且从游客和旅行社的不同视角探索问题的产生原因和改进方法，将用户体验地图的作用落到实处。

用户体验地图广泛用于医疗服务、金融服务和电子商务等领域，可以帮助设计师分析和描述产品（设备）或者机构（旅行社、医院、银行等）在与顾客的交流过程中所发生的故事。地图的核心是在特定的时间段（如从 A 点到 B 点）建立顾客目标行为模式。该流程图可以将顾客、服务方、利益相关方等不同的对象纳入系统，由此可以整体呈现服务过程的全貌，并且进一步通过问题点或失败点的分析来改善服务机制。用户体验地图的最大优点就是服务的可视化和系统化。因此，包括百度、腾讯、阿里巴巴等在内的知名 IT 企业都用这个工具进行用户研究和服务设计。

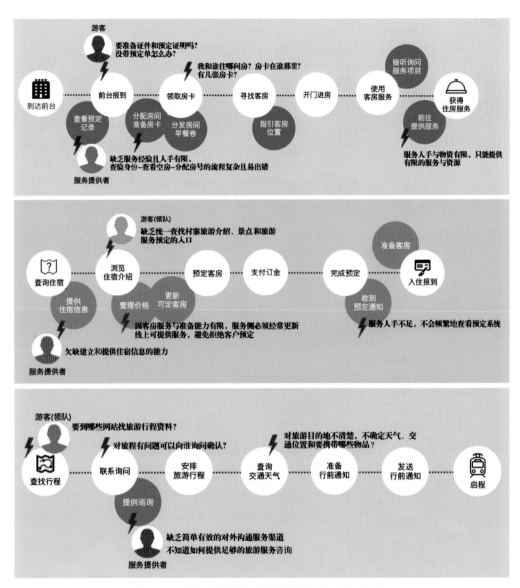

图 5-16　用户体验地图中所涉及的问题点和责任方

5.4　用户体验地图研究

　　2017 年，全球服务设计联盟（上海）主席黄蔚在《造就》节目的演讲中提出，对于用户体验地图，应该从触点量化的角度入手，从"服务设计＝客户体验"的模糊概念中解脱出来，深入解读用户体验地图反映的问题。设计团队需要从用户的角度去审视他们所经历的每个阶段及与服务的触点，并且在地图上标注用户体验的"爽点"（最高点）和"痛点"（最低点）。下面是 10 点建议（见图 5-17）。

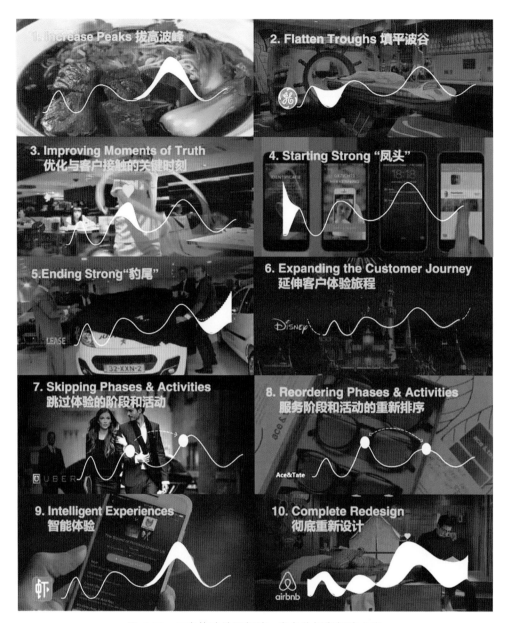

图 5-17 用户体验地图解读：痛点分析和解决方案

（1）拔高波峰

如果你是一家牛肉面摊的老板，碗里的牛肉可能是用户的爽点，而"更多、更大的牛肉"就是拔高波峰。因此要思考在服务中可以做什么能让用户感到兴奋、愉悦的时刻达到更极致。

（2）填平波谷

GE 医疗发现，儿童在做扫描时经常会因为紧张害怕而哭闹乱动，导致扫描失败。因此他们进行了再设计，把整个房间装饰成海盗船，让孩子们觉得就像游玩一样。这个改善一方面降低了孩子们内心的恐惧感，另一方面也缩短了检查时间，医院因此节省了成本，提高了效率。填平波谷就是要让客户的痛点不那么痛。

（3）优化与客户接触的关键时刻

海底捞的拉面绝活、拉面小哥从容舒展的舞姿成为很多客户来海底捞的理由。精心设计的触点成为用户体验的高潮。

（4）"凤头"

想一想当年我们在银行窗口转账需要花费多长的时间，历经多少繁复的步骤，可是现在通过支付宝只需要两分钟就可以快速在线完成。这就是"凤头"，即让客户在服务一开始就能获得良好的体验。

（5）"豹尾"

Justlease 是欧洲的一家租车公司，他们发现高端用户不愿意租车的原因之一是觉得租车是穷人做的事，不能体现他们的自身价值。为扭转这种观念，Justlease 在他们的新客户前来取车时会为其举办小型派对，以此来彰显用户的自我价值，并且让客户在交易过程的最后也能获得惊喜的体验。

（6）延伸客户体验旅程

迪士尼乐园发现很多父母带着孩子去游玩时压力非常大，因为既要带着孩子又要拖着行李，等到达乐园的时候已经筋疲力尽，因此他们提供了上门提取行李的服务，帮助父母减轻负担，把注意力放在孩子身上。在旅程结束后，迪士尼乐园会把行李送回去。延伸客户旅程前后的体验可以提升客户的忠诚度。

（7）跳过体验的阶段和活动

Uber 和滴滴用信用卡或支付宝等自动支付功能省去了出租车支付过程。另外，他们可以帮助乘客跟踪整个行车路线，一旦司机故意绕路，你在手机上可以一目了然。

（8）服务阶段和活动的重新排序

Ace & Tate 眼镜店意识到真正的关键时刻发生在购买之后，在购买之前客户并不知道效果好不好，因此他们决定对调支付和使用的顺序，先提供试用服务——客户最多可以把 5 副眼镜带回家试用 5 天，然后再决定是否购买。

（9）智能体验

互联网大数据"比你更懂你"。虾米等音乐类 App 根据客户的听歌习惯，利用智能算法测算和推送个性化的歌手和歌单。

（10）彻底重新设计

Airbnb 重新定义了房屋租赁，精心策划全新的体验，使客户在世界各地都能体验在家般的舒适感。不仅如此，如今的 Airbnb 已变成一种共享经济的商业模式，Airbnb for X 已成为"出租空间"的代名词。

除上述方法外，通过对用户触点和用户体验地图的解读，还可以从供应链和服务链角度研究服务方和顾客方不同的痛点。同时，用户体验地图也可以结合用户蓝图、亲和图和移情图来综合分析，这样能得到更客观、更深入的结论。

5.5 研究与发现

和交互设计一样，服务设计也是从用户研究和分析入手。顾客行为特征主要通过观察法、访谈法和多渠道综合分析法得到。研究与发现是制作服务蓝图和用户体验地图的第一步。主要的研究方法是观察（行为）、思考和感受（见图 5-18）。其中需要设计师注意的问题是：用户在特定的时间、地点做了哪些动作来满足他们的需求？其中哪些动作是触点（关键动作）？人们如何描述和评价他们得到的服务？服务有哪些不足之处？他们更期望得到什么？在服务过程中，用户的情绪是如何变化的？什么时候是情绪的高峰或低谷？需要考虑的环境包括时间、地点、设备、关系和触点 5 个因素。所有的工作都包括相互交叉的定量和定性分析。研究阶段的定性研究主要是观察、访谈和思考，定量研究主要是问卷调查。发现阶段的定性研究包括行为分析和思考（列表），而定量研究则与思考和感受直接相关（图表）。这里的定量研究包括网络大数据分析、数据挖掘和可视化呈现等方式得到的用户资料，此外网络问卷和在线调查也可以提供用户满意度的参考信息。

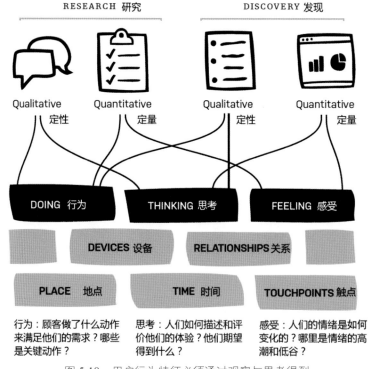

图 5-18　用户行为特征必须通过观察与思考得到

研究与发现需要研究者的耐心、同理心和敏锐的观察能力。例如，通过对用户在超市商场 ATM 上取钱的行为进行观察（见图 5-19），可以将该过程的任务分解为一系列前后衔接的用户行为：插卡→输入密码→输入金额→确认→从取钞口取钱→退卡→离开。研究的内容包括从时间（高峰时段）、地点（商场）、联系（购物取钱）、动作（取钱）、感觉（挎包）、目光（屏幕）、设备（ATM）、声音（噪声）和思考（评价）9 个维度分析 ATM 与人的关系。通过观察法，可以将用户的操作步骤等行为触点和周边环境等记录下来，并且亲身体验该自助服务过程中的人机交互环节，从而对 ATM 的安全性、易用性、舒适性等一系列指标提出改进建议（见图 5-20）。

图 5-19　对在超市商场 ATM 上取钱的用户行为的观察

用户行为（触点）	可能的服务解决方案
专注于取钱动作	注意私密性，周围防护栏、摄像头或透明隔板设计
单手操作不方便	提供放置台或挂钩，解放双手
取钱后忘记将卡取出	先退出卡，再打开取钱槽（辅助语音提示）
输入密码时容易被偷窥	键盘区应和显示区分开，并且加入防护网
环境嘈杂	密闭空间或隔音板设计
挎包容易被偷窃	前面提供放置台或挂钩
环境光线太亮	改进 ATM 机窗口斜面和槽深的设计
输入卡号时间长	增加指纹扫描和"一键登录"的功能
老人、残疾人困难	增加扶手、护栏等设施
操作过程遇到难题	增加语音提示和导航功能

图 5-20　对 ATM 的安全性、易用性和舒适性的改进建议

5.6　商业竞品分析

　　竞品分析或 SWOT 分析法矩阵中的 S（strengths）代表优势，W（weaknesses）代表劣势，O（opportunities）代表机会，而 T（threats）代表威胁（见图 5-21）。该方法由美国旧金山大学的管理学教授海因茨·韦里克（Heinz Weihrich）在 20 世纪 80 年代初提出，随后被麦肯锡咨询公司等企业所采用，并且被广泛用于企业战略制订、竞争对手分析等场合。SWOT 分析实际上是对企业内外部条件的各方面内容进行综合和概括，进而分析组织的优劣势、面临的

机会和威胁的一种方法。通过 SWOT 分析，可以帮助企业把资源和行动聚集在自己的强项和有最多机会的地方，并且让企业的战略变得明朗。SWOT 分析通过调查研究将企业外部环境与内部环境的优缺点依照矩阵形式排列，然后用系统分析的思想，把各种因素相互匹配起来加以分析，从中得出一系列相应的结论。运用该方法可以对研究对象所处的情景进行全面、系统、准确的研究，从而根据研究结果制订相应的发展战略、计划或对策等。竞品分析对于企业战略创新非常重要，也是服务设计与咨询的重要工作方法。

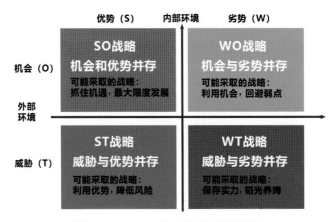

图 5-21　SWOT 竞品分析法的矩阵图

SWOT 分析其实就是知己知彼、取长补短、优化企业竞争力的分析工具。SWOT 图表左上角为 SO 战略，代表优势与机会并存的情况，企业可能采取的战略是抓住机遇，最大限度地发展自己。右下角的情况恰恰相反，WT 战略代表企业的外部环境与内部环境均不佳，企业可能采取的战略是保存实力，韬光养晦，加强学习，适度收缩。同理，WO 战略与 ST 战略也都是综合判断企业的外部环境和自身的优势与劣势，从而制定出合理的战略规划。SWOT 分析法不仅对于企业战略非常有用，而且也可以用来分析产品竞争力和个人职业规划（见图 5-22）。SWOT 分析法提出了两组（4 个）简单的问题：产品（或个人）的优势和劣势分别是什么（从内部评估产品或个人）；产品（或个人）面临的其他机会和威胁分别是什么（从外部评估产品或个人）。这些内外部因素与商业环境或个人成长环境息息相关。SWOT 分析

图 5-22　个人职业规划也可以采用 SWOT 分析法

法能够帮助设计者快速明确产品的竞争位置，争取项目团队共识。但需要注意的是，SWOT分析法并非定式，设计师需要具体问题具体分析，基于需求对该模型进行拓展变形，而不是局限在条条框框中。例如，分析企业或产品的优势或环境时还必须考虑时间因素。因此，设计师需要站在发展的角度看问题，关注过去、现在和未来的趋势，从而做出相应的战略抉择。

SWOT 分析中的"外部环境"是一个相对复杂的系统。企业可以基于公司战略从政治、经济、社会、技术 4 个方面来分析外部环境，即围绕 4 个维度的思考来完成。①政治环境，指一个国家或地区的政治制度、体制、方针政策、法律法规等方面。这些因素常常影响着企业的经营行为，尤其是对企业长期的投资行为有着较大影响。②经济环境，指企业在制订战略过程中须考虑的国内外经济条件、宏观经济政策、经济发展水平等多种因素。③社会环境，主要指组织所在社会中成员的民族特征、文化传统、价值观念、宗教信仰、教育水平以及风俗习惯等因素。④技术环境，指企业业务所涉及国家和地区的技术水平、技术政策、新产品开发能力以及技术发展的动态等。这 4 个维度是企业或个人对未来趋势判断的依据。

5.7 用户画像

用户画像又称为用户角色扮演，最早源自 IDEO 设计公司和斯坦福大学设计团队进行 IT产品用户研究时所采用的方法之一。交互设计之父、库珀设计公司总裁艾伦·库珀在 IDEO设计公司工作期间，最早提出了用户画像的概念。为了让团队成员在研发过程中能够抛开个人喜好，将焦点关注在目标用户的动机和行为上，库珀认为需要建立一个真实用户的虚拟代表，即在深刻理解真实数据（性别、年龄、家庭状况、收入、工作、用户场景/活动、目标/动机等）的基础上"画出"一个虚拟用户。用户画像是根据用户社会属性、生活习惯和消费行为等信息而抽象出的一个标签化的用户模型（见图 5-23）。构建用户画像的核心工作是给用户贴"标签"，即通过对用户信息分析而获得的高度精练的特征标识。利用用户画像不仅可以做到产品与服务的对位销售，而且可以针对目标用户进行产品开发或体验设计，做到按需设计、对症下药和心中有数。

图 5-23　用户画像是一个标签化的虚拟用户模型

用户基本信息		用户标签
人物角色：安妮(Anney)，城市白领	生活目标：希望有一个自己的服饰商店	# 轻食、时尚、健身
职业：办公室文员	事业：初创期	# 网购依赖症
居住地：上海	消费习惯：逛街，注重品牌和价格	# 独居城市白领
婚姻：未婚	业余生活：喜欢阅读，注重心灵体验	# 轻度抑郁
收入：6500元/月	喜欢的颜色：淡紫色	
教育程度：本科	出行方式：出租车、公交	业余爱好/时间
爱好：交友、音乐、网购	居住环境：合租1500元/月	追剧
使用的电子产品：iPod	餐饮花费：600元/月	阅读
笔记本电脑：MacBook Pro	购物支出：1000元/月	购物
手机：iPhone 13	购物方式：朋友推荐、看时尚杂志、网上购物、专卖店……	旅游
电子邮件：200元/月	生活态度：乐观、积极	社交
短信数目：1000元/月	格言：不浪费每一天	

图 5-23（续）

　　建立用户画像的方法主要是调研，包括定量和定性分析。在产品策划阶段，由于没有数据可供参考，因此可以先从定性角度入手收集数据。例如可以通过用户访谈的样本来创建最初的用户画像（定性），后期再通过定量研究对得到的用户画像进行验证。用户画像可以通过贴纸墙归类的亲和图法（见图 5-24）来逐渐清晰化。亲和图法又叫 KJ 法，由日本川喜田二郎首创，这是一种使机会点明确起来，帮助参与者进行理性思考并达成共识的工具。其操作方法是：首先将收集到的各种关键信息做成卡片；然后在墙上或在桌面上将类似或相关的卡片贴在一起，对每组卡片进行描述并利用不同颜色的便利贴进行标记和归纳（见图 5-25）；最后根据目标用户的特征、行为和观点的差异，将他们区分为不同的类型，从每种类型中抽取出典型特征，赋予一个名字和照片、一些人口统计学要素和场景等描述，就可以形成用户画像。例如针对旅游行业不同人群的特点，其用户画像就应该包括游客（团队或散客）、领队（导游）和其他利益相关者（旅游纪念品店、景区餐馆、旅店老板等）。亲和图法的优点是可以有效地发现问题和机会点。通过记录实际问题并加以归纳，有助于提升工作效率。在整理分类卡片的同时，设计团队可以进行自由讨论来促进意见交流。如果期望快速地处理各种意见，也可以投票决定最终结果，少数服从多数。

图 5-24　用户画像可以通过贴纸墙归类的亲和图法完成

　　要从系统的角度去体察一个设计或服务，最好的办法就是将其放入一个具体情境中进行分析。情境是一个舞台，所有的故事都将在这个情境中展开。在这个舞台上，无论是甲方（服

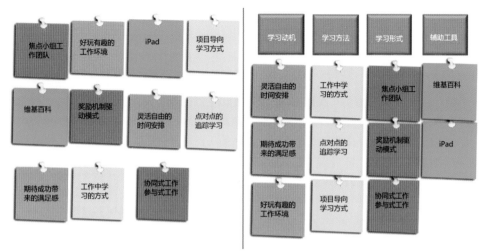

墙报上随机分布的贴纸卡片　　　　　　　墙报上分类并经过小组讨论达成共识后的贴纸卡片

图 5-25　关于在线学习的卡片归类

务方）还是乙方（消费方），都可以转化为典型的人物角色（演员）来完成互动行为。用户画像的价值在于为精准营销、数据分析、内容推荐等一系列工作提供依据。精准营销将用户的群体细化，针对特定群体，利用短信、邮件、推送与活动等手段，通过客户关怀和奖品激励等策略扩大用户群。设计师可以根据用户的属性、行为特征对用户进行分类，统计不同特征下的用户数量与分布，分析不同用户画像群体的分布特征（见图 5-26）。大数据通过各类

图 5-26　用户画像的格式模板之一

标签聚焦用户特征。基于这些标签，以用户画像为基础，营销团队可以构建推荐系统、搜索引擎、广告投放系统，提升服务精准度。对于产品设计来说，用户画像可以透彻地反映用户心理动机和行为习惯，对于提升产品的针对性与可用性必不可少。用户画像还可以预测潜在的用户需求，并且帮助开发者在功能设计期间将注意力集中在"刚需"上，避免无的放矢。

例如，针对铜关村旅游，腾讯 CDC 公益团队在进行服务设计的用户研究中，将游客、当地农民和城镇青年的不同诉求归纳成 3 个用户画像。他们结合了真实的调研数据，将用户群的典型特征加入用户画像中。与此同时，调研团队还在用户画像中加入描述性的元素和场景描述（如愿景、期望、痛点），由此让用户画像更丰满和真实，也更容易记忆，并且形成团队的工作目标（见图 5-27）。

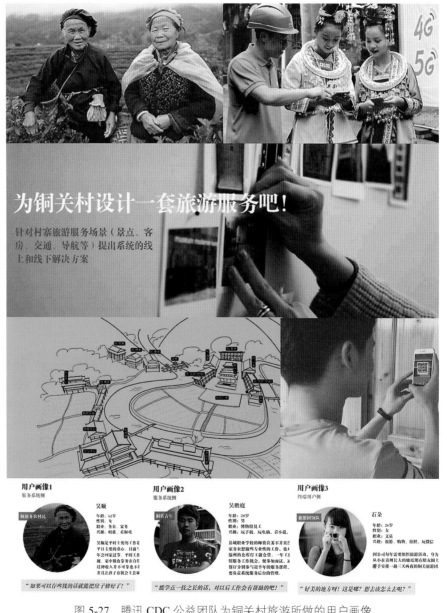

图 5-27 腾讯 CDC 公益团队为铜关村旅游所做的用户画像

案例研究A： 百越服志·金秀瑶服

"百越服志·金秀瑶服"是一个 iPad 多媒体 APP（见图 5-28），主要介绍了广西瑶族分支之———"花蓝瑶"的服饰文化。广西来宾市金秀瑶族自治县地处山区，是我国目前瑶族历史与文化最为悠久的地区之一。该县的瑶族根据地域、服饰、方言和民俗的差异，分为茶山瑶、花蓝瑶、山子瑶、坳瑶和盘瑶等分支。金秀县 5 个瑶族支系文化、语言各不相同，各种服饰有 36 种之多，各具特色。2016 年，北京服装学院的熊红云、刘正东副教授带领师生进行了田野调查、收集素材、查阅文献等大量的工作。经过半年多的整理、拍摄、头脑风暴、信息设计、图片加工、原型设计等流程，最终实现了这个丰富多彩、寓教于乐的 iPad 应用。

图 5-28 "百越服志·金秀瑶服"是一个 iPad 多媒体 APP

这个项目的设计初衷是通过数字化的方式宣传、保护和传承民族服饰文化。一整套瑶族服饰从头到脚包括头饰、胸饰、背被、腰饰、绑腿，还有精美银饰佩挂。无论衣、裤、襟、裙、头帕还是腰带、锦袋，都用绿、红、黄、白、黑五彩棉线绣出各种精美图案。瑶绣是瑶族服饰最重要的元素，彰显浓烈、古朴、凝重、典雅、重叠之美，具有深厚的寓意和审美价值（见图 5-29）。因为瑶族服饰多为手工编织，做好一套衣服需要花费较长时间，所以大多数瑶族姑娘从十多岁就开始为自己编织嫁衣。但我国少数民族地区经济相对封闭落后，当地民族服饰依据传统的制作方法，不仅做工繁复耗时，不易清洗，也不便于劳作，多在婚丧嫁娶等场合才穿。因此，当地人不再制作这些服装服饰，这些传统制作手艺也面临失传的窘境。北京服装学院的师生利用暑假深入瑶寨，进行了大量的实地考察并采集了丰富的民族服饰资料。

图 5-29　瑶绣是瑶族服饰最重要的元素

　　设计团队的前期调研包括观察法、资料采集法、文献法、访谈法、用户日志等。调研的内容不仅包括服装服饰，还有传统制作工艺、当代民俗、故事传说以及相应的人类学和民族志的研究（见图 5-30）。除金秀瑶族自治县几个瑶寨的实地调研和拍摄外，设计团队还走访了一些收藏当地服饰和制作工具的博物馆，同时查阅了大量的文献资料（见图 5-31 上）。例如著名社会学家、人类学家费孝通在 1937 年出版的《花蓝瑶社会组织》，该书首次全面系统地介绍了瑶族的族源、语言、民风礼俗、信仰和家庭关系等情况，开创了中国社会学的新领域。在此基础上，设计团队开始了资料整理和数据分类、方案策划、头脑风暴、树图导航（信息框架设计）、产品线框图、交互设计、背景音乐、解说词和页面视觉设计等后期工作（见图 5-31 下）。

图 5-30　设计团队的前期调研包括观察法、资料采集法、文献法、访谈法、用户日志等

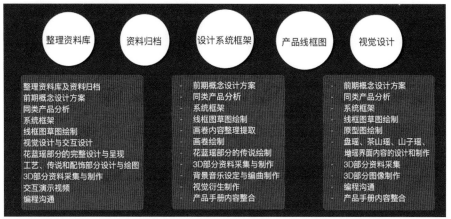

图 5-31　记载瑶族服饰的文献资料和设计流程

这个多媒体 App 首先通过一幅动画手绘长卷来展示丰富的瑶族风土人情，随后通过 3D 服饰模型来表现具体的 5 个瑶族有代表性的服饰文化和工艺。界面设计以服饰本身的砖红色为主，主要是为了烘托与呼应瑶族服饰的色彩。界面风格调性清新儒雅，信息表达上注重简约（见图 5-32）。其中的交互式 3D 展示能够带给用户更丰富的触感体验。5 套瑶族服饰全部以完整的 360° 旋转展示，通过手指滑动旋转就可以清楚看到金秀县瑶族服饰的真实面貌，不仅生动直观，而且可以让用户自己探索瑶族服饰的秘密，寓教于乐，活泼生动。对于一些难懂的服饰工艺及其各配件的穿戴方式，这个 App 也用清晰的线条表现出来。

传说是瑶族服饰文化中非常有意思的部分，学生们通过绘本的形式，将文字和插图紧密结合，如同有人在你耳旁诉说一段故事，娓娓道来，展开一段联想和奇幻旅程。该项目经过近半年的研究与实践最终完成。其中，田野调查不仅是获得第一手资料的方式，也是产品与服务设计的基础。该项目在 2017 年中国大学生计算机设计大赛民族文化组中获得全国一等奖。

图 5-32 "百越服志·金秀瑶服"的板块与界面

课堂练习与讨论A

一、简答题

1. 什么是人类学或民族志研究方法?

2. "百越服志·金秀瑶服"项目采用了哪些方法?如何执行?

3. 在用户研究中，现场抓拍往往会有侵犯隐私的顾虑，如何解决这个问题？

4. 如何通过亲和图法、访谈与问卷法来归纳用户画像？

5. 策划并设计一个民俗旅游的主题活动，请标示出所有的服务触点。

6. 参观并体验本地的民俗博物馆，结合与交互技术设计提升游客互动体验的方案。

7. 以城市海洋馆为例，思考如何为不同的游客（儿童、情侣或亲子）设计服务体验。

8. 服务蓝图展示了服务流程的后台部分，如何让顾客放心消费？

二、课堂小组讨论

现象透视： 1994 年创立的海底捞火锅店以独特贴心的企业文化和人性化管理模式而著称，如等座服务、帮助客人点菜、提醒客人不要点太多、及时控制燃气灶，以及针对带小孩和老人的客人的特色服务等（见图 5-33）。

图 5-33　海底捞火锅店的特色服务

头脑风暴： 体验"海底捞火锅"，总结并绘制顾客体验地图和服务蓝图。

方案设计： 经过二十多年的发展和口碑营销，海底捞的服务文化深入人心，但也出现了同质化和创新性不足的问题。请根据 90 后人群的特点，提出一个更符合当下年轻人消费习惯的火锅服务设计方案。头脑风暴的出发点有菜品样式、服务模式、数字创新、动漫文化、流行时尚、环境风格等。

案例研究B：无人智慧酒店

2014 年，国家旅游局将旅游业发展主题定为"智慧旅游"，要求各地引导智慧旅游城市、景区等旅游目的地建设，促进以信息化带动旅游业向现代服务业转变。2014 年 1 月 15 日，中国智慧酒店联盟成立大会在福州召开，标志着我国智慧酒店建设与发展进入新阶段。智慧酒店是指拥有一套完善的智能化体系，通过数字化与网络化实现酒店数字信息化服务技术的酒店，具有智能化、网络化、科学化、人性化四大特质。智慧酒店利用云计算、物联网、智能终端和新一代移动信息技术，通过智能网络，以智能终端等设备为载体，让宾客主动感知酒店产品和服务信息，并且享受这些适应自己消费习惯的信息所带来的愉悦体验。智慧酒店是未来酒店业的发展方向之一，也是旅游行业服务创新、增强用户体验的重要手段。乐易住无人智慧酒店号称国内第一家物联网酒店，无人自助是其突出的特色（见图 5-34）。该酒店采用了乐易住 App、入住终端机、智能门禁、智慧感应盒、智能储物柜、720° 全景 VR 摄录机等设备以及在线预订系统、后台客户管理系统和酒店智能客控系统等，成为初步实现自动化智慧管理的酒店。

图 5-34　乐易住无人智慧酒店的优势

为什么无人自助型酒店能够流行？这与我国信息化的高速发展、智慧型酒店的性价比以及人们的民主与服务意识增强有关。虽然目前大多数传统酒店都已经实现在网络平台上预订的功能，但是用户到酒店后会发现，酒店前台人工办理入住手续仍然很烦琐，高峰时段排队等候办理退房时间也很长。而入住无人智慧酒店的用户可以通过乐易住 App、官方微信平台远程进行预订或退房。入住之前，系统将实时提醒用户并结合地图导航数据为用户提供抵达酒店的路线建议。乐易住无人智慧酒店不设前台，采用智能入住方式，用户只需要花不到 1 分钟时间，就可在酒店自助登记终端上进行身份证件的审核，完成传统酒店烦琐的入住登记过程，并且获取房间与门锁密码等信息（见图 5-35）。如果用户希望继续入住，可以一键完

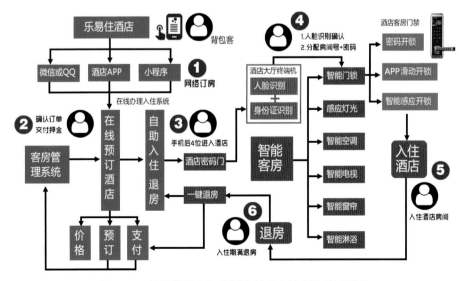

图 5-35　乐易住无人智慧酒店的用户流程和管理系统

成续住流程；如果用户希望离开酒店，则可以直接一键退房。更重要的是，无人自助型酒店把"管理权"部分转移给了房客，这使得用户有了一定的责任感和"到家"的感觉。这种方式不仅适应了网络时代服务透明化、协同化与"共创"的体验，而且还降低了管理成本，为实现用户的个性化、差异化服务打下基础。

此外，作为智慧型酒店，其房间的灯光、空调、电视、网络、电动窗帘等也是自动感应设备，在默认模式下自动开启，同时用户也可以根据自身需要加以调节控制。乐易住属于轻奢级酒店（见图 5-36），其自助服务模式可以大大节约管理成本。乐易住还利用图像识别、大数据分析等技术自动对公共区域进行有效的监控，使用户入住酒店甚至比住在自己家中更安全。当然该无人酒店并非完全无人化，而是减少不必要的管理人员，只在用户需要时才会出现人工服务。

图 5-36　乐易住属于轻奢级酒店

课堂练习与讨论B

一、简答题

1. 和传统酒店相比，自助式酒店的优势有哪些？

2. 自助式酒店如何实现下订单→登记入住→退房流程的全自动管理？

3. 自助式酒店的智能门禁有几种开锁方式？说明各种方式的优缺点。

4. 绘制自助式酒店住客的用户体验地图，说明其痛点在哪里。

5. 策划并设计一个针对盲人户外健身的活动，请绘制运动轨迹和服务触点。

6. 走访当地的无人智慧酒店，通过访谈和实拍记录研究其服务模式。

7. 说明自助式酒店的商业模式，绘制其服务蓝图并和传统酒店相比较。

8. 什么是体验式美术馆？如何结合互动项目增强传统美术馆的吸引力？

9. 自助式酒店的一个问题是缺乏人情味，请思考如何克服这个问题。

二、课堂小组讨论

现象透视：厦门情侣酒店是一家专门服务情侣和恋人的酒店，其内部装修风格以浪漫、萌系和可爱风为特征（见图 5-37）。该酒店对女生来说是体验浪漫的场所。

头脑风暴：说明该主题酒店的用户定位并绘制用户体验地图和服务蓝图。

方案设计：主题酒店本身就是住宿与文化的结合。请设计一个更符合当下年轻人消费习惯的主题青年旅社。头脑风暴的出发点有日漫、游戏、波普、热血、星际旅行、萌系、机甲、黑暗等青少年亚文化主题，根据以上思考，提出该旅社的设计方案，新媒体应该是其中的亮点。

图 5-37　厦门情侣酒店内部

课后思考与实践

一、简答题

1. 服务设计的触点可分为哪几类？

2. 以"结婚蜜月游"旅客出行为例，说明哪些服务设计最关键。

3. 以旅店住宿为例，说明常规旅客的服务蓝图。

4. 随着智能化的发展，自助式无人旅馆或超市开始出现，说明其服务蓝图。

5. 用户体验地图是服务可视化的工具，举例说明如何利用它来创新服务。

6. 在服务设计中如何运用定量和定性分析？

7. 什么是用户画像？通过哪些方法可以归纳出典型用户的特征？

8. 走访当地的养老院，通过和护士的访谈归纳用户的类型和需求。

二、实践题

1. 儿童医院的急诊室往往是各种医患矛盾爆发的场所（见图 5-38）。请利用观察和访谈法，结合用户体验地图（重点是家长）和医护咨询来探索针对病患儿童服务的改进方案（思考流程管理、互动方式、服务透明化）。

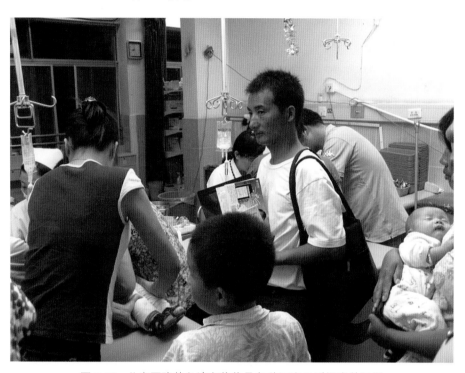

图 5-38   儿童医院的急诊室往往是各种医患矛盾爆发的场所

2. 如今，产品越来越重视体验和互动，而服务越来越重视提升人际间的交流与分享。街头下象棋曾经是许多老年人安度晚年的娱乐，也是许多退休一族快乐聚会的场所，请重新考察传统象棋并思考在这些情况下如何进行创新：①户外光线弱的地方；②肢体不便的老人（提示：解决的可能性包括声控象棋、荧光象棋等）。

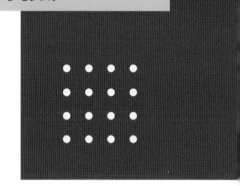

第 6 课　用户研究工具与方法

　　用户研究不仅是获取用户需求第一手资料的途径，而且也是用户全程深度参与服务设计流程的必要环节。用户研究与需求分析是互联网产品设计和服务设计的关键因素之一。本课将从定量和定性的角度出发，分别介绍百度等创新企业常用的用户研究方法和工具，包括观察与访谈法、现场走查法、问卷与统计法、移情地图法。本课同时也会介绍基于创意思维的头脑风暴会议方法。

6.1 用户研究工具

如何进行用户研究？对哪些用户进行研究？这是众多 IT 企业用户研究团队所关注的问题。作为国内首屈一指的互联网公司,百度移动用户体验部(MUX)对于如何进行用户研究(特别是如何从产品战略和未来发展的角度进行用户研究)有着独特的见解和实践经验。他们认为如何有效地提升产品的创意转化率是用户研究的重点。在实践中，他们总结出"四步研究法"。该方法包括以下 4 个方面：①注重先导型用户的研究，让用户帮助团队进行设计；②注重趋势研究，特别是关注人机交互技术创新的发展趋势，把握技术发展的大方向；③采用定量分析的方法进行竞品的追踪；④追踪相似用户（竞品用户）的反馈渠道，建立体验问题池。综合以上方面，就是"用户 - 趋势 - 反馈 - 竞品"用户研究机制（见图 6-1）。下面重点说明前 3 项，后面的小节补充说明其他方法。

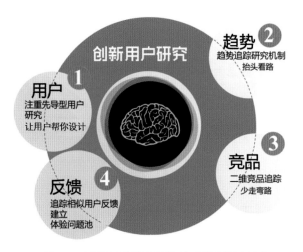

图 6-1　百度用户研究团队的"四步研究法"

先导型用户研究是百度用户研究的一个法宝。交互设计资深专家艾伦·库珀将用户类型分为新手、专家和中间用户。他指出新手或"菜鸟"更关注一些入门级的问题，而"骨灰级"玩家、产品经理和有战略眼光的产品设计师等专家则会思考一些深层次问题。因此，专家（即先导型）用户作为意见领袖往往能够影响众多的用户，这些人具有口碑传播和影响力。百度将这些人作为用户研究的重点，不仅会在访谈中特邀这些用户进行调查，而且让这些用户帮助团队设计产品原型。先导型用户往往会对公司产品的发展起到重要影响。其中一个范例是：当年专卖"脑白金"的史玉柱看到了游戏行业发展的契机，为深入了解网络游戏的盈利机制、玩家心理和营销方法,他虚心向游戏大佬陈天桥讨教"升级打怪"的方法,而且"潜伏"在魔兽社区"打怪"一年并成为资深玩家。史玉柱意识到游戏道具作为虚拟资产的价值所在。由此，他迅速开发了免费的网游并成功变身为游戏企业家。这个例子说明只有先导型用户才能发现问题或机遇。根据国外的研究，先导型用户和技术粉丝往往在产品开发的测试阶段或原型阶段（如软件或游戏的内部测试版）就能够发现很多问题并给出建议，从而帮助产品设计师更好地改进产品；而普通消费者往往在产品已经成熟后才介入，这样其对产品改进的作用就小得多（见图 6-2）。

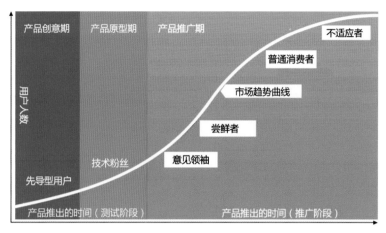

图 6-2　市场趋势曲线（先导型用户、技术粉丝、意见领袖和消费者的进入周期）

科技趋势研究是百度用户研究的另一个法宝。科幻小说家威廉·吉布森说："未来已来临，只是尚未广为人知而已。"未来也是一步步实现的，而未来的技术和应用就蕴藏在今天的探索之中。未来科技（如近场交互、传感器交互、跨终端交互、三维手势和多通道交互等）都是创新产品的开发方向。百度也关注未来的生态用户交互技术，如人脸识别、表情识别和脑波分析等。通过参加高端学术论坛、同业交流和文献整理等手段，设计师可以跟踪科技发展的热点并提高自身的科技素养。百度对科技创新的研究包括无人汽车、智能健身自行车、医疗设备、保健方式、游戏娱乐、残障服务、可穿戴军事装备、智能玩具、概念平衡车等，这些发展方向都蕴含着无限商机。

百度用户研究同样重视定量定性分析方法。用户研究方法一般从两个维度来区分：一个维度是定性（直接）到定量（间接），如用户访谈属于定性研究，而问卷调查属于定量研究。前者重视探究用户行为背后的原因并发现潜在需求和可能性，后者通过足量数据证明用户的倾向或是验证先前的假设是否成立；另一个维度是态度到行为，如用户访谈属于态度，而现场观察属于行为。结合定性 / 定量轴和态度 / 行为轴，我们可以把用户研究方法分为 4 个象限（见图 6-3）。用户体验行为分析方法主要是观察法、访谈法、问卷法和数据分析法（见图 6-4）。其中观察法和访谈法属于定性分析，问卷法和统计法（数据分析法）属于定量分析。结合这4 种方法，设计师可以深入理解用户的行为特征和情感诉求。

图 6-3　定量和定性方法以及从态度到行为的研究

用户研究常用研究方法包含访谈法、可用性测试、焦点小组、问卷调查、A/B 测试、卡片分类、日志分析、满意度评估和观察法等。在产品的不同周期和设计阶段里需要选用合适的用户研究方法。例如，在做产品市场分析评估时（评估阶段），需要通过用户研究来衡量产品在市场和用户心目中的表现，与产品历史版本或竞品作一些比较，这时就应该以定量研究为主，推荐使用的方法有 A/B 测试、问卷调查、可用性测试等；在产品开发的策划需求期（探索阶段），可以采用定性研究和定量研究相结合的方法，如用问卷调查、焦点小组等来探索产品的发展方向、用户需求和机会点等；在产品设计及产品测试阶段，重点是检测产品设计可用性，发现并优化实际问题更推荐使用用户访谈、问卷调查、数据分析等用户研究方法。

图 6-4　观察法、访谈法、问卷法和数据分析法

6.2　目标用户招募

一个服务研究最终选定哪个研究方法并不是绝对的，研究方法要根据研究目的并权衡预算和精度要求进行选择。定性研究最关键的基础就是找到最佳的被访者并进行有效提问，即招募和访谈。用户找得不对，研究结论就毫无用处；用户找对了，但访谈浮光掠影，没有深入挖掘，就无法真实反映用户需求，研究工作会事倍功半。招募主要指为研究而去寻找、邀请合适的用户并给他们安排访谈日程的过程，包括 3 个基本步骤：确定目标用户、找到典型用户、说服他们参加研究。不同项目招募用户的条件不尽相同，但招募过程至少需要一周时间。

2018 年初，阿里巴巴要招聘两名淘宝资深用户研究专员，年龄要求在 60 岁以上，年薪为 35 万 ~40 万元。其主要工作是从中老年群体视角出发，深度体验亲情版手机淘宝产品，发现并反馈问题；定期组织座谈或小课堂，发动身边的中老年人反馈亲情版手机淘宝使用体验；通过问卷调查、访谈等形式反馈中老年群体对产品的体验和用户需求。具体应聘条件是：① 60 岁以上，与子女关系融洽；②有稳定的中老年群体圈子，在群体中有较大影响力（如广场舞领队、社区居委会成员等）；③有 1 年以上网购经验，3 年网购经验者优先，爱好阅读心理学、社会学等书籍者优先；④热衷于公益事业、社区事业者优先；⑤有良好沟通能力，善于换位思考，能够准确把握用户感受并快速定位问题。

这条招聘信息登出后，淘宝收到了约 3000 份应聘简历。阿里巴巴经过第一轮筛选后，选择了符合条件的 10 位中老年朋友参加面试沟通会，并且在园区和淘宝产品经理做深度沟通（见图 6-5）。被选出来的这 10 位应聘者可以说是老人中的先导型用户。这 10 位应聘者中，年纪最小的 59 岁，年纪最大的 83 岁。他们和 90 后淘宝产品经理进行了一场线下深度沟通会。其中 83 岁的李阿姨备受关注，她不仅年龄最大，而且毕业于清华大学。李阿姨特别健谈，喜欢和年轻人交流，很受年轻人的欢迎。

图 6-5　淘宝亲情版体验沟通会现场

为什么阿里巴巴要设立老年用户研究专员的岗位？这主要和近年来我国快速老龄化的社会背景有关。统计数字显示，到 2017 年底，全国 60 岁以上老年人口达 2.41 亿人。而阿里巴巴发布的《爸妈的移动互联网生活报告》显示，2017 年全国近 3000 万中老年人热衷网购，而 50~59 岁占比高达 75%。其中 80、90 后的爸妈"战斗力"最强，不少是受子女影响，没事就爱在网上逛逛。2017 年 1~9 月，50 岁以上的中老年人网购人均消费近 5000 元，人均购买的商品数达到 44 件。正是看中巨大的市场潜力，淘宝才全面围绕中老年消费群体的场景和需求定制新的亲情版手机淘宝产品，并且打通老人与家人之间的互动渠道。老年用户研究专员岗位的设立可以使淘宝能够从老年人意见领袖那里获得第一手资料。

在进行用户体验研究之前，需要充分了解谁会使用产品。如果用户的轮廓不清晰，产品又缺乏明确目标，将无法开展研究，项目也会变得没有价值。用户招募开始之前，要确定用户的基本条件，并且在招募过程中确认和更新这些资料。可以从用户的人口统计特征、互联网使用经验、网购经验、技术背景、生活状态等基本信息入手，逐步缩小范围，这些因素对确定目标用户的基本条件会起到积极作用。再结合产品能帮助使用者解决的问题，最终确定目标用户的招募条件。在确定目标用户的过程中，需要考虑以下问题：研究对象与产品使用者之间有什么区别？什么人能对产品要解决的问题给出最佳反馈？哪些细分用户群最受研究影响？只有一个用户群还是有多个用户群？哪些因素对研究的影响最大？哪些是期望的用户特征？哪些不是期望的用户特征？通过探讨这些问题的答案并做记录，去掉不相关的信息，就可以最终勾勒出用户画像的基本轮廓和产品特征（见图 6-6）。

图 6-6　老年手机开发应该关注的主要功能模块（用户画像）

6.3　观察与访谈法

　　研究用户行为从观察开始。观察时可以帮助我们了解用户的感受,古人说"听其言观其行"方可了解一个人。观察使我们知道用户潜在的需求、人们想要做的事情以及我们如何做才能使他们做得更好。著名瑞典化学家、工程师、发明家、军工装备制造商和"黄色炸药"的发明者阿尔弗雷德·诺贝尔（Alfred Nobel）曾经说过："可以毫不夸张地说,观察和寻求异同是所有人类知识的基础。"观察与思考是用户体验研究的出发点。实践出真知,现场有创意。密切观察用户行为特别是了解他们的软件使用习惯也是腾讯用户研究的核心。例如,为更客观、准确地了解用户需求,研发团队通过观察和记录的方法,让用户和访谈员在一个屋子里,腾讯员工则在另一间屋子里,透过单面透射玻璃以及利用录像设备观察和记录用户使用产品的过程（见图 6-7）。这是一个非常客观和实用的实验方法,可以获得宝贵的第一手用户资料。

图 6-7　腾讯采用室内观察评测法研究用户的行为

IDEO 公司前总裁汤姆·凯利说："创新始于观察。"而对用户行为的近距离观察是产品纠错和创意的依据。观察、记录（视频）、A/B 测试和用户日志等方法也广泛应用在心理学、行为学等研究领域，这些用户研究经验对于服务设计师来说无疑是最重要的财富。

在腾讯的用户研究中，访谈占有非常重要的地位。与网络问卷不同，在访谈中，提问者可以与用户有更长时间、更深入的面对面交流。通过电话、QQ 等方式也可以与用户直接进行远程交流。访谈法操作方便，可以深入地探索受访者的内心与看法，容易达到理想的效果。腾讯将访谈分成会议型访谈（焦点小组，见图 6-8）和深度访谈（一对一面谈）。会议型访谈可以同时邀请 6~8 位客户，在一名提问者的引导下，对某一主题或观念进行深入讨论，从而获取相关问题的一些创造性见解。

图 6-8　会议型访谈（焦点小组）更适合于探索性话题的研讨

会议型访谈特别适用于探索性研究，通过了解用户的态度、行为、习惯、需求等，为产品收集创意，启发思路。在进行活动时，可以按事先定好的步骤讨论，也可以自由讨论，但前提是要有一个讨论主题。这种方法对主持人的经验及专业技能要求很高，需要把握好讨论的节奏，激发思考，处理一些突发情况等。会议型访谈更经济、高效，但对问题的深入了解则不如深度访谈。二者的区别在于探索和验证。深度访谈更适合于定性讨论；而会议型访谈则更像聊天，对于大众需求的把握往往更为直接。

相比于会议型访谈，阿里巴巴、百度和腾讯等公司更重视专家、资深用户和敏感人群等意见领袖的意见（见图 6-9）。为挖掘表象背后的深层原因，深度访谈成为了解用户需求与行业趋势必不可少的环节。数据只是结果和表象，而研究团队需要透过表象看本质。对于用户来说，认知、态度、需求、经验、使用场景、体验、感受、期望、生活方式、教育背景、家庭环境、成长经验、价值观、消费观念、收入水平、人际圈子和社会环境等因素都会影响他对问题的看法。什么样的话题需要谈得很深入？隐私、财务、行业机密、对复杂行为与过程的解读等都属于这类话题。因此，深度访谈对提问者的专业素质要求很高，通常提问者会根据研究目的事先准备设计访谈提纲或交流的方向，这样研究团队才能更有收获。

图 6-9　深度访谈更适合于定性和专业性的深入话题

　　无论是深度访谈还是会议型访谈，提问者都应准备好大纲。由于访谈涉及竞品研究、用户体验、个人感受和趋势分析等话题，为保持研究的一致性，提问者需要有一个基本的剧本式提纲作为指导。大纲应该遵循由浅入深、从易到难、明确重点、把握节奏、逻辑推进、避免跳跃的原则。访谈前需要提前准备好需要讨论的产品、App 及竞品资料。存储卡、电池、记录表、日志、照相机、摄像机、录音笔、纸、笔、保密协议等也是需要准备好的东西，这些可以辅助你更好地记录访谈的内容并便于总结。在访谈过程中，调研员应该用更多的"同理心"与受访用户建立轻松、融洽的气氛，不要让受访者有被审问的感觉。

　　访谈节奏把控与时间分配也是需要特别注意的环节。按照受访对象的投入度，访谈应该是一个相互熟悉、预热、渐入佳境（主题）、畅所欲言、尽兴而谈和意犹未尽的过程（见图 6-10）。因此，顺序应为开场白和暖身题、爬坡题（引入主题的相关内容、背景题、个人话题等）、第一核心题（本次访谈的主导问题之一）、过渡题（轻松讨论、休息）、再度上坡题（与主题相关性较高的问题）、第二核心题（本次访谈的主导问题之一）、下坡题（补充性问题）和结束题。全部访谈时间控制为 1.5~2 小时。提问者的提问技巧包括：避免提有诱导性或暗示性的问题；适当追问和质疑；关注更深层次的原因；营造良好的访谈氛围；注意访谈时的语气、语调、表情和肢体语言。其中最为重要的是尊重用户，拉近和受访者的距离，保持好奇心，做一个积极的倾听者和有心人。完成访谈并不意味着工作的结束。提问者还必须整理访谈笔记，回看访谈影像资料，最终完成用户分析报告。其中，分析亲和图并画出用户画像需要花费较长的时间。焦点小组成员还必须经过讨论和头脑风暴的流程。在观察与访谈活动中，视频记录是非常重要的手段。随着手机录音、录像、App 等便捷工具的普及，户外或现场视频采访也成为直观了解用户需求的方式之一。

　　受新冠肺炎疫情的影响，很多企业采用了线上调查的方式。相比线下环境，线上访谈受技术环境的影响很大。网络卡顿、图像失真、声音延迟、网络摄像头视角以及环境因素均会

图 6-10　用户座谈会的节奏把控与时间分布

影响访谈质量，因此需要提前做好充分的准备。如果需要线上访谈，技术人员需要事先调试好计算机音频、视频、网络与相关软件，如腾讯会议或手机微信视频群等，确保摄像机能够清楚地显示你的声音和画面。此外需要注意室内光线和摄像头的视角，你需要给对方清新自然、精神饱满的第一印象。你还需要穿正装，整齐得体，不能因为是在线访谈就只注意自己的上半身，而下半身随随便便，这种装束肯定会影响你的精神状态。访谈过程中的注意事项如下。

（1）提前准备好进入状态

在访谈之前确保你至少有 10 分钟的准备时间，包括用于访谈的设备（如手机或笔记本计算机），必要时可以打开两台计算机（一台用于从客户端监控会议的音视频效果，另一台则用于直接参加会议）。

（2）保持目光接触

尽管您没有与用户面对面，但在访谈过程中，保持双方的眼神交流仍然很重要，这表示你尊重对方并对访谈内容感兴趣（见图 6-11）。一个认真、专注、自信、幽默且不会心不在焉的设计师会给用户留下深刻的印象。

（3）消除环境干扰

你需要在整个访谈过程中与用户充分互动，因此要消除所有的环境干扰和噪声。确保处

图 6-11　线上访谈必须提前做技术准备以及对访谈过程的准备

于一个相对安静的空间并保持手机静音状态。访谈过程中不要随意走动或离开会议室，如有事离开则需要向主持人说明。

（4）将访谈大纲放在手边

相比线下的访谈，视频访谈过程更容易出现各种"意外"，如网络掉线、画面延迟、声音不清等，这会导致用户的情绪受到干扰并影响采访质量。因此，最好大家手边都有采访大纲和主题，避免走神或访谈偏离主题。

（5）简短发言，注重交流

网络环境交流是一个受限制的环境，访谈双方无法借助丰富的表情或肢体动作来形成"交流气场"。因此，要尽量避免长篇大论、滔滔不绝。会议型在线访谈不要超过 1 小时，而且中间需要有 10 分钟的休息时间。

6.4　现场走查法

心理学研究表明：尽管人们有可能无意识地做出决策，但他们仍然需要合理的理由，以向其他人解释为什么他们要做出这样的决策。在这个过程中，情景化用户体验以及故事板设计能够起到很重要的作用。例如，百度非常重视情景化用户体验的调研，他们在针对手机用户应用环境的调研中采集了大量的资料，揭示了不同环境下的移动用户体验（见图 6-12）。

上述调研的情景包括用户使用手机和 iPad 的主要环境以及和桌面设备的比较，由此挖掘出在该情景下的移动媒体带给用户的体验。此外，他们来到北京的大街小巷，对百度地图的应用进行实地勘察，由此判断使用者在不同环境下使用该服务的深层体验。百度认为"要设

图 6-12　百度用研部门对不同情景下移动设备的使用方式进行研究

计的不是交互，而是情感"。因此，该部门将情景化用户体验、故事板和角色模型结合在一起，从具体的环境分析入手，对交互产品（如手机）或服务进行深入分析。他们用故事串起整个设计循环，从而形成了迭代式用户研究流程（见图 6-13）。这个过程可分为热阶段和冷阶段。前一个阶段的重点为发散思维，以调研为核心，通过用户画像—情景化研究—故事板组成了这个循环。后一个阶段为分析、创意与原型开发阶段，重点是借助用户研究的成果进行创意和开发，属于收敛阶段。在这里，环境、角色、任务和情节是构成故事的关键：可信的环境（故事中的时间和地点）、可信的用户角色（"谁"）、明确的任务（"做什么"）和流畅的情节（"如何做"和"为什么"）是研究的关键。通过这一流程，百度移动用户体验部还特别针对 95 后年轻时尚群体（见图 6-14）的手机使用习惯进行了一系列定量和定性分析。这些结果成为百度后期产品开发的重要依据。

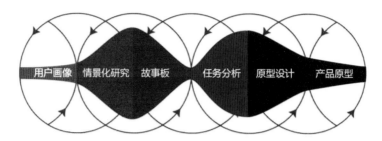

图 6-13　百度移动用户体验部的迭代式用户研究流程（热阶段 + 冷阶段）

图 6-14　百度用户研究重点关注 95 后年轻时尚群体的手机功能需求

现场走查法也适用于构思用户体验故事。如果你想知道喜欢旅游的"美拍一族"对自拍软件的需求（见图 6-15），就要看他们是什么人（特别是普通用户）以及他们身处什么环境（自驾游、全家游、集体组团游）、他们使用哪些工具（手机、自拍杆、美颜软件）或设备、他们这样做的目的是什么（分享、炫耀、自我满足）等。对情景 - 角色关系的探索不仅可以发现问题，而且可以通过产品设计或改善服务来解决问题。例如一款专供旅游者使用的美图软件，虽然简单易用和社交分享是基础，但考虑到不同的人群，所有可能的特效（如美白、祛斑、亮肤、笑脸、卡通、魔幻、搞怪、对话气泡、音效、小视频、GIF 动图等）都可能是这款手机软件的亮点，如何决定取舍？关键在于用户需求与产品定位。情景化用户的方法可以更好地帮助你划定产品的功能范围和限制，让你的产品在同类产品中脱颖而出和更具竞争力。

图 6-15 喜欢旅游的"美拍一族"

6.5 问卷与统计法

问卷调查是定量研究方法，可用于描述性、解释性和探索性的研究，也可用于测量用户的态度与倾向性。问卷调查首先要明确目标客户，其结果对调查的结论影响最大。此外，调查的时间也很重要，不同调查需要在不同时机进行。调查有多种规模和结构，而时机最终取决于研究人员想开展哪种调查和希望得到什么结果。因此，研究人员首先要明确产品定位、产品规划及架构等问题，需要对产品有全面的了解，然后再明确调查目的。调查目的是问卷调查的核心，决定了调研的方向、研究结果如何应用等。接着，要根据研究目的，确定调研的内容和目标人群，调研内容越细化越好，目标人群越清晰越好。

问卷设计的逻辑性和针对性直接决定了研究结果的走向。通常网络问卷调研都要用户自填，因此需要把公司的业务专业术语转换为日常用语，无论是问题还是选项都要简洁明了，不能引起歧义。需要注意的问题如下。

- 问题要避免多重含义，每个问题都应该只包含一个要调查的概念。

- 尽量具体，避免含糊其词。保持一致性，提问题的方式尽量一致。

- 问题应该与被调查者有关。

- 问卷的逻辑要清晰，线上问卷不适合采用过于复杂的逻辑。

- 选择题的选项要明确、清晰，必要时加上"以上都不是""不知道"等选项。

- 问卷的最后一道题通常会询问用户对调查的产品还有哪些建议等。

调查问卷的设计逻辑是：由浅入深，由调研一般感兴趣的问题到专业问题；由核心问题到敏感问题；由封闭问题到开放问题；相同主题放一起，不断增强被调研者回答问题的兴趣。

只有处理好这些原则，才能设计出一份逻辑连贯、衔接自然的问卷。收到问卷后，调研员还必须完成数据分析、可视化图表呈现和得出结论等后续工作。总之，只有充分理解数据是通过怎样的问题得来的、是如何收集的、是如何计算而来的，再结合对业务的理解，才能真正解读出数据背后的含义。

除现场调研外，目前国内还有问卷星、爱调查、调查派等在线问卷设计和问卷调研平台。这些在线平台能够在网络上发布问卷并提供统计结果，如问卷星提供了创建问卷调查、在线考试、360 度评估等功能，并且还提供三十多种题型，具有强大的统计分析功能，能够生成饼状、环形、柱状、条形等多种统计图（见图 6-16）。该应用支持手机填写和微信群发。线上调查有着快捷高效的特征，虽然由于网络的匿名性，统计的结果在准确性和代表性上有一定的欠缺，但对于在校大学生来说，利用线上调查不失为一种节约时间和提高效率的方法。

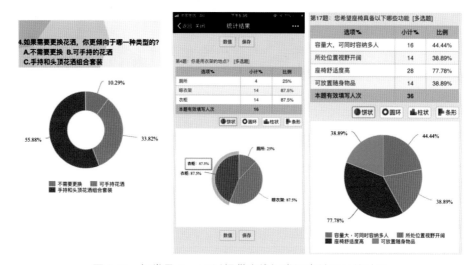

图 6-16　问卷星 App 可以提供在线问卷调查并显示统计图

6.6　移情地图法

体验是基于个人的感受。虽然人类深层的心理活动是难以把握的，但通过观察用户的言谈举止，通过与用户谈话并了解用户的所及所得、所听所闻，我们可以基于同理心和共情来掌握用户的所感所思，从而进一步分析出用户的痛点或爽点。这个可视化的研究方法叫作"移情地图法"（见图 6-17）。移情也称为共情、同理心和认同感等，它被视为产品经理或用户体验设计师的必备技能。人本主义创始人、心理学家罗杰斯认为移情是指一种能深入他人主观世界并了解其感受的能力，这也就是人们常说的"换位思考"的能力。移情地图是由 XPLANE 公司提出的，它从 6 个角度帮助设计师更加清晰地分析出用户最关注的问题，从而找到解决问题的更好方案，通俗地说，就是心理换位，将心比心。移情图是一张让我们产生共情的工具，可以用来帮助我们了解用户所关注的问题，挖掘用户需求，辅助我们找到更好的解决对策。

类似于用户体验地图，移情地图突出了目标用户的环境、行为、关注点和愿望等关键要素。设计师能够据此了解对用户来说什么是最重要的服务或产品。移情地图有 6 个维度，主

移情地图：对用户情感体验的定性分析

用户的所感所思
这个事情对她意味着什么？
她对这个产品或服务的感受是什么？
她有哪些焦虑或担心？

用户的所听所闻
她的家人或好友如何影响她的看法？
她周围的同事、朋友和伙伴如何影响
她对某个产品或服务的感受？

用户的所见所得
她看到了朋友们在做什么？
她看到别人如何使用这个产品或服务？
她看到有哪些竞争者或对手？

用户的言谈举止
她对别人说了什么？
她的行为是如何改变的？
她是如何使用产品或服务的？

用户的痛点
她面对的主要障碍是什么？
她对这个产品或服务有哪些焦虑或担心？

用户的爽点
她最希望得到哪些帮助？
她对这个产品或服务最满意的地方是什么？

图 6-17　移情地图法

要的关注点是：①用户看到了什么？描述用户在他的环境里看到什么、环境看起来像什么、谁在他周围、谁是他的朋友、他每天接触什么类型的产品或服务、他遭遇的问题是什么。②用户听到了什么？描述用户环境是如何影响客户的、他的朋友在说什么、他的配偶在说什么、谁能真正影响他和如何影响。③用户的真正感觉和想法是什么？描述用户所想的是什么、对他来说什么是最重要的（他可能不会公开说）、什么能感动他、什么能让他失眠、他的梦想和愿望是什么。④他说些什么和做些什么？想象用户可能会说些什么或者他的态度是什么、他会给别人讲什么。⑤用户的痛点是什么？描述他最大的挫折是什么、他和需要达到的目标之间有什么障碍、他会害怕承受哪些风险。⑥用户的爽点是什么？描述他真正希望的和想要达到的目标。移情地图是对用户情感体验的定性分析方法，也是用户体验研究中的重要手段之一（见图 6-18）。此外，用户体验的分析研究离不开环境、语境与技术，UX 设计师应该结

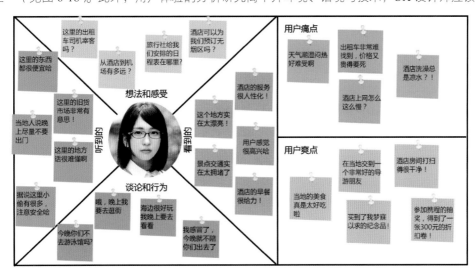

图 6-18　移情地图从 6 个角度分析用户

合特定的语境来探索改善技术或服务的空间。例如，对儿童早期教育的交互设计离不开"参与""交流""共享"与"创意"等共同的亲子体验与感受（见图 6-19）。

图 6-19　儿童早期教育中的"交互与共情"方法

6.7　头脑风暴会议

无论是交互设计还是服务设计，协同、共创与参与（包括用户参与）都是其中的重要理念与工作方法。头脑风暴会议又称为共创会议、协同设计小组会议，通常会贯穿所有设计流程的环节，包括问题聚集、点子（设想）激活、原型设计、方法讨论……一直到最终方案确定。头脑风暴法又称智力激励法、BS 法、自由思考法，是由美国创造学家 A . F .奥斯本于1939 年首次提出并与 1953 年正式发表的一种激发性思维的方法。这种创意形式由著名产品与服务设计企业 IDEO 设计公司和苹果公司等最早引入产品设计领域。该方法是一种群体创造性活动，事实证明思想碰撞与语言交流是产生智慧火花的重要途径，集体智慧比单个个体更具有创新优势。进行"头脑风暴"集体讨论时，参加人数可为 3~10 人，时间以 60 分钟为宜。在头脑风暴中，全程可视化、团队协作、换位思考、发散与收敛以及设计思维的贯穿成为产品原型设计成功的重要因素之一。头脑风暴的辅助手段（如"卡片墙"、"卡片桌"、小组研讨、游戏、产品 SWOT 分析或思维导图等工具）都可以强化集体的优势（见图 6-20）。

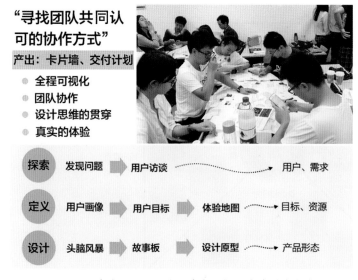

图 6-20　头脑风暴可以让团队产生新观念或激发创意

头脑风暴的目标是产品或服务的概念设计,产出物包括产品概念和设计原型(见图 6-21)。头脑风暴的参与者往往是"焦点小组"的核心成员。焦点小组的成员范围更大,除设计师外,还可能包含工程师、项目经理、用户、利益相关者和咨询专家等,而头脑风暴的参与者主要是公司内部的设计师、用户研究员和项目经理等。头脑风暴的规则是:①首先必须明确主题,讨论者需要提前准备参与讨论的主题的相关资料。②在规定的时间里追求尽可能多的点子,也鼓励把想法建立在他人之上,发展别人的想法。③跳跃性思维。当大家思路逐渐停滞时,主持人可以提出"跳跃性"的陈述进行思路转变。④空间记忆。在讨论过程中,随时用白板、即时贴等工具把创意点子记录下来并展示在大家面前,让大家随时看到讨论的进展,把讨论集中到更关键的问题点上(见图 6-22)。⑤形象具体化。用身边材料制成二维或三维模型或者用身体语言演示使用行为或习惯模式,以便大家更好理解创意。

图 6-21　头脑风暴是产品设计构想的最初阶段

图 6-22　即时贴墙报是创意展示、思考和碰撞的工具

头脑风暴的关键在于不预作判断的前提下鼓励大胆创意,要让大家把自己的想法说出来,然后快速排除那些不可能成功的概念。头脑风暴会议往往不拘一格,可以配合演示草案、设

计模型、角色、场景和模拟用户使用等环节同步进行。服务蓝图、用户体验地图、用户画像等前期的研究模型也会在头脑风暴会议中发挥最大的作用。在会上，大家可以集思广益，围绕核心问题展开讨论，如用户痛点是什么、用户轨迹中的服务触点在哪里、如何通过竞品分析找出现有产品的缺陷等。除鼓励提问和思考外，还可以让大家评选出最优设计方案和最可能流行的趋势并分析其原因，最后集中大家的智慧为进一步的原型开发打下基础，由团队对这些创意投票表决。无论是设计产品还是设计服务，都可以用各种简易材料做出样品或服务的使用环境，让无形的概念具体化，以更好地理解用户需求（见图6-23）。例如，IDEO 公司的工作室都有手工作坊或3D打印机。它们的创新理念是用双手来思考，快速制作样品并不断改进。此外，让用户实际参与使用各种样品（身体风暴）也是头脑风暴的一部分。设计师可以通过观察用户使用样品的实际情况，并且根据用户反馈对设计进行改良和完善产品或服务。

图6-23　纸板等简易材料可以模拟出产品的使用环境

　　头脑风暴主要有两种类型：直接头脑风暴法（通常的头脑风暴法）和质疑头脑风暴法。前者尽可能地激发创造性并产生尽可能多的想法。后者对直接头脑风暴法的设想和方案逐一质疑并分析其可行性。头脑风暴按照组织形式可划分为5种类型：自由发散型、辩论型、击鼓传花型、主持访谈型和抢答型。头脑风暴可用于设计过程中的每个阶段，同时在执行过程中有一个至关重要的原则：不要太早否定任何想法和创意。经过多年的实践，IDEO 设计公司总结归纳了头脑风暴的7项原则并以易拉宝的方式放置在会议室中：暂缓评论、异想天开、借题发挥、不要跑题、一人一次发挥、图文并茂、多多益善。这个规则时刻提醒大家"这不是茶馆聊天，而是针对问题的发散思维"。这种事先的约定有效地防止了人云亦云、信马由缰的清谈，同时也照顾了民主和平等的氛围（例如领导与员工一起座谈时，往往部分员工会有发言的顾虑）。

　　IDEO 公司对头脑风暴会议非常重视，总裁大卫·凯利把 IDEO 比作"活生生的工作场所实验室"。他说："IDEO 永远都处于'实验状态'。无论是在我们的项目中、我们的工作空间中，甚至在我们的企业文化中，我们每时每刻都在尝试新思想。"因此，多学科背景的集体讨论就成为创意的引擎（见图 6-24）。会议上大家集思广益、踊跃发言，如果创意确实相当出色，设计师便可以在机械加工车间制造模型。3D 打印和电数控机床可以在几小时之内就制作出模型。IDEO 公司的理念是：创造贵在动手尝试，从尝试中吸取经验教训，而不在于精心筹划。故事化设计也是 IDEO 公司的有力武器。公司通过鼓励创意的即时贴小模型可以快速构建流程。设计小组通过日常的观察、事例以及运用各种素材使得创意细节化、清晰化又便于修改和管理，为创意降低了许多门槛。可以说，头脑风暴会议是 IDEO 公司挖掘创新设计的杀手锏。

图 6-24　IDEO 公司创意团队的集体讨论会

　　需要说明的是，头脑风暴并非创意的万能灵药，也不能期待它解决所有的创新问题；但它是一种结合了个人创意和集体智慧的重要机制。麻省理工学院媒体实验室 eMarkets 机构副主任迈克尔·施拉格（Michael Schrage）教授认为，IDEO 的成功并不在于头脑风暴方法论，而是在于它的企业文化。正是 IDEO 员工对于创新的热情推动了他们的头脑风暴方法论。他认为，只是创造新概念不叫创新，只有创造出可实行且能改变行为的方法才能称之为真正的创新。头脑风暴只有建立在团队的融洽气氛中，才能集思广益和深入思考，成为创新产品的杀手锏。

案例研究A：　自助式服务

　　当今社会正在进入体验经济时代。产品和服务是在一个阶段性的体验过程中出售的，而这一过程需要识别、定义和设计一个体验主题和印象。同传统设计方法不同的是，通过探索性、沉浸式的研究，发现战略创新的机会显得更为重要，同时也为设计相应的服务提供了背景。

服务设计不仅关注服务过程的分析，同时用户的定位、背景融入等也将作为考虑因素。从这个意义上说，服务设计的目标是设计出具有有用性、可用性、满意性、高效性和有效性的服务。

美国南加州大学教授、生产运营管理专家理查德·B.蔡斯（Richard B.Chase）针对服务流程进行了大量有关认知心理学、社会行为学的研究。他给出了服务设计的首要原则：让顾客控制服务过程。研究表明，当顾客自己控制服务过程时，他们的抱怨会大大减少。即使是自助式服务，当顾客操作不当时，也不会对自助系统产生过多抱怨。例如，位于加拿大蒙特利尔麦吉尔大学老城区的乐客 A 连锁自助型酒店就是将短租公寓完全交给游客管理的新型自助式酒店。公寓风格简洁、设备齐全，设有开放式的休息、用餐和厨房区，配有全套不锈钢家用电器和电视、WiFi 等，游客可以自己做饭（见图 6-25）。

图 6-25　乐客 A 连锁自助型酒店客房标准间

乐客 A 连锁酒店最大的特色是没有前台服务人员。游客的身份验证、入住、登记、密码获取、退房等一系列环节均在大堂的一个带摄像头的屏幕和旁边的电话上完成（见图 6-26 上）。当游客到达酒店时，借助直拨电话可以接通服务生，借助摄像头向屏幕上的远程工作人员出示身份证（护照）并拍照确认后可以获得房门钥匙盒（见图 6-26 下）的密码，从而通过数字按键打开盒子并取得房间的钥匙。退房时，借助同样的远程操作，可以将钥匙放回密码盒中。订房和结账都是通过网络完成。由此，游客完全掌控了服务过程，也就最大限度地减少了抱怨。

蔡斯给出的另一个原则是分割愉快、整合不满。蔡斯的研究表明：如果一段经历被分割为几段，那么在人们的印象中整个过程的时间就要比实际显得更长。因此，可以利用这一结论，将使顾客感到愉快的过程分割成多个部分，而将顾客不满的多个部分组成一个单一的过程，这样有利于实现更高的服务质量。例如，飞机晚点是乘客出行的一大痛点。虽然晚点有各种客观原因，但如果有各种应急预案（如服务人员及时提供免费的餐饮和休息设施、透明

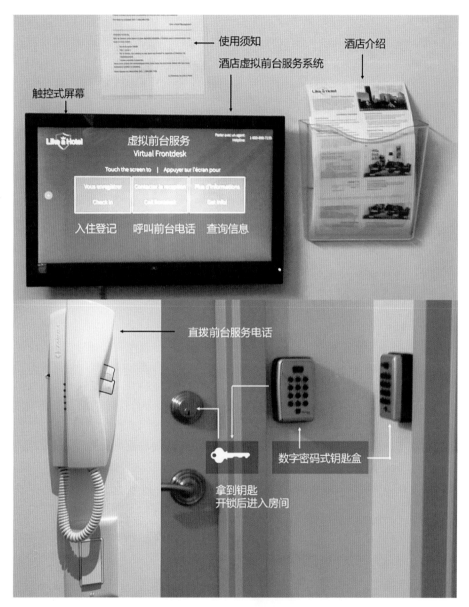

图 6-26　乐客 A 连锁酒店客房的虚拟前台服务、电话和自助式门禁

化信息服务以及服务人员的耐心和体贴等），就可以及时化解矛盾，避免顾客情绪失控。

　　除贴心服务外，自助式服务（如餐厅的屏幕点餐系统和机场的自助值机）是解决等候、排队和看脸服务问题的技术手段，很多国家的海关也采用了护照扫描的自动边检程序。这些"自动化前台"不仅有效降低了企业人力成本，而且成为"机器人时代"提高工作效率的有效手段。例如，2018 年初，杭州五芳斋开设了世界上第一家 24 小时无人粽子店，店里几乎看不到服务员，从点餐、支付再到取餐，顾客都可自主完成（见图 6-27）。这种全新的运营模式为不少传统餐饮品牌开辟了新的发展方向。该餐厅依靠数字技术驱动经营整个用餐过程，不管是排队、点餐还是取餐、结账，全由消费者自助完成，就连菜品推荐、营销方案也都由系统基于大数据自动完成。

图 6-27　杭州五芳斋的自助式 24 小时无人粽子店

　　这家餐厅的总经理称，仅无人化改造这一项就可以帮助门店节省 7 名店员，每年平均节省 32 万 ~35 万元的用工成本。有了自助点餐和取餐，即使高峰时段，餐厅也井然有序，吃午饭就跟喝下午茶一样安静惬意。堂食区隔壁的无人零售区单独开门，跟银行的 ATM 一样，24 小时开放。顾客可以用支付宝扫码开门，取走里面的粽子和糕点等食品，关门后系统将自动扣款（见图 6-28）。在点餐过程中，系统还会根据顾客以往的消费偏好，对菜单自动排序并给予优惠推荐。设置在餐厅堂食区的 40 个自助取餐柜取代了原先的人工送餐方式。餐厅完成备餐后，系统会自动推送取餐短信。顾客根据短信上的密码开柜取餐就可以自助堂食。等餐期间，顾客还可以在店内用 AR 玩互动游戏。由此可见，基于人工智能的自助式新零售方式开始成为现实。

图 6-28　餐厅堂食区的 40 个自助取餐柜方便顾客自助取餐

课堂练习与讨论A

一、简答题

1. 自助型服务酒店如何保证环境卫生与安全？

2. 在智能时代如何通过手机让用户管理服务过程？

3. 服务设计提倡甲乙双方的协作，这在自助型酒店如何实现？

4. 旅游期间游客对服务流程的公开化和透明化的需求如何实现？

5. 如何通过特色服务使游客感受到物超所值？

6. 智能机器人在无人自助型服务中能够发挥哪些作用？

7. 旅游服务如何解决疫情防控与提升游客出行体验这对矛盾？

8. 如何通过手机 APP 设计实现游客个性化的自助旅游服务？

二、课堂小组讨论

现象透视： 在新冠肺炎疫情流行期间，为了进行流行病学调查和防控管理，"绿码"已经成为每个人出行必备的"健康身份证"（见图 6-29）。但频繁的"扫码 / 验码"流程使得人们的出行、购物、旅游、餐饮、娱乐等活动受到影响。请结合服务设计的理念与方法，思考快速自动识别"绿码"的工具及服务流程。

图 6-29 "绿码"已经成为每个人出行必备的"健康身份证"

头脑风暴： 从普通居民和防控人员的双视角分析，如何让"绿码"既能够快速筛查核酸阳性人群，实现精准防控，又不会频繁扰民，影响大家正常的生活，这就需要重新思考服务流程的触点并创新服务体验。

方案设计： 请小组根据痛点重新设计服务模式，特别是自助型、智慧化与多功能一体化的思考，重点在于提升服务的可用性与体验性。设计方案需要小组绘制出环境布局草图、服务模式图以及产品的原型设计图。

案例研究B：POEMS观察法

对于用户研究来说，观察法是最简单、最实用的方法，对产品的体验来源于用户与产品的接触过程，对产品的新需求也来源于这种过程。用户往往无法将他们对产品的渴望和需求表达出来。因此，设计人员可以对用户有目的、有规律地进行观察，对观察结果进行细致的总结和分析，形成重要的产品创新突破点。POEMS观察法将被观察的对象、目标、环境、问题反馈、服务通过列表清单的方式呈现，便于小组在分析总结时一目了然地通过对比发现问题和机遇。

观察样本和框架设计是观察法的出发点。观察谁？观察什么？观察范围多大？问题会出现在哪里？如何通过"触点行为"发现服务缺陷或商机？这些问题是观察法能够收获有用信息的关键。POEMS是指观察对象（people）、目标（object）、环境（environment）、问题反馈（message）和服务（service）。通过上述5个因素的列表，加上观察照片、对行为的描述以及观察者的想法，就可以清晰地呈现有用的信息，这样观察的结果才具有一定的普遍意义。例如，利用POEMS观察法对某大学食堂点餐和取餐环节进行观察，由此可以清晰地发现服务环节中的问题（见图6-30）。

观察1：学生食堂点餐及取餐环节

观察框架	用户行为及现象	观察者想法
P	教师、学生、职工	
O	买饭排队没有规律，取餐不快捷，菜品名称不明确，价格未标示清晰	玻璃有雾气、看不清食物。食物的温度无法感知
E	刷卡付款（食堂无充值机器，经常发现余额不足很尴尬）	接触时经常出现问题，要一手按着卡一手输密码，不够卫生方便
M	刷卡机显示余额和消费金额。容易操作不当，刷错不能退款，端菜时刷卡不方便	校园卡有每日消费金额限制，超过一定额度需要输入密码，比较麻烦
S	食堂一层—选择菜品—选择主食—结算—取餐	基本餐具配置不齐，有洒汤现象

图6-30　利用POEMS观察法对某大学食堂点餐和取餐环节的观察

在观察中及时拍照取证并对问题加以标注和分析，这无论对于产品还是服务设计都非常重要。除细致观察外，"随手拍"还能发现一些特殊情况下服务设计所暴露出来的问题。例如，学生食堂的就餐区平时发现不了什么问题，但在12点左右的就餐高峰期，人流拥挤，服务压力陡然增大。此时如果细致观察，往往就会发现学生食堂在座椅配置、人流导向、就餐环境、排队管理、清洁环节方面的各种问题。例如，调查小组发现，在就餐高峰期，人流密集，取餐空间狭窄，直接到柜台取餐有一系列服务的问题（见图6-31上）。此外，由于学生们身体的碰撞，往往会导致端菜不稳、泼洒流汤的情况。针对POEMS观察法所呈现的问题，设计小组经过反复研讨，决定重新设计学校的塑料餐具，通过托盘的凹槽固定汤碗、饭菜盛具、杯子、筷子和汤勺，保证摇晃时不会漏洒食物（见图 6-31 下）。

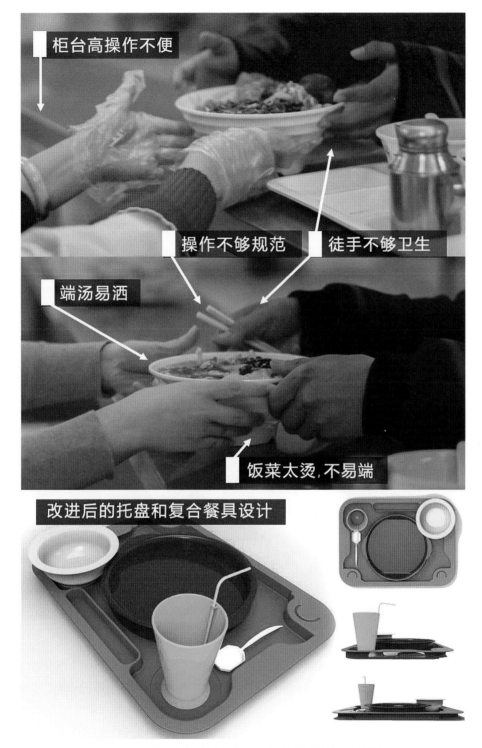

图 6-31　在取餐触点发现的问题和有针对性的餐具设计

课堂练习与讨论B

一、简答题

1. 自助型服务酒店应用了服务设计的哪些原则？

2. 以户外旅游为例，如何让用户控制服务过程？

3. 调研本地的机器人餐厅，归类总结其商业模式。

4. 试从成本、收益、管理和服务角度分析 24 小时无人餐厅的优缺点？

5. 什么叫"分割愉快、整合不满"？服务流程如何提升顾客的获得感？

6. 为什么阿里巴巴要招聘淘宝老年研究员，其工作范围是什么？

7. 如何从定量 / 定性以及态度 / 行为角度对用户研究工具进行分类？

8. 请通过走访宠物店主或在线宠物网站，为猫狗的主人们画出"用户画像"。

二、课堂小组讨论

现象透视： 某大学的学生食堂就餐环境（见图 6-32）。请结合服务设计的理念与方法，为该食堂的信息化改造和就餐环境提供设计方案，重点在于提升服务的可用性与体验性。请利用移情地图、头脑风暴等工具挖掘用户需求并聚集小组创意。

图 6-32　国内某大学学生食堂的就餐环境

头脑风暴： 从就餐者的视角分析，这个食堂在环境、菜品、餐具、服务人员等几个方面有哪些待改进的服务？请结合用户画像，对就餐者的饮食习惯进行分析并对早餐、午餐和晚餐（含夜宵）的服务进行深入思考。

方案设计： 请小组讨论并绘制出用户体验地图。根据痛点重新设计服务模式，特别是自助型、智慧化与多功能一体化的思考，满足用户可用性和体验性指标。该设计方案需要小组绘制出环境布局草图、服务模式图、原型设计图。

课后思考与实践

一、简答题

1. 百度对用户研究有哪些经验总结，其依据是什么？

2. 举例说明为什么百度注重对先导型用户（资深用户）的研究？

3. 用户研究贯穿服务设计全流程，每个阶段的调研目标有什么不同？

4. 观察法和访谈法包含哪几种模式？焦点小组在调研中起的作用是什么？

5. 在线访谈与常规访谈有哪些不同？需要注意哪些问题？

6. 什么是移情地图法，如何通过观察与访谈发现用户的痛点？

7. 服务设计中用户研究的产出物是什么？

8. 请比较用户体验地图、移情地图与用户画像之间的联系与区别。

9. 如何通过大数据对网购用户群的偏好进行分析？

二、实践题

1. 怀旧是情感化体验设计的重要内容，一家名为"东方红餐厅"的企业将这个概念发挥到极致（见图 6-33）。请小组实地调研学校附近的主题餐厅或网红打卡餐厅，重点考察食客的类型、年龄以及用户偏好，并且提供一份市场前景研究报告。

图 6-33　怀旧体验主题的"东方红餐厅"

2. 请组成 3~5 人的研究小组，去附近的购物超市，观察购物人群（如家庭主妇）的购物路线、购物时间、停留频率、高峰时间流量等信息，汇总制作一幅"超市顾客体验地图"并作为超市货架与流程设计改造的依据。

第 7 课　创意设计心理学

IDEO 公司创始人大卫·凯利指出：创意不是魔法，而是技巧。本课的教学目标是创意设计心理学，内容包括心流与创造力、联想与创意、情感与服务设计、色彩心理学、激励与说服心理学以及商业模式画布。这些内容聚焦于创意思维与创意设计的理论、方法与实践，同时也是基于心理学进行产品与服务设计的基础。本课还将介绍设计研究与用户界面设计中经常用到的 5 条设计心理学法则和定律，供读者参考。

7.1 心流与创造力

我们都有过这样的体验：无论是打游戏还是进行艺术创作，我们往往会全身心地投入这件事情中，集中全部注意力甚至会"废寝忘食"。美国心理学家，芝加哥大学教授米哈里·希斯赞特米哈伊把这个状态称为"心流体验"并用来解释创意的来源。他在 1990 年出版了《心流》并成为该理论的奠基人。心流指的是那种彻底进入忘我状态，专注并沉浸在所进行事务之中的感觉，如一位沉浸于创作的艺术家往往会忘了时间的流逝。按照希斯赞特米哈伊的说法，在这种心流状态下，人们会全神贯注投入当下的活动中，以至于忘掉自我。让设计师感到最为愉悦的时刻就是"设计或发现了新事物"或者"找到了问题的答案"，而最令他们享受的体验是类似于发现的过程。画家、科学家、工程师、设计师或园艺师对发现与创造的喜爱程度超过其他一切。当任务的要求（挑战）与当事人的能力正好匹配时就会引导出心流的状态（见图 7-1）；当能力超过了挑战，人们就产生了可控感；而随着挑战水平的降低，事情会变得乏味。心流实际上就是满足感、幸福感和沉浸感。

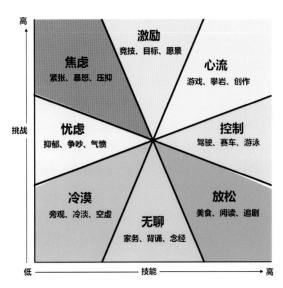

图 7-1　希斯赞特米哈伊的心流理论图示

"心流体验"即运动员所谓的"处于巅峰"的状态，或者作家、艺术家及音乐家所说的"灵思泉涌"的时刻。普通人在打牌、跳舞、游戏时，或者在进行外科手术、高难度的商业交易以及与好友分享美食甚至亲子嬉戏时，也能感受到内心充满了激情、热情和幸福感、巅峰感。这种感受与日常生活中的无聊常态截然不同。心流的产生与任务的挑战感和用户的技能等级有关。希斯赞特米哈伊指出，"每个人生来都会受到两套相互对立的指令的影响：一种是保守的倾向（熵的障碍），由自我保护、自我夸耀和节省能量的本能构成；而另一种则是扩张的倾向，由探索、喜欢新奇与冒险的本能构成。"例如，好奇心较重的孩子可能比古板冷漠的孩子更大胆，更爱冒险；从事设计、绘画、编程或艺术类工作的人往往更容易获得心流体验（见图 7-2）。由于这群人喜欢探索与发明，因此在面临不可预见的情况时，他们会更敏锐，主动应付挑战，这就是成功者的共同品质。

实现创造力的关键在于好奇、思考、开窍、深入和创造。心流理论认为创意过程可分为

图 7-2　设计、绘画、体育或创意人群心流体验较高

5 个阶段。第一个阶段是准备期，人们开始有意识或无意识地沉浸在一系列有趣的、能唤起好奇心的问题中。第二个阶段是酝酿期，想法在潜意识中翻腾和相互碰撞，不同寻常的联系有可能被建立起来。从发现问题到头脑碰撞是一个思维发散的过程，当各种想法相互碰撞时，它们之间就会出现灵感的火花。第三个阶段是洞悉期，就是洞悉灵感和创意的那一刻。第四个阶段是深入期，也就是针对问题的聚焦时期。人们必须决定自己的创意是否有价值、是否值得继续研究下去。这个时期需要有原型设计和各种评价，也包括反思、自我批评或推翻重来的时刻。第五个阶段是制作期。其任务包括深层设计、举一反三、推进原型、修改错误并在实践中检验设计原型。从有了创意点子到实现成功的设计产品，其设计思维会经历多次发散和收敛的过程。因此，创意是思维不断发散和收敛以及不断碰撞和激荡的循环过程。英国设计委员会提出的双钻石设计流程就是基于心流理论和众多设计服务咨询企业的实践总结的规律。同样，IDEO 设计公司在许多国家和地区组织的服务设计工作坊和创意营也将这 5 个环节融入课程中（见图 7-3）。

图 7-3　IDEO 设计公司组织服务设计工作坊的流程

7.2 联想与创意

20 世纪 60 年代初，美国智威汤逊广告公司资深顾问及创意总监、美国当代影响力最深远的广告创意大师詹姆斯·韦伯·扬应朋友之邀，撰写了名为《创意的生成》的小册子，回答了"如何才能产生创意"这个让无数人头疼的问题。随后 50 年间，该书再版达数十次，被译成三十多种文字，不仅畅销全世界，而且也成为欧美广告学专业的必修课教材。詹姆斯·韦伯·扬堪称当代最伟大的创意思考者之一。他提出的观点和一些科学界巨人（如罗素和爱因斯坦等人）的见解不谋而合：特定的知识是没有意义的。正如芝加哥大学校长、教育哲学家罗伯特·哈钦斯（Robert Hutchins，1899—1977）博士所说，它们是快速老化的事实。知识仅是激发创意思考的基础，它们必须被消化吸收，才能形成新组合和新关系，并且以新鲜的方式问世，从而产生出真正令人惊叹的创意。创意是旧元素的新组合。

要将旧元素构建成新组合，主要依赖以下这项能力：能洞悉不同事物之间的相关性。这一点正是进行创意时的最关键之处。例如，为鼓励创意性思维和天马行空的想法，IDEO 和纽约的公共媒体 Studio 360 一起开设暑期创意营，让学员们通过轻松的心态重新设计在日常生活中看似寻常的"旧物品"，如闹钟、日历等。传统的闹钟机械而死板，为了让设计找回童真和快乐，设计小组采访了宠物治疗师和瑜伽教师等，最后设计的创意包括可以通过触摸产生气泡的提醒装置，还有可以通过手指"瘙痒"就可以产生"怪笑"的提醒闹钟（见图 7-4）。这些设计不仅是童心未泯的快乐玩具，而且也是 IDEO "在快乐中思考和创意"理念的成果。IDEO 公司还注重面向未来的设计，组织学生针对未来交通工具进行大胆的创意与设计。

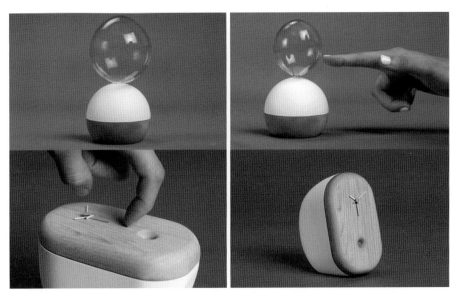

图 7-4 可以触摸产生气泡的提醒装置和可以"怪笑"的交互式闹钟

詹姆斯·韦伯·扬指出：创意是经由一系列看不见的过程，在意识的表层之下长期酝酿而成的。因此，创意的生成有着明晰的规律，同样需要遵循一套可以被学习和掌控的规则。收集更多的素材是酝酿创意的源泉。詹姆斯·韦伯·扬指出："收集原始素材并非听上去那么简单。它如此琐碎、枯燥，以至于我们总想敬而远之，把原本应该花在素材收集上的时间转用在天马行空的想象和白日梦上。我们守株待兔，期望灵感不期而至，而不是踏踏实实地花时间去系统地收集原始素材。我们一直试图直接进入创意生成的第四阶段，并且想忽略或逃避之前的几个步骤。"收集的资料必须分门别类，悉心整理。通过卡片分类箱来建立索引可让素材搜集工作变得井然有序，而且能让你发现自己知识系统的缺失之处。更为重要的是，这样做可以对抗你的惰性，让你无法逃避素材收集和整理工作，为酝酿创意做足准备。例如，IDEO 的各个工作室都有其"魔术盒"，收集了各种各样有趣的东西（如新式材料、奇异装置等），这些物品都是员工们收集后共享在工作室以给大家提供灵感或带来快乐（见图 7-5 ）。

图 7-5　IDEO 工作室的"魔术盒"

头脑消化和酝酿创意是这个过程的重要步骤。收集的资料必须充分吸收，为创意的生成做好进一步的准备。你可以将两个不同的素材组织在一起，并且试图弄清它们之间的相关性到底在哪里。所有事物都能以一种灵巧的方式组合成新的综合体。有时，如果我们用比较间接和迂回的角度去看事情，其意义反而更容易彰显出来。速写涂鸦、横向思考、卡片归类、思维导图……各种创意方法都可以尝试。有时候，貌似无关的事物会偶然发生联想，并以一种出人意料的方式产生出智慧的火花。例如，鲁班看到锯齿草会划破手指，由此想到了锯子的可能性；又如一个寻常的女孩，当走入一个绘有长翅膀的墙面，就会幻化为"天使"（见图 7-6 ），两个完全不同的事物的组合往往产生出人意料的创意。

图 7-6　3D 魔幻秀：女孩和翅膀壁画的组合产生出"天使"

同样,和生活经历完全不同的人在一起,往往可以激发新奇而大胆的想法。作为以"创意"为核心的产品与服务设计公司,IDEO 有一群能够"触类旁通"的"怪才"。该公司除了有传统的工业设计师、艺术家外,还有心理学家、语言学家、计算机专家、建筑师和商务管理专家等。他们爱好广泛,登山攀岩、去亚马孙捕鸟、骑车环绕阿尔卑斯山等大量古怪的经历与爱好成为创意和分享的财富。这样的安排就是为了团队不要被所谓的"经验"束缚,而是从多方获取设计的灵感,从而达到创新的突破。IDEO 还特别鼓励跨学科和多面性。传统设计公司往往各个部门泾渭分明,而 IDEO 首开"跨界设计、共同参与"的合作创意模式,让大家可以各展其长。焦点小组和头脑风暴是 IDEO 创意的法宝。大卫·凯利认为 IDEO 主要的"创新引擎"就是它的集体讨论方式,这也是该公司唯一受严格纪律约束的活动。会议上大家踊跃发言,一旦项目小组选出最佳点子后,就会迅速采取行动,将它们付诸实践,将自己的创意原型制作成模型。IDEO 公司的理念是:创造贵在动手尝试,从尝试中吸取经验教训,而不在于精心筹划(见图 7-7)。

图 7-7　IDEO 公司员工通过面具和角色扮演来制造奇幻效果

IDEO 认为设计和创意是每个人的天性,而并非天才或创意型人才的专利。它提倡每个人都应该找到自己创意的自信心,解除对新事物和变化的恐惧。团队合作、小组讨论和头脑风暴也是创意来源之一。IDEO 设计公司的创始人大卫·凯利认为"创意引擎"就是集体讨论方式。会上大家畅所欲言,往往会有大量的火花碰撞出来。此外,当人们绞尽脑汁没有新想法时,让身体与头脑放松一下,如听音乐、野外散步等,创意往往会不期而至,甚至当你在拂晓半梦半醒时都有可能。睡觉也往往是奇思妙想突然而至的前奏,例如英国作家玛丽·雪莱(Mary W. Shelley,1798—1851)就是通过回忆梦境而创作出著名小说《科学怪人》(见图 7-8)。

图 7-8 英国作家玛丽·雪莱和她的《科学怪人》小说插图

创意生成的最后阶段是检验设想、深入设计。这个阶段是在创意生成过程中所必须经历的，堪称"黎明前的黑暗"。詹姆斯·韦伯·扬指出："你必须把刚诞生的创意放到现实世界中接受考验，发现问题并进行调整和修改。只有这样，才能让创意适应现实情况或达到理想状态。"许多很好的创意都是在这个阶段化为泡影的。因此，必须有足够的耐心来调整和修正创意。设计师与客户充分研讨该方案、寻找专家咨询、网络和论坛的"潜水"都可以得到建设性的意见和建议（见图 7-9）。一个好的创意本身就具备"自我扩充"的品质。它会激励那些能看得懂它的人产生更多的想法，帮助它变得更完善和可行，原本被你忽视的某些可能性或许会因此被开发出来。

图 7-9 通过方案汇报与原型设计是检验设计的最后阶段

7.3 情感与服务设计

　　情感是人们对外界事物作用于自身时产生的一种生理的反应,是由需要和期望决定的。当这种需求和期望得到满足时会产生愉快、喜爱的情感,反之则会产生苦恼、厌恶的情绪。能够引起用户的关注或者说能够吸引住用户眼球是所有产品或服务成功的第一步。注意是指心理活动对一定事物或活动的指向和集中,它是人类感觉、知觉、记忆、思维和想象等心理过程的一种特性。注意不仅表现在认识过程中,也表现在情绪、情感、意志等心理过程中。从进化角度看,注意力是人类在与自然环境的不断互动过程中形成的。例如,美味的食物(包括色彩和形状,见图 7-10)、婴儿或儿童的笑容、少女的妩媚以及春天的绿色,这些与生命、青春、后代和健康相联系的事物无疑会带来人的愉悦感与持续的关注。同样,与危险、灾难和恐怖相关的新闻也会引起人们极大的兴趣。为什么路边的事故会让来往车辆减速?这是因为你的旧脑在提醒你注意。恐怖的东西会带来人体本能的闪躲,同样也会使得注意力高度集中。人们在遇到特殊情况(如地震、火灾、抢劫或其他危险环境)时,往往会产生肾上腺素分泌激增、血流加快、心跳剧烈、肌肉紧张等一系列应激反应。因此,和食物、性、后代或危险相关的图片往往会吸引注意力并引发注意者的反应(逃避、紧张和好奇心)。同样,任何移动的物体(如影像或动画)也会吸引眼球,这可以作为一种危险来临的预警信号(如猎豹奔跑、风吹草动)。

图 7-10　水果的鲜艳色彩不仅会引发食欲,也会带来美感

　　情感与色彩的关系在服务设计中十分重要。任何服务体验都是顾客在与服务环境、产品和服务员工之间的一系列触点互动中感受到的。因此,通过情感与色彩的关系进行服务体验的提升也是众多企业的营销法宝。例如,星巴克每年都会在不同的节假日推出富有季节特色的限量纸杯。从 1997 年开始,为庆祝圣诞节,星巴克每年都会在圣诞季推出一款和平时不太一样的纸杯。因为这些纸杯添加了各种圣诞节符号,如圣诞树、麋鹿和雪花等(见图 7-11),

带有浓郁的节日特色，所以受到了消费者的热烈欢迎。2016 年，星巴克一口气推出 13 款不同的圣诞节限量纸杯；这一次推出的限量款并不是出自星巴克自己的设计，而是从 1200 名民间设计师的作品中挑选出来的。

图 7-11　星巴克在圣诞季推出有圣诞树、麋鹿和雪花图案的杯子

"杯子经济"是隐藏在星巴克咖啡业务背后的另一大功臣。数据显示，每到圣诞季，星巴克的销售数字都会大幅增长。虽然不能把业绩完全归功于圣诞限量纸杯，但它对销量的提升作用绝对不可小觑。星巴克虽然是卖咖啡的，但它其实是最懂服务设计的科技公司，将色彩、情感和人们对圣诞节的记忆转化为对商品的喜爱，这成为星巴克从小处挖掘用户深层体验的制胜战略（见图 7-12）。

图 7-12　星巴克在 2016 年圣诞节推出的部分限量纸杯

星巴克的限量纸杯不只针对圣诞季。例如在复活节，星巴克会换上具有春天气息的蓝色、黄色和绿色纸杯。除假日限量纸杯外，星巴克推出的马克杯、保温杯也是广大星粉们的挚爱——季节限定款、城市限定款、联名合作款……当你走进星巴克的杯子世界，有时甚至会莫名恍惚——星巴克到底是卖咖啡的还是卖杯子的？最出名的当属星巴克的城市限定款马

克杯，如日本 2017 年 You Are Here 地方特别限定款和韩国 2016 年"淘气猴"限量版（见图 7-13）就受到粉丝的追捧。随着星巴克将门店开到全球，前往他们位于世界各地的任意一家门店，基本上都可以买到具有本地特色的城市限定款马克杯，这也算是一个很有纪念意义的收藏品。

图 7-13　日本 2017 年特别限定款和韩国 2016 年"淘气猴"限量版

心理学研究表明：人脸图片尤其是正面照片最容易吸引人注意力，在人类的大脑皮层有专门的人脸识别区域，源自人类潜意识中关于生育与繁衍的基因动力，少女和儿童的笑容往往是最能够吸引观众视线的题材。例如百度贴吧的"神龙妹子团"策划了一个引爆朋友圈的创意 H5 广告《一个陌生妹子的来电》（见图 7-14）。这个高颜值的广告借助选择题和动图的切换来推动故事情节的发展，成为大家分享和疯狂转发的互动游戏。特别是对于手机广告来说，流行的动图、短视频可以更快地抓住观众的注意力，因此比传统的静态广告有更强的吸引力。

图 7-14　百度贴吧"神龙妹子团"广告《一个陌生妹子的来电》

7.4　色彩心理学

情感和尊重位于需求金字塔的最高等级。在所有能够调动情感和情绪的因素中，色彩无疑是最重要的。不同的色调能够使人产生不同的情绪和反应，能够影响用户对于品牌的感知。例如，人们在选书时通常通过书的封面来判断书的内容是否好看。因此选择一个易于传达信息的颜色是封面设计成功的关键。例如推理小说多用黑色的封面，而圆满的爱情小说多用浅色的封面。如果把这两种颜色互换，读者心里会如何想呢？浅色封面的推理小说感觉不够神秘，黑色封面的爱情小说肯定是个悲剧，错误的配色可能会使有些读者根本不会选择这本书。

20 世纪 80 年代，美国南佛罗里达大学教授、心理学家罗伯特·普鲁钦科（Robert Plutchik）通过颜色轮来说明色彩对人类情绪的影响。在这个颜色轮上，普鲁钦科确定了 8 个主要情感区域（见图 7-15）。该颜色轮从外到内色彩逐渐加深，表示情感的逐渐加强。例如，从顺从、接受过渡到恐惧、恐怖，颜色逐步由淡绿变成深绿。同样，该颜色轮的相邻色也代表了情感和情绪的相关性。例如，从暖色系的正面情感（兴趣）转变为冷色系的负面情感（讨厌），中间包含平静、接受、忧虑、烦躁、忧郁、乏味等相关的情感。

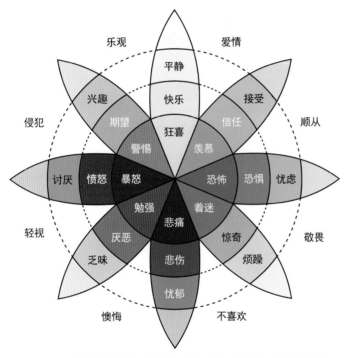

图 7-15　普鲁钦科颜色轮盘可以用来表达色彩与情绪的关系

　　色彩心理学实验证明，色彩具有干扰时间感的能力。假设一个人进入有粉红色壁纸、深红色地毯的房间，另一个人进入有蓝色壁纸、蓝色地毯的房间，让他们凭感觉在一个小时后从房间里出来；结果在红色房间的人四五十分钟就出来了，而蓝色房间的人七八十分钟后还没有出来。蓝色有镇定、安神、提高注意力的作用；红色有醒目的作用，但红色面积过大有时会增加精神紧张。颜色不仅会影响时间感，还会影响人的空间感。颜色可以产生前进感或后退感，前进色看起来醒目和突出。两种以上的颜色组合后，由于色相差别而形成的色彩对比效果也会影响人们的体验。在服务环境设计中，色彩对人们的体验影响很大。很多餐厅在设计店面风格时采用暖色系的色调，如果再搭配木质装饰的墙壁和柔和的灯光，就会更加吸引食客。例如肯德基快餐店的色调会使儿童形成更深刻的记忆（见图 7-16）。

图 7-16　肯德基快餐店的暖色风格特别吸引儿童

　　好的色彩搭配往往会令人赏心悦目、流连忘返。色彩的协调一致无论是对网页和 App 的呈现，还是对商品信息的展示，都是非常重要的因素。色彩设计不仅包括科学和文化因素，而且还受到兴趣、年龄、性格和知识层次的制约。例如星巴克针对亚洲女性的审美特点，推出了与 Paul & Joe 联合设计的商品系列，粉嫩的色彩搭上了春天樱花季的风潮，成为少女们的最爱（见图 7-17）。色彩还有很强的时代感，在一定的时期内会形成某一种流行色。

图 7-17　针对亚洲女性的 Paul & Joe 联名设计款商品

　　美国苹果公司标志的演变代表了不同时期人们对色彩审美的变化。在苹果公司创立的

20 世纪 70 年代，世界大多数电脑公司使用拉丁字母的单色标志，而苹果公司却以其"彩虹环"的 6 色标志彰显特色。但随着社会的审美观的变化，年轻人认为金属、玻璃和单色是"酷"的象征。同时，随着手机等移动媒体的流行，扁平化的图标设计成为 20 世纪 90 年代中后期的时尚风潮，于是单色的、具有材料和质感之美的苹果标志出现了，随着时间的推移，很多人已经忘记了苹果公司最初多彩的标志。与之相反，许多早期标志颜色相对单一的公司（如微软、谷歌和腾讯等）纷纷推出色彩更丰富的设计（见图 7-18），使得这些公司的形象更为多元化和平民化。

图 7-18　谷歌界面以明快自然的色彩与图像搭配为核心

色彩设计在环境中能够发挥重要的影响。例如，孩子们在幼儿园和小学度过童年时光。这些建筑物对于他们的意义要远远超过他们人生中的其他时期。但在过去大多数建筑是灰色的，不符合儿童的心理。近年来，随着人本主义设计思想的普及，越来越多的人指出空间色彩在儿童教育学中的重要性，因此对于幼儿园、小学和中学的创新校园设计成为未来的趋势。例如，新加坡南洋小学和幼儿园坐落在一座小山上，负责学校规划的建筑事务所充分利用了这个地理条件，在学校的公共空间和户外区域大胆使用了五彩缤纷的颜色（见图 7-19）。

心理学家、交互设计专家唐纳德·诺曼认为设计包括 3 个层次，即感官设计（本能、直观和感性）、行为设计（思考、易懂、可用和逻辑）和反思设计（感情、意识、情绪和认知）。唐纳德·诺曼认为一个优秀的物品应该在这 3 个层次上都做到优秀，特别是愉悦成分在设计中的意义。对于设计师来说，感官层面在全世界都是相同的，因为它是人性的一部分。行为层面上的东西是学来的，因此在全世界有着类似的标准，但不同的人还是会学到不同的东西。在反思层面上，不同的人有非常大的差异，它与文化密切相关。不仅中国文化不同于日本文化和美国文化，就是在中国，年轻女孩也不同于商业人士、大学生和农民，这中间存在着微观文化因素。因此，设计师一定要了解自己的目标客户，其中最难把握的就是文化因素。就情感化设计而言，如果能够在感官和行为层面理解人的普遍需求，借助隐喻、符号、挪用、拼贴、象征和拟人化等多种表现手段，往往可以出奇制胜，设计出令人耳目一新的产品。在广告界有一个尽人皆知的黄金法则——3B 法则，指美女（beauty）、动物（beast）和婴儿（baby）。例如，淘宝女装促销广告结合明快靓丽的色彩，生动地展示了时尚的气息（见图 7-20）。

图 7-19　新加坡南洋小学和幼儿园的色彩空间设计

图 7-20　情感化设计：针对女性心理的图形与色彩设计

7.5　激励与说服心理学

什么因素能够激励用户行为发生改变？例如，你想设计一个运动健身网站或 App 来帮助用户做更多的锻炼（如跑步、游泳或室内健身），但用户的"痛点"和"爽点"在哪里呢？心理学家认为：对行为的激励（奖励）可分为外在和内在两种形式，外部因素包括获得如奖金、名誉、朋友圈点赞、权力与地位等，内部因素包括玩游戏、攀岩、蹦极等挑战运动所带来的征服欲、成就感或愉悦感等。斯坦福大学科学家、行为设计实验室主任福格（B．J．Fogg）博士认为"人类行为和行为改变是系统的且有规律可循的"。福格教授在 2009 年建立了"行为激励模型"并推动脸书、谷歌和优步等企业开发出了成功的产品。美国《财富》杂志曾经赞誉福格教授为"硅谷最受追捧的思想家之一"。福格行为模型（见图 7-21 右上）表明，要使一种行为发生必须同时融合 3 个要素：动机（M）、能力（A）和激励或触发（P 或 T）事件。该模型表达了动机、能力和触发因素之间的关系（B=MAP），说明了动机和能力必须与行为触发因素相吻合，否则用户将不会参与该行为。MAP 模型解释了人类行为的内在基础，为设计师理解和激励用户行为提供了一把钥匙。

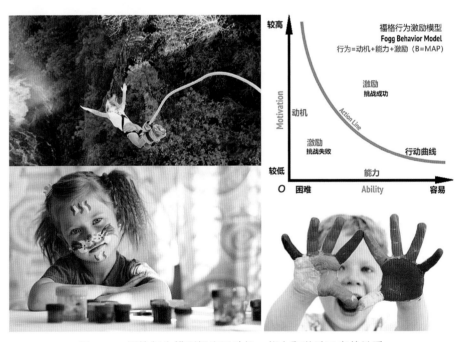

图 7-21　福格行为模型提出了动机、能力和激励三者的关系

类似于积极心理学家希斯赞特米哈伊的"心流体验模型"，MAP 模型对于体验设计有着重要的意义。福格认为，从长远看，创造力是建立人们自信心和能力的强大工具，而人的欲望与能力的培养是逐渐形成的。古人说"不积跬步，无以至千里"，从小处着手日积月累，用户就可以逐步完成更具挑战性的任务并培养出自信心，从而与产品或服务建立长期的纽带关系。例如，跑步已然成为大多数城市年轻人首选的运动方式，除拥有一双合适的跑鞋，一款好用的跑步 App 也成为许多跑步者的刚需。耐克跑步俱乐部（Nike Run Club，NRC）App 因其简洁的界面和丰富的功能受到了粉丝们的喜爱。为鼓励用户参与运动，NRC 不仅设计了各种目标徽章，甚至还有生日奖励徽章（见图 7-22）。耐克让用户从零开始通过每次增加

5 分钟跑步时间来逐步提升运动能力，同时鼓励跑步者冲刺更高的目标。NRC 作为"行为触发器"将用户能力与目标完美融合，体现了积极心理学的设计理念。

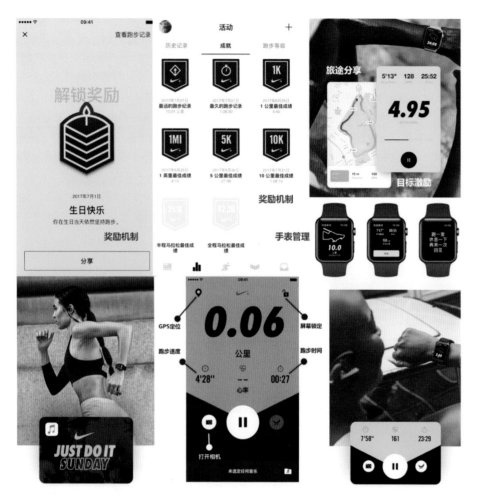

图 7-22　耐克跑步俱乐部 App 页面中的激励机制

耐克跑步俱乐部 App 为我们理解 MAP 模型提供了一个非常好的范例。福格进一步指出：动机包括情感、期望和归属 3 类，每个类别都包含相互矛盾的正负因素，即愉悦（＋）和疼痛（－）、希望（＋）和恐惧（－）、接受（＋）和拒绝（－）。设计师的目标就是增加用户的正能量，鼓励用户不断增强自信心和行动能力（见图 7-23）。用户愿望也会随着时间而变化，古人说"一鼓作气、再而衰、三而竭"就是这个道理。降低产品的复杂性是吸引用户的法宝。对用户能力来说，时间或金钱成本、体力因素、大脑负荷、社会因素与学习能力都可能是限制因素。"没时间""没钱"使得用户不愿尝试新功能；新技能学习也会让用户产生疲倦或畏难情绪，"费脑子""太麻烦"是用户常见的偷懒理由。因此，福格提出了增强用户能力的 3 种方法：①通过培训提高技能；②重新设计工具或方法；③采用用户所熟悉的界面和方法，减少学习所花费的时间和精力。针对不同情景，设计师可以充当 3 种不同的角色（行为触发器）：当用户愿望高而能力低时，她是积极的鼓励者和协助者，例如帮助社区老人掌握智能手机的应用；当用户能力高而愿望低时，她是善意的推动者，如"使用微信支付不仅便捷，还可以有更高的利息"；当用户同时具有较高动机与能力时，她是热情的提醒者，如"使用手机支付时谨防诈骗和信息泄露"。

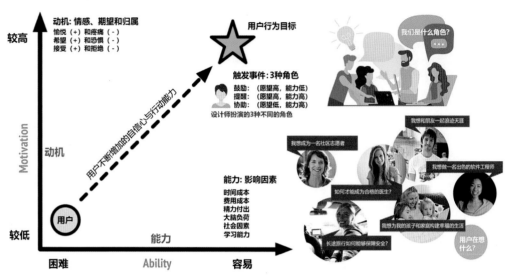

图 7-23　福格提出通过 3 种方法来提升用户的能力与自信心

　　激励与说服不仅与心理学、社交与沟通能力、表达能力有关，而且也与不同的文化有关。心理学家罗伯特·西奥迪尼（Robert Cialdini）的著名著作《影响力》列举了如互惠行为、一致性、社会认同、权威和稀缺性等原理。这些原理往往决定了我们在社会中的行为方式。互惠是人际交往的重要组成部分，古代中国特别重视"礼尚往来"。《礼记》中曾说"来而不往非礼也"。早在 1925 年，法国社会学家马塞尔·莫斯（Marcel Mauss）就研究了世界各地不同文化中有关魔术、牺牲和礼物交换的现象并撰写了《礼物》一书。莫斯从土著社会中观察到，部落间的礼物交换建立了善意的纽带，礼物的接收与回馈加强了双方的联系与沟通。礼物交换甚至在国家之间也被作为一种表达善意与友好的象征。1972 年，美国总统理查德·尼克松首次访华期间中国政府赠予地一对大熊猫。同样，尼克松总统也回赠给中国一对麝香牛，这些礼物的馈赠表达了中美人民之间的友谊。设计师可以从这些历史中得到启示，利用互惠行为密切产品与用户之间的联系，从而增强用户的体验感。例如，2016 年春节"微信红包"的推出就是一种通过互惠活动，密切人际交往，同时也推动了手机支付普及的营销案例（见图 7-24）。

　　其他几种增强用户体验的方式包括：①稀缺性原理。人们把"物以稀为贵"而引起的购买行为提高的变化现象称为"稀缺效应"。人们常使用限量版产品或"饥饿营销"来引诱用户并提高购买行为。②权威效应。这条原理说的是我们大多数人都对专家和权威人物的话言听计从，因为觉得他们值得信赖。电商往往通过聘请专家站台，借助用户的尊重和信任感来推进产品或服务。③承诺一致性原理。心理学家托马斯·莫里亚蒂认为，一旦人们做出某种决定或选择，就会坚持某种行为以证明选择的正确性。④社会认同原理。为什么摔倒的老人大家都不敢扶？"从众心理"或随大流是多数人的行为方式。电商往往会采用社会认同（如点评、推送、评论和推荐）来吸引其他用户并引导他们做出购买决定。一项对大众购买图书行为的调研发现，多数人购买一本书的前 3 个原因是：听了一位专家的推荐，看了有关的评论，看周围的朋友在阅读这本书。这 3 个原因其实都是社会认同原理在起作用。

图 7-24　春节"微信红包"是互惠与分享的范例

7.6　商业模式画布

　　对于设计师来说，仅依靠视觉和体验进行设计是远远不够的，更重要的是需要理解互联网时代的商业与消费模式。正如著名管理学大师彼得·德鲁克所说，"当今企业之间的竞争不是产品之间的竞争，而是商业模式之间的竞争"。什么是商业模式？简单地说，商业模式就是公司通过什么途径或方式来获得盈利。按照瑞士商业理论家阿列克斯·奥斯特瓦德（Alex Osterwalder）等人的定义，商业模式画布是一个理论工具，它包含大量的商业元素及它们之间的关系，并且能够描述特定公司的商业模式。它能显示一个公司的价值所在：客户、公司结构以及通过可持续性盈利为目的，用以生产、销售、传递价值及关系资本的客户网。商业模式画布是一种可视化语言，它是一种用来描述、评估甚至改变商业模式的通用语言。类似思维导图、用户旅程地图或创意卡片工具，商业模式画布不仅可以指导创新企业，而且也是服务设计与战略咨询中的重要方法。

　　商业模式画布通常由一面大黑板或墙纸来呈现，它由 9 个区域组成，创意小组成员可以将即时贴、照片、图片直接贴在相关区域，也可以直接通过马克笔在区域内填写文字（见图 7-25）。画布的 9 个方格的内容如下：①客户细分——哪些客户是你的目标用户？②价值主张——你能给客户带来什么好处（产品或服务）？③客户关系——如何和客户保持联系？④传媒渠道——如何将产品或服务送到客户面前？⑤关键业务——我的优势和主营业务在哪里？⑥核心资源——手上有什么资源能保证盈利？⑦重要伙伴——谁可以和我一起赚钱？⑧成本结构——该产品或服务的成本是多少？⑨收入来源——从哪方面赚钱？

　　对于设计师而言，使用商业模式画布的意义在于，画布形象地简化了一个企业的所有流程、结构和体系等事物，设计者借助画布自我分析和了解环境、企业与产品全景，查看各构造之间的关系，可获得现阶段与企业和产品方向一致的设计主张，进而做出符合价值主张的设计。该画布的 9 个区域以产品或服务为核心，构建了企业、市场与客户的生态图。我们以小米公司为例阐明画布的内容（见图 7-26）。

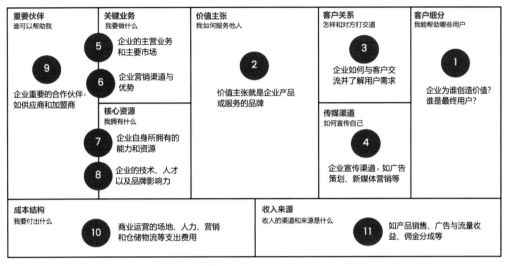

图 7-25　商业模式画布的 9 个区域及 11 个问题

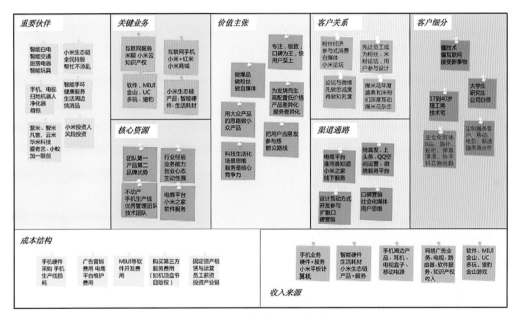

图 7-26　小米公司的商业模式画布

（1）价值主张

所有产品或服务都是给用户提供一种价值，然后在创造价值的过程中实现商业利益。价值主张就是企业产品或服务的品牌。例如，"小米手机就是快"这个广告一开始就把产品优势传达给了消费者。

（2）客户细分

小米手机的消费群定位非常清晰：17~35 岁的时尚白领、技术宅、公司白领、大学生。这些人的特征是接受新事物快、懂技术、懂互联网，但经济能力有限。由此，小米提出了"高配置低价格"的产品战略，并且依赖"用户参与式消费"的快速迭代和口碑营销建立了庞大的粉丝群和用户群，这成为小米成功的法宝。

（3）关键业务

有了关键（主营）业务，就能存活下去。腾讯的关键业务是社交和游戏，阿里巴巴的关键业务是电商，百度的关键业务是搜索，小米的关键业务包括手机和平板电脑、软件（如米聊、金山、猎豹、MIUI 等）、电商平台和小米生态链产品（路由器、电视机顶盒、空气净化器、移动电源等）。

（4）客户关系

维护客户关系是一个不断加强与客户交流、了解顾客需求并对产品及服务进行改进和提高以满足顾客需求的过程。小米的价值理念是"用户至上"。基于这个理念，米粉论坛、微博、QQ 空间、微信、小米之家等都成为小米口碑与品牌影响力的推手。小米将客户作为朋友，通过真诚与服务绑定了用户、合作伙伴与投资方，由此打造出成功的智能产品产业链。

（5）渠道通路

小米的营销渠道包括小米商城、第三方电商（如淘宝）和小米之家线下服务。此外，针对高校开学季和"双十一"等活动的促销也是小米销售的重要渠道之一。而通过微博、微信、小米论坛和米聊等社会化媒介，小米可以更有针对性地通过网络"精准营销"来销售其产品。

（6）核心资源

这指的是企业自身所拥有的能力和资源。拥有大量的现金流、一流的人才或者具有品牌影响力——这些能够提高竞争力的资源都是核心资源。例如，小米科技的核心资源包括手机生产线和固定资产、品牌、金融、电商平台、软件服务、控股企业以及一流的管理团队和技术团队等。

（7）重要伙伴

谁是我们的重要供应商？有哪些核心资源或业务？小米产品生态圈包括 3 层：手机周边、智能硬件和生活耗材，以及一大批中小企业和创新团队的加盟。通过全民持股的激励机制，小米生态链上超过 80 家企业复制了小米模式，他们不断打造出杰出的产品，使小米科技得到发展壮大。

（8）成本和收益

企业成本包括场地、人力资源、营销、仓储、物流等，而收益包括流量变现、佣金分成、增值服务和收费服务等。小米收益主要来自产品与软件服务。2019 年的销售数据显示：小米手环累计销量位列全球第一；小米空气净化器销量位列中国第一；小米电视销量位列中国第一；小爱音箱累计销量突破 1000 万台，位列中国智能音箱市场第一。小米通过智慧互联生态软件＋硬件相互赋能。

7.7　设计心理学定律

2020 年，资深设计师乔恩·亚布隆斯基在其出版的《用户体验法则》一书中，系统总结了设计经常会用到的 5 条法则和定律，为设计师提供了基于认知心理学的设计原则与方法。

这些定律包括米勒定律（7±2 魔法数字）、首因效应、近因效应、希克定律、格式塔心理学、费茨定律、泰斯勒定律、雅各布定律、雷斯托夫效应和麦肯锡金字塔原理等。本课和第 9 课会分别介绍这些定律，作为交互与服务设计的参考。

1. 费茨定律

费茨定律由美国心理学家保罗·费茨（Paul Fitts）于 1954 年提出，用来描述从任意一点到目标中心位置所需的时间。费茨发现：所需时间与该点到目标的距离和目标对象面积大小有关，距离越大时间越长，目标越大时间越短。用户与物体互动所花费的时间与物体的大小和到物体的距离有关。换句话说，随着对象大小的增加，选择对象的时间会减少。物体越小越远，准确选择它所花费的时间就越多。费茨定律被视为描述人体运动最成功和最有影响力的数学模型之一，特别是在界面设计过程中，触摸目标应该足够大且相互之间应该有足够的间距，用户才不会混淆。例如，共享单车 App 的界面设计充分考虑了费茨定律的影响（见图 7-27）。

图 7-27　费茨定律与共享单车 App 的 UI 设计

2. 泰斯勒定律

泰斯勒定律又称复杂性守恒定律，由心理学家莱瑞·泰斯勒（Larry Tesler）于 1984 年提出，指的是任何系统都存在其固有的复杂性，且无法被减少，设计师必须考虑如何让用户简单、高效地使用它。UX 设计师在面对较为复杂的业务、流程、页面时，哪些内容可以精简？哪些图片可以删除？哪些内容强调或弱化？这些都需要和业务产品方进行反复沟通达成意见一致，找到业务和用户体验之间的权衡点。例如，抖音、UC 浏览器、淘宝等平台会通过用户平时浏览的时长、点赞、收藏等行为来进行智能推送，从而降低用户寻找的时间。智能化趋势也使得家用遥控器的界面与功能越来越简洁和清晰。苹果的 Keynote 和微软的 PPT 都是演示软件，但 Keynote 是系统自动保存，用户可以随时关闭，不会担心资料缺失。而 PowerPoint 是手动保存和存档，如遇到问题导致软件自动关闭，会给用户带来麻烦（见图 7-28 右上）。站酷网的顶部导航栏简洁清晰，除常用的功能外，其他内容都被合并隐藏在下拉菜单中（见图 7-28 右下）。复杂性转移方式有"查看更多""查看全部""查看详情"和"展开 / 收起"以及删除、组织、重构、隐藏等降噪方法（见图 7-28 左和中）。随着智能算法的进步，数字设备会更"懂"用户，界面更简洁，导航与功能更清晰，并且能够有效降低或转移操作的复杂性。

图 7-28　泰斯勒定律就是要降低系统的复杂性

3. 雅各布定律

雅各布定律由著名可用性专家、用户体验专家雅各布·尼尔森（Jakob Nielsen）提出，即用户会将他们熟悉的产品或服务的认知习惯转移到新产品上。因此，为减少用户的学习压力，可以尽量采用用户已经熟悉的认知模型。尼尔森将这种现象描述为人性化规则，鼓励设计师遵循惯例来设计产品或服务，使用户可以轻车熟路，将更多的精力集中在服务内容或产品功能上。

例如，在过去十年间，为适应智能移动时代人们的生活方式，苹果 iPhone 的 iOS 系统经过了多次升级换代，从早期的拟物化风格转换成更简约清晰的扁平化风格，但在界面外观上仍保持用户已经熟悉的图标风格和布局方式（见图 7-29 左）。同样，2017 年，油管

图 7-29　雅各布定律强调设计一致性的重要性

（YouTube）重新对 2005 年的 logo 与版式进行了调整（见图 7-29 右）。调整后的 logo 风格更为简约清晰，但网站框架和功能几乎相同，只是 UI 设计顺应了新的准则，如调整字体大小、颜色和栏目间距等。为保持一致性，油管给用户提供了旧版的选择，让用户有个逐渐适应新版本的过程。雅各布定律要求设计师尊重用户原有的思维模型和操作习惯，并且通过敏捷设计的"小步积累"来逐步提升产品的创新，而不是从零开始，另起炉灶，避免增加用户学习负担。

4. 雷斯托夫效应

雷斯托夫效应又称隔离效应或新奇效应，由德国精神病学家、儿科医生冯·雷斯托夫（von Restorff）于 1933 年提出，即当存在多个相似的对象时，与众不同的最有可能被记住。雷斯托夫认为，某个元素越是违反常理就越引人注意并会受到更多的关注。例如人生中的很多第一次，高考、初恋、第一份工作等都会给人留下深刻的印象。科学家证实，人类天生具有发现物体细微差异的能力。从生命进化的角度看，这些特征对我们物种的生存具有重要意义。例如，原始人在非洲灌木丛中识别出一只猎豹是一件与性命攸关的大事。直到今天，这种能力仍然与我们同在，影响我们对周围世界的感知和处理方式。人们常说的"万绿丛中一点红"是知觉选择性的原理。对于设计师来说，通过色彩、尺寸、留白、字体粗细等设计往往可以突出重点（见图 7-30）。此外设计师还要注意不能喧宾夺主，颜色、形状、大小、位置和动作都是吸引用户注意力的因素，我们必须仔细考虑并平衡这些因素。

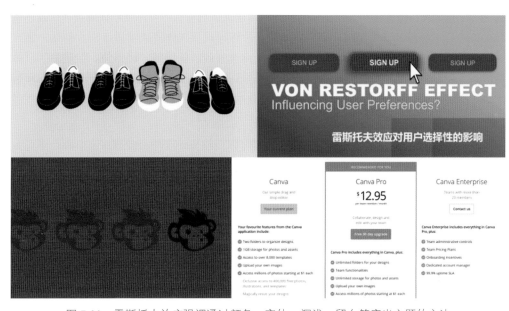

图 7-30 雷斯托夫效应强调通过颜色、字体、深浅、留白等突出主题的方法

5. 麦肯锡金字塔

1985 年，麦肯锡国际管理咨询公司顾问、教授巴巴拉·明托（Barbara Minto）出版《金字塔原理》一书，提出关于有效沟通的设计原则。明托认为人们应该用金字塔的形式来传达思想或观点。这些观点应该建立在相关的论据、事实或数据支撑的基础上，这样就形成了金字塔逻辑结构（见图 7-31）。这种思维或写作方式能够让受众在第一时间弄清楚你想谈论的主题，该主题由数个论据支撑，而这些一级论据可以继续由数个二级论据支撑。金字塔原理

是一种重点突出、逻辑清晰、层次分明、简单易懂的思维方式和沟通交流方式。

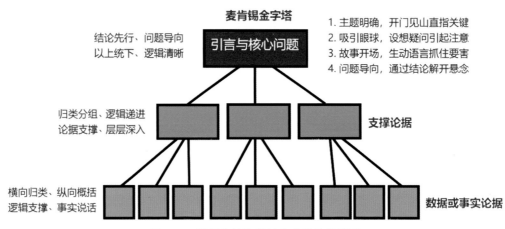

图 7-31   进行有效沟通的金字塔结构模型

金字塔原则有 4 个要点：结论先行、以上统下、归类分组和逻辑递进。设计师首先应该确定主题，设想疑问并推导出答案，随后需要采用金字塔结构的逻辑，进行逻辑推理和归纳总结，并且由此得出结论解决悬念。该原理可以广泛用于企业、政府和教育机构，特别适用于对提升写作与表达能力有着迫切需求的管理者、教师、学生、设计师和产品经理等人。该方法可以指导设计师关注和挖掘受众的意图、需求点、利益点、关注点和兴趣点，想清楚说什么（内容）和怎么说（思路、结构）的技巧。该原理要求作者或演讲者观点鲜明、重点突出、思路清晰、层次分明、简单易懂，让受众有兴趣、能理解、记得住。构建金字塔结构需要自下而上思考，通过结论思考问题，同时需要自上而下的表达，层层深入，纵向结构概括，横向归类分组，建立起严密的逻辑结构。通过序言引入主题，借助标题来提炼思想精华。

从形式上看，金字塔原则就是任何事情都可以归纳出一个中心论点；该中心论点可由 3~7 个论据支持，而这些一级论据本身也可以是论点，被二级的 3~7 个论据支持，如此延伸下去状如金字塔。当尝试解决问题时，你需要从下到上收集论据，归纳出中心思想，从而建造坚实的金字塔。金字塔原理的要点为：①提炼中心思想，把结论写在前面；②分类组织材料，建立树状层次以降低理解难度；③设定疑问回答沟通，即先让读者认可你的设问，然后快速提供回答，节约读者思考时间。

对于作者或演讲者来说，金字塔结构的顶层是图书的引言或 PPT 的首页。该部分吸引受众注意力的方法为：①主题明确，开门见山直指关键问题；②吸引眼球，设想疑问引起观众注意；③故事开场，生动语言抓住问题要害；④问题导向，通过层层深入最终解开悬念。随后的步骤是通过简明清晰的故事化结构（故事线）逐步展开作者的思路，这也是 PPT 后续页面的任务。在书面汇报或 PPT 设计中，作者可以采用多级标题、行首缩进、下画线和数字标号等方式突出重点。在版式设计上，可以采用思维导图、大幅照片、图像文字化、醒目标题、背景色彩等多种手段营造视觉效果（见图 7-32），抓住观众的注意力并帮助阐明作者的观点。

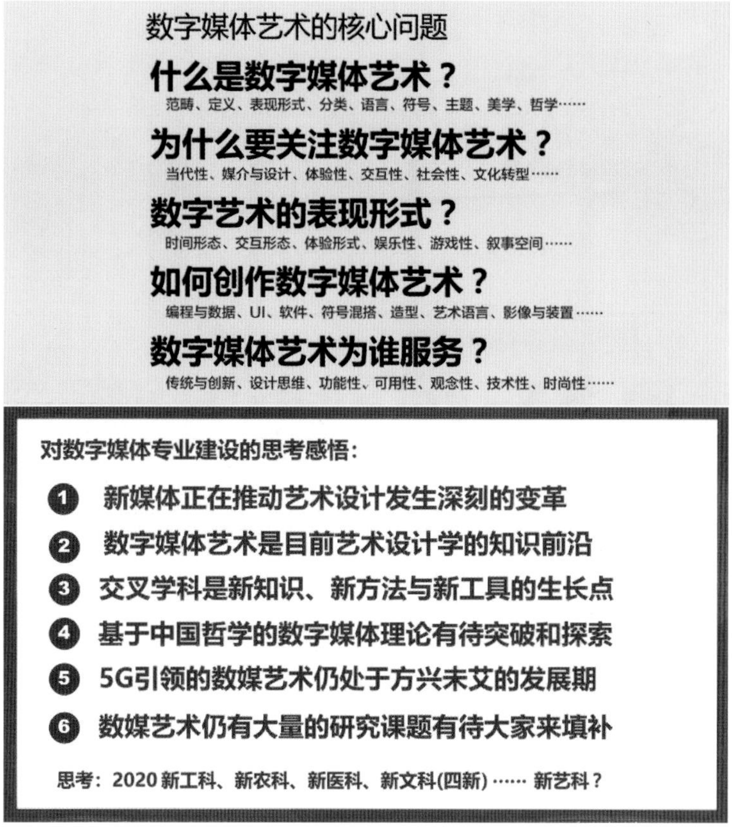

图 7-32　PPT 设计中采用了麦肯锡金字塔结构模型

案例研究：　体验式校园设计

　　长久以来，中国的学校大多采用的是批量化设计，20 世纪 80 年代的学校和现在的学校设计相比可能并无太大的差别。一个典型的校园基本都是以一条轴线来创造大致对称的结构，教学空间是一个校区的中心并由此划分出不同等级的空间，而建筑和教室也多是传统的"方盒子"式设计，因为这种兵营式或行列式的布局被认为更便于管理。这种单一化和模式化的校园设计往往受制于我们传统的科目教学体系和课堂管理规范，缺乏灵活性和针对性的校园设计也限制了老师的教学方式和学生的学习兴趣。但值得思考的是，如果学校的教育理念发生变化了呢？

　　随着信息化、服务全球化和创新型教育理念的发展，2016 年芬兰推行了新的"主题场景教学"改革，将小学和中学阶段的科目式教育与实际场景主题教学相结合。因此芬兰开始改建全国的中小学校园，以适应新的开放式教学理念，改变传统的教室分隔和整齐排列的桌椅，重新设计成灵活、随意的开放式教学空间（见图 7-33）。科学合理的教室设计能够为学生提供更多的个性化支持，并且便于他们开展有效的合作学习。这个完成后的改建计划与 2015 年芬兰发布的全新课程规划相互呼应，其国内全部的新旧学校都会被逐渐设计成开放式的模式，他们的目的是在创造灵活、轻松的教育环境的同时能够创造有序、温馨的学习氛围。

图 7-33　芬兰中小学教室采用开放式的空间设计

　　新教室的色彩设计和空间布置具备学习带入性，教室的设计特别注重对材料、色彩、装饰的精心选择和使用，教室内部多以暖色调为主，让人走入其中就能有一种放松的感觉。芬兰小学教室的墙壁上还会有很多非语言性的图像标志，这些标志往往和某些学科相关，以此营造出沉浸式的学习氛围（见图 7-34）。早在 2004 年，芬兰的小学课程大纲就用视觉艺术课代替了美术课，课堂内容不仅包括绘画、美术作品鉴赏，而且还有摄影、图片处理等形式，鼓励学生用计算机和 iPad 等电子设备创作作品。他们鼓励学生作品的多元化和个性化，使得孩子能够在自由的氛围中展开无限遐想。

图 7-34　芬兰一所小学的开放性教室（充满想象力的空间设计）

　　芬兰的教育者认为，学校和教室并不单纯是学习知识和养成能力的场所，还是学生身心健康成长和成人成才的地方。因此，芬兰中小学教室的很多细节都注重对人的关怀，他们的教室都有很好的通风系统和温度调控系统，四季恒温恒湿，即使在北欧严寒的冬季，走入芬兰中小学教室也能立即感受到温暖。教室地面设计铺有柔软的材料，孩子们可以脱掉厚衣服和鞋子，只穿单衣和袜子进入教室开展学习活动（见图 7-35 上）。学者们认为简单宽松的穿着有助于孩子身体得到舒展，这符合孩子们身心健康成长需要，而且这种舒适感也更容易让孩子们集中注意力学习。

图 7-35　小学健身游乐场、图书室和学生临时教室

在芬兰的中小学教室里，电子白板、投影仪、多媒体视听设备、移动电子设备这些教学辅助设施设备一应俱全。图书馆更是针对儿童的特点进行了高低不同的自由布局式的设计（见图 7-35 中）。新学校的建设放弃了原本的课桌椅形式，而改用大量沙发椅、沙发、摇椅、软垫等，设置了可以移动的隔墙和可以相互拼接的桌子，便于学生进行小组活动（见图 7-35 下）。这样一个空间既可以变成开放性的讨论区，也可以变成私密的谈话区域、阅读空间。参与改造的建筑师认为，一个开放性的学校不一定是一座宽阔的大厅。他们希望可以通过拉长行走线，将嘈杂的区域安置在较远的走廊一头；而教室空间内设置有移动隔板，它们随时可以根据不同的活动需要被分隔或打开，成为多功能的教学活动场所。

这种设计是为了促进教室和学生的学习自主性，教师们完全可以根据每个月或每周的教学计划来改变教室的结构和每个空间的功能；而对于学生来说，学校的布局很有可能每周都在发生变化。另外，芬兰的学校更加支持学生在教室以外学习，就是让非正式学习空间与正式学习空间混合使用，试图让学习环境支持并鼓励学生以开放和非传统的方式获取技能（见图 7-36 上）。此外，学校的颜色也是根据空间的功能设计的，对于诸如楼梯和其他流通空间等采用了更明快靓丽的色彩（见图 7-36 下）。目前芬兰也是世界上第一个全国性实施"场景教学"的国家。新课程大纲规定每所学校每一学年至少要进行一次跨学科学习，包括主题活动、综合学习和实践项目等。学生需要综合不同学科的知识，在实践中运用知识、分析问题、解决问题，发展自身的技能。这意味着芬兰在从"单一的学科授课制"向"跨学科学习模块"转化。因此，芬兰的校园设计可以代表未来校园的模式（学习的代入性、人性化关怀、信息技术的应用、整体校园空间设计的灵活开放，以及通过环境颜色设计分隔空间），这些经验可以成为我们重新思考校园设计的一个思路。

图 7-36　芬兰中小学的开放式教室和楼梯色彩设计

课堂练习与讨论

一、简答题

1. 创意的实质是什么？创意能力是因人而异的吗？

2. 为什么说"创意"是源于左右脑的相互碰撞？

3. 举例说明什么是激发创意的外部环境。

4. 基于服务领域的创意设计有何特点？遵循的一般步骤是什么？

5. 创意理论与设计思维有何联系和区别？

6. 创意心理学的原则是什么？为什么要强调艺术与技术的融合？

7. 为什么充足的睡眠对创意的产生非常重要？

8. 举例说明服务设计中如何能够激励用户的行为。

二、课堂小组讨论

现象透视： 在芬兰的"场景教学"中，高中老师会运用 iPad 进行授课（见图 7-37）。学生分成小组讨论并进行社会实践，研讨的主题包括"全球气候变化""欧洲难民潮""社会人口老龄化"和"高科技对生活的影响"等。在讨论过程中，学生们还会使用纸板或 3D 打印模型作为道具展示他们的创意或设想。

图 7-37　芬兰一所高中老师正在运用 iPad 进行"场景教学"

头脑风暴： 请小组调研当地中小学的社会实践和科技实践活动，由此提出一个通过原型设计提升学生们思考与动手能力的创新方案。

方案设计： 芬兰教育委员会推广的"场景教学"实际上是服务设计的雏形。可以组织当地的中小学生从本地最为关注的话题（如环境保护、民生服务、公共资源等）入手，借助调研、采访和文献资料整理等手段提出创意方案。

课后思考与实践

一、简答题

1. 广告大师詹姆斯·韦伯·扬是如何定义创意能力的？

2. 举例说明心流理论与创造力之间的关系。

3. 为什么说创意是旧元素的新组合？如何找到事物之间的联系？

4. 注意的选择性是什么？服务设计中如何吸引用户的注意力？

5. 情感与服务设计的关系是什么？如何在服务设计中应用情感因素？

6. 心流体验与福格行为模型有何联系？如何帮助用户实现心流体验？

7. 色彩适应与人类行为进化有何联系？如何利用色彩心理学进行 UI 设计？

8. 什么是商业模式画布？如何理解该画布？如何把该画布应用于服务设计？

二、实践题

1. 位于武汉汉口的民国风情主题街是一个沉浸式剧场游小镇。在巴洛克古典风格的建筑群里，老字号展现新颜迎客，当铺、书局、戏台、司衣局等被复建重生，火车头、黄包车、巡捕房、照相馆和茶馆等给小镇增添了穿越感（见图 7-38）。请思考如何将故事与体验相结合来打造游客的新奇感和沉浸感。

图 7-38　汉口民国风情主题街是沉浸式剧场游小镇和网红打卡地

2. 蓝色给人冷静、安详、科技、力量和信心之感，如医院通常采用淡蓝色和白色为主色调，但儿童往往更喜欢明亮的色彩。请调研本地的儿童医院并针对学龄前或小学生的心理特点，设计一个更具有体验感和可用性的色调改革方案。

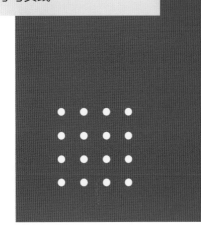

第 8 课　服务原型设计

　　设计原型就是把概念产品或服务模式以可视化的形式展现给用户。原型是帮助我们尝试未知，不断推进以达到目标的工具。本课探索了一系列构建快速原型的方法，包括概念设计原型、手绘草图与低模原型、电脑高模原型和故事板原型等。除纸面和数字交互原型外，服务设计也会使用现场模拟体验、角色表演及建立原型体验实验室的方法来模拟服务过程及用户参与。本课还阐述了思维导图、流程图和线框图的设计工具与方法。

//////////

8.1 设计原型

设计原型就是把概念产品快速制作为模型并以可视化的形式展现给用户，它可以应用于开发团队内部，作为讨论的对象和分析、设计的接口。在服务设计与交互产品设计中，设计师更加关注影响用户行为与习惯的各种因素，使用户在交互过程中获得良好的体验。为此，设计团队往往需要根据创意概念构建出一系列的模型来不断验证想法，评估其价值，并且为进一步深入设计提供基础与灵感。无论是软件、智能硬件还是服务设计模式，都可以建立这种初级的产品雏形并与之交互，从而获得第一手体验。这个模型构建与完善的过程称为原型构建。原型的范围相当广泛，许多东西都可以被视为原型。从纸面上的绘图到复杂的电子装置，从简陋的纸板模型到高精度的 3D 打印模型（见图 8-1），甚至在服务设计中针对用户体验地图所做的触点的改进（如将传统的柜台服务模式转变为手机二维码扫描的自助模式）都可以作为设计原型。总之，原型是任何一种帮助开发团队尝试未知，不断推进以达到目标的事物。

图 8-1 用硬纸板设计的儿童活动空间的原型

服务设计原型与工业设计模型的区别在于：服务设计原型是一个多方面研究创意概念的工具，而工业设计模型是用于测试与评估的第一个产品版本。原型是创意概念的具体化，但并不是产品，而模型则与最终产品非常接近。原型聚焦于创意概念的各方面评估，是各种想法与研究结果的整合；模型则涉及整个产品，特别是有关与实际生产、制造及装配衔接的方案。构建原型往往是为了"推销"设计团队的想法与创意，而制作模型则更侧重于实际生产与制造。服务设计原型是快速且相对廉价的装置，如纸板、塑料甚至手绘图稿等，其目的在于解决关键问题，而不拘泥于细节的推敲（见图 8-2）。

由此可以看出，构建服务设计原型更自由、更随意，设计师们不需要小心翼翼地构建一个原型而阻碍自己灵感的迸发。例如，在 IDEO 设计公司，设计团队对于原型构建有着极宽容的态度，即便知道结果不是预想的，但他们还是会完成原型，因为这样便能更快地修改并发现不合理的地方，甚至可能还会有意外的新发现。因此，使用原型的根本目的不是为了交

图 8-2 快速原型包括卡片或即时贴等多种形式

付，而是沟通、测试、修改，以消除不确定性。在 IDEO 公司的设计流程中，原型构建就是将头脑风暴会议产出的结果或创意点子更进一步形成可视化的具体概念。原型构建可以加快产品的开发速度，使其能够快速迭代进化。从设计流程上看，原型构建过程的本质是承上启下，有目的地快速进化产品，其地位非常重要。在交互产品、交互系统及服务环节的过程中，以原型设计为核心的跨学科设计团队往往能起到事半功倍的成效。

原型已成为许多高科技公司创新产品的设计方法之一。例如，美国知名智能穿戴公司蓝星科技在 2015 年推出了针对婴儿的 24 小时不间断智能温度计 TEPMTRAQ（见图 8-3）。它可以借助皮肤感应贴纸和智能手机随时监测婴儿的体温，如果发现异常会及时警报。这个可穿戴产品使得父母能够在远程或者夜间不间断地监测婴儿体温的变化。这家公司在研发该产品时通过故事板原型设计来推进产品的研发（见图 8-4）。通过不同场景下的性能测试，这些快速原型迅速获得了用户的反馈，使之成为产品开发的重要参数。

图 8-3 美国蓝星科技针对婴儿开发的 24 小时智能温度计

图 8-4　蓝星科技"智能温度计"的原型设计（演示现场模拟）

8.2　快速原型设计

快速原型设计又称快速建模、线框图、原型图设计、简报、功能演示图等，其主要用途是在正式进行设计和开发之前，通过一个仿真的效果图来模拟最终的视觉和交互效果。早在1977 年，硅谷的工业设计师比尔·莫格里奇就和苹果公司的设计师们一起，通过纸上原型的方式探索最早的便携式电脑的创意和设计（见图 8-5）。随后，莫格里奇和 IDEO 设计公司总裁大卫·凯利等人通过设计纸上原型或墙报即时贴来组织各种产品原型的设计。对于快速原型的重要性，大卫·凯利指出："我们尽量不拘泥于起初的几种模型，因为我们知道它们是会改变的。不经改进就达到完美的观念是不存在的，我们通常会设计一系列的改进措施。我们从内部队伍、客户队伍、与计划无直接关系的学者以及目标客户那里获取信息。我们关注

图 8-5　莫格里奇（左三）和苹果公司设计师们一起研究原型

起作用的和不起作用的因素、使人们困惑的以及他们似乎喜欢的东西，然后在下一轮工作中逐渐改进产品。"

　　纸上原型是一种常用的快速原型设计方法。它构建快速、成本较低，特别是易于修改、涂抹，主要应用于产品设计的初始阶段。纸上原型材料主要由背板、纸张和卡片构成，通常在多张纸和卡片上手绘或标记，用于显示不同的目录、对话框和窗口元素。设计师可以将这些元素组合拼凑，粘贴到背景板上构成设计原型。这种简易的操作模式让纸上原型构建更快，修改更方便。纸上原型尽量用单色，简洁清晰，必要时可使用鲜艳颜色的便笺纸记录重要的修改。纸上原型不会受诸如具体尺寸、字体、颜色、对齐、空白等细节的干扰，也有利于随时对文档进行讨论与修改。它更适合在产品创意阶段使用，可以快速记录闪电般的思路和灵感。照片、手绘和打印的图片都可以用于设计快速原型，很多界面设计的原型就是通过手绘草稿完成的（见图 8-6）。纸上原型也可以制作成简单的交互模型供大家讨论研究，其好处是内容和框架可以替换或重新组合（见图 8-7）。原型可以应用软件完成，如 Balsamiq Mockups、微软的 Visio、高保真设计原型设计软件 Axure RP 等。微软的 PowerPoint 和 Adobe Photoshop 等也可以设计原型。这些工具各有利弊，如纸原型精度不高、PPT 太麻烦且不能演示交互效果，而原型设计软件则可以较好地解决这个问题。

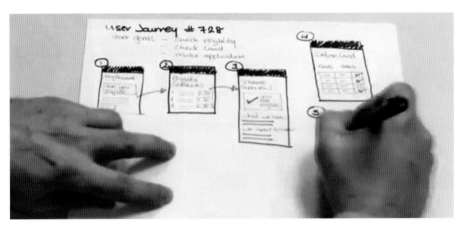

图 8-6　手绘草图往往是快捷方便的原型设计方法

图 8-7　纸上原型可以制作成低保真模型进行交流和演示

8.3 低模与高模原型

　　产品设计中的低保真原型（LFP）简称低模，是和高保真原型（HFP）相对应的设计原型。通常来说，低保真原型要比纸上原型与手绘草图更具触感和空间感（见图 8-8），同时相对于高保真原型，它又是低精度的、快捷的原型表现。原型精度包括广度、深度、表现、感觉、仿真度等多个指标。实际上，"原型"一词来自希腊语 prototypos，由词根 proto（代表"第一"）和词根 typos（代表"模型""模式"或"印象"）组成，其原始的含义是"最初的、最原始的想法或表现"，也就是指低保真原型。这种原型设计通常不需要专门技能和资源，同时也不需要太长的时间。制作低保真原型的目的不是要让用户拍案叫绝，而是通过它来向他们请教。例如通过建立一个模拟 iPad 应用程序的原型，可以将设计的布局、色彩、文字、图形等要素直观地呈现出来（见图 8-9）并用于演示。因此，在某种程度上，低保真原型更有

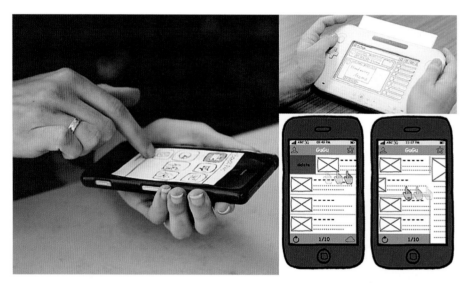

图 8-8　手机 App 设计中广泛应用各种形式的"低模"进行测试

图 8-9　纸板的"iPad 低模"可以表现 App 的版式布局

利于倾听，而不是促销或炫耀。该原型将用户需求、设计师的意图和其他利益相关者的目标结合在一起，成为共同讨论和对话的基础。

低模原型主要用于展示产品功能和界面并尽可能表现人机交互和操作方式。这种原型特别适合表现概念设计、产品设计方案和屏幕布局等。从历史上看，低保真原型的概念已经存在几个世纪，从早期人类在洞穴墙壁上的涂鸦到达·芬奇的手绘草稿，快速、简洁、涂鸦和创意无疑属于原型设计。随着软件服务和互联网产业的兴起，21 世纪的软件敏捷设计思想推动了快速产品迭代和低保真原型的流行（见图 8-10），"微创新"和"小步快跑"式的产品更新换代已成为趋势。低模原型设计不仅用于早期产品的验证和可行性研究，在协同设计过程中，用户还可以不断跟踪原型的改进，这也是"以用户为中心"设计思想的体现。

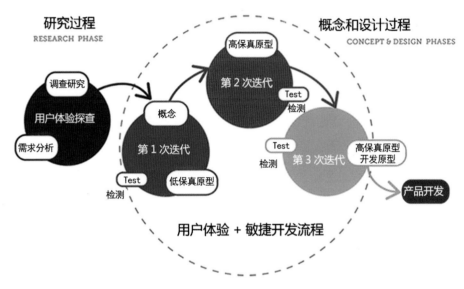

图 8-10　低模原型与"快速迭代"的敏捷设计思想相吻合

著名人机交互专家、微软研究院研究员比尔·巴克斯顿（Bill Buxton）在其专著《用户体验草图设计》一书中指出："草图不只是一个事物或一个产品，而是一种活动或一种过程（对话）。虽然草图本身对于过程来说至关重要，但它只是工具，不是最终目的；然而，正是它的模糊与多义性引领我们找到出路。设计者绘制草图不是要表现在思维中已固定的想法，而是为了淘汰那些尚不清楚、不够明确的想法。通过检查外在条件，设计师能发现原先思路的方方面面，甚至他们会发现草图中有一些在高清晰图稿中没想到的特征和要素，这些意外的发现促进了新观念并使得现有观念更新颖别致。"巴克斯顿认为设计草图不同于原型，而是具有更多的优点，如快捷、廉价、可弃、丰富、表达明确、细节、精度与模糊性（见图 8-11）。他进一步指出："绘制草图从广义来说是一种活动，并不附属于设计，但它在设计思维和学习中占据中心地位。草图只是绘图过程的副产品，它是绘图过程的能力和结果的一部分，但创作本身比草图更重要。"因为艺术感知的过程本身就是不停地进行形象化和重新认知的交替过程，所以也就解释了为什么艺术家都需要用草图来诠释和表达其创作意图。

对于深入设计和表达而言，设计插图除最初阶段的草图外，还包括更规范、更清晰的产品示意图（见图 8-12）、技术设计图和功能说明图（见图 8-13）。高保真原型是指尽可能接近产品的实际运行状态的模型，也就是上述 3 种设计图。Adobe Photoshop 可以帮助设计高

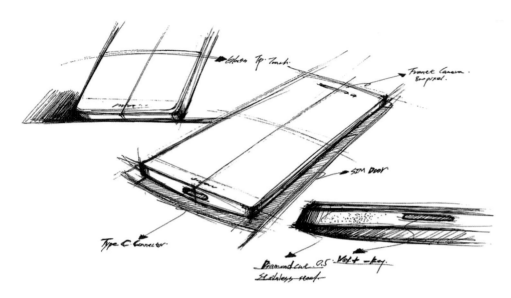

图 8-11　草图的优点是快捷、廉价、可弃、丰富、表达明确、细节、精度与模糊性

清产品图（见图 8-14）。通过原型工具（Axure RP、Justinmind）往往可以模仿手机的全部操作，如点击、长按、水平滑屏、垂直滑屏、滑动、滑过、缩放、旋转、双击、滚动等，由此高度仿真地实现各种手势效果。交互程序原型甚至可以直接导入手机中进行仿真操作。所有人只需要看一个最终的、标准化的交付原型，并且这个原型可以反映最新的、最好的设计方案（包括产品的流程、逻辑、布局、视觉效果和操作状态等），这对于和客户沟通来说非常方便。

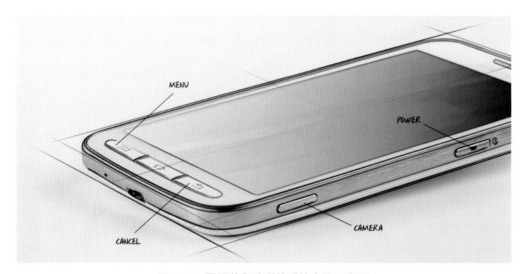

图 8-12　更规范和清晰的手绘产品示意图

示意图是针对客户的演示图，这些客户往往需要在成品出来之前能够看到产品的最终效果。高保真原型还可以降低制作成本。由于该原型可以帮助开发者模拟大多数使用场景、操作方式和用户体验，因此可以作为产品迭代开发之前的蓝本，为所有设计师、程序员提供未来产品的开发方向。

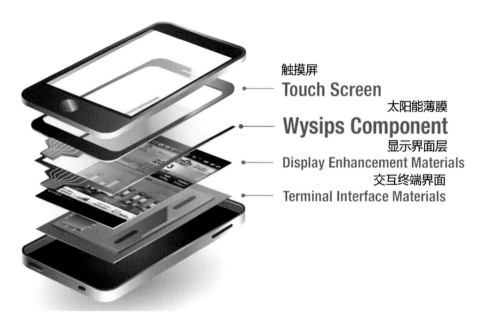

图 8-13　太阳能概念手机的技术设计图和功能说明图

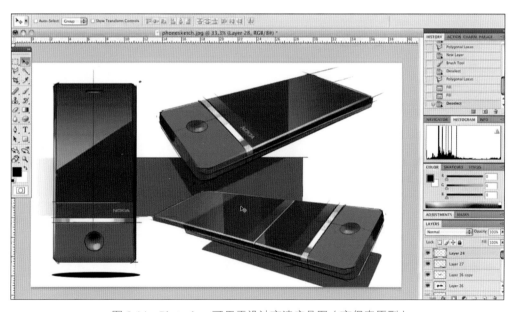

图 8-14　Photoshop 可用于设计高清产品图（高保真原型）

　　高保真原型的范围可以从高清电脑二维图像、数字 3D 模型到实体 3D 打印模型。这些更接近于最终产品形态的原型不仅可以展示未来科技的成果，还可以成为工程师测试使用体验的工具。例如，随着科学技术的不断创新和发展，手机的外形也悄然蜕变，透明手机是很多人对下一代手机的憧憬。图 8-15 就是这种手机的高清设计原型。公司人员称它利用导电技术让 LED 发光，让用户看不到线路。据悉，这款原型机的关键是采用了可转换形态的玻璃技术，使用导电的 OLED 液晶分子显示图像。当手机关闭时，这些分子形成白色的云雾状组合物，一旦被电流激活（电流流经透明的导电线路），这些分子能重新排列，形成文字、图标或其他图像。图 8-16 为 OPPO 手机的产品经理在测试一款高仿真的原型手机。

图 8-15　透明手机的概念原型（高清设计原型）

图 8-16　OPPO 产品经理在测试一款高保真原型手机

　　除手机外观设计外，高保真原型设计用途最广泛的还是在软件界面（UI）设计领域。可以说绝大多数的 UI 设计最终都会以高清晰彩色界面呈现，其中多数界面控件（如按钮、导航条、滚动栏甚至对话框）都是通过软件完成并可以实时模拟交互效果。例如，Adobe XD 是一款轻便的矢量原型绘制软件，集框线图设计、视觉设计、交互设计、原型设计功能为一体，它可以非常便捷地将设计概念转化为可交互原型并支持 Windows 和 Mac OS 平台。另一方面，该软件鼓励第三方开发插件，并且有大量的网络社区提供服务。从特效上看，XD 不仅支持交互动画，而且支持语音交互、自动生成动画、拖动手势以及导出演示视频等功能。XD 覆盖了从原型、界面到动画的一条龙操作，使得用户可以快速实现高保真原型、交互动画与流程图（见图 8-17）。本书第 9 课会对这些交互设计软件进行详细介绍。

图 8-17　通过 XD 完成的线框图和高清 App 模板

8.4　故事板原型

　　故事板原型（SP）就是将用户（角色）需求还原到情境中，通过角色 - 产品 - 环境的互动，说明产品或服务的概念和应用。设计师通过这个舞台上的元素（人和物）进行交流互动来说明设计所关注的问题。"角色"是产品的消费者与使用者，虽然不是一个真实的人物，但是在设计过程中代表着真实用户的原型。在交互与服务设计中，选择合适的原型构建出设计的"情境与角色"有助于我们找到设计的落脚点。例如，基于车载 GPS 定位的导航 App 离不开场景（汽车）、人物（司机）和特定行为（查询）。图 8-18 是一款针对旅游导航 App（提供手机定位、购物、景点推荐、导游等一系列服务）设计的场景故事板，这个角色 - 场景 - 产品 - 服务的四格漫画能够清晰地传达设计者的意图。故事板原型的设计要素包括角色（含表情）、场景、动作、产品、语言对白与特效。故事板原型可以采用手绘场景或者直接在 iPad 上面绘画和简单上色，可以用到的软件包括 Procreate、Paper 和 Prolost Boardo 等。

图 8-18　一款针对旅游导航 App 设计的场景故事板

　　通过构建场景原型和故事板，可以为设计师提供一个快速有效的方法来设想设计概念的发生环境。一个典型的场景构建需要描述出人们可能会如何使用所设计的产品或服务。在场景中，设计师还会将前面设定的人物角色放置进来，通过在相同的场景中设置不同的人物角色，设计团队可以更容易发现真正的潜在需求。构建场景原型可以通过图片或影像进行记录（见图 8-19），也可以直接通过文字记录下关键点。故事板原型对于细节的展示比较明确，因此还可以充当一个复杂过程或功能的图像说明。故事板通常可以采用手绘场景或剪贴照片的方法。

　　服务设计的概念模型除手绘故事板原型、数字交互原型以及物理实体模型外，还可以通过现场模拟体验的形式进行展示。服务体验如果受到服务环境及情境的影响，包括空间、家具、灯光、声音、气味和标牌等，均会对用户的感知与行为造成影响。在模拟场景下的"角色表演"会产生很强的代入感，有助于设计团队进一步改进设计方案。IDEO 公司将这类方法总结为"亲身体验法""场景测试法""自由扮演法"和"顾客扮演法"，并且认为这是一个与用户相互沟通交流并了解他人观点的好方法，有助于建立共同语言（见图 8-20）。

图 8-19 通过照片或视频展示的故事板

图 8-20 IDEO 公司提出的通过表演与场景重构来改进设计的方法

　　有条件的高校或研究所还可以建立专业的服务原型体验实验室。这类实验室将视频、声音和灯光与物理和数字道具相结合，可以最大限度地模拟服务场景。芬兰拉普兰大学的服务创新中心实验室（SINCO）就是这样一个技术辅助的服务体验原型的设计环境。SINCO 的核心是将服务场景的不同元素与现场表演和讲故事相结合，快速模拟真实环境的服务体验，从而为设计团队打开思路。实验室由一个中央服务台和互成夹角的两个屏幕组成，音响设备和投影仪可以模拟服务现场。现场的摄像机可以捕捉到舞台上的角色动作与交互场景。该开放实验室可供服务设计团队使用，设计师首先准备服务流程的故事板，包括角色扮演者、背景视频和现场道具在内的所有材料。随后团队成员根据各自分配的角色来表演服务场景。整个服务过程被录像机采集、编辑并用于后期分析。在该实验室的一个模拟火灾救援的服务设计案例中，我们可以了解该实验室对火灾救援服务流程的模拟与体验（见图 8-21）。相比其他概念模型，服务创新中心实验室为服务设计建立了一个最接近真实的体验环境，这也成为设计团队了解与评估服务产品可用性以及用户行为的重要工具。

图 8-21　在服务设计实验室模拟火灾救援的流程

8.5　流程图与线框图

　　流程图与线框图都是交互设计、服务设计过程中设计师必须提供的交付物之一。流程图以时间为坐标，提供事件、行为、触点和交互场景发生的时间顺序，因此往往用于导航、指示和说明，而线框图是交互界面的草图或低保真原型，主要用于展示界面组件、交互控件以及信息导航、版式布局等框架因素。流程图和线框图的形式很多，手绘草图、软件线稿以及带有插图风格的说明图、示意图等都可以归为此类。例如，旅客行程体验地图是一种流程图（见图 8-22 上）。说明图或技术插图往往用于解释或说明产品或服务的信息。例如，动物园导游地图（见图 8-22 下）包含了 4 类内容：观赏动物、游览路线、服务设施和地理信息。其中，路线以白色网状呈现；地理信息（如水域、森林和建筑等）以深褐色呈现；洗手间、餐饮、零售、医疗等服务用深色图标标注；观赏动物则以图形符号和不同颜色进行分类。

　　插画地图或用于公众媒体、商业推广的流程图表通常采用图形图像类软件完成，如用 Adobe 公司的 PS 和 AI 设计的示意图（见图 8-23）。在交互设计中，工作流程图和线框图主要用于概念设计、前期策划和草图设计等，更偏向功能性的图表设计。微软的 Visio 或思维导图软件都可以实现线框图的设计。Axure RP 是目前应用较为广泛的一款流程图和线框图设计工具，它最大的优势是可以清晰梳理出产品的信息架构和功能。该软件同时支持多人协作设计和版本控制管理，可以让设计师快速创建多种规格的流程图和手机 App 线框图（见

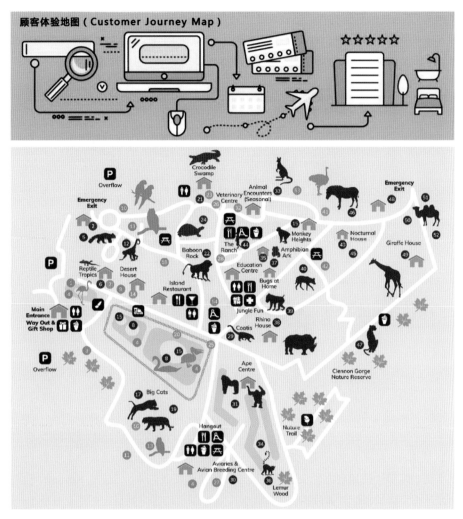

图 8-22　旅客行程体验地图和动物园导游地图

图 8-23　PS 和 AI 共同完成的研究地图（服务蓝图）

图 8-24 ）。无论是信息架构师、体验设计师还是交互设计师，都可以利用这个工具创建线框图和 App 产品原型设计图。对于产品经理来说，Axure RP 能够帮助构建产品的脉络和构架。此外，它还能创建手机客户端的可交互 UI 原型。

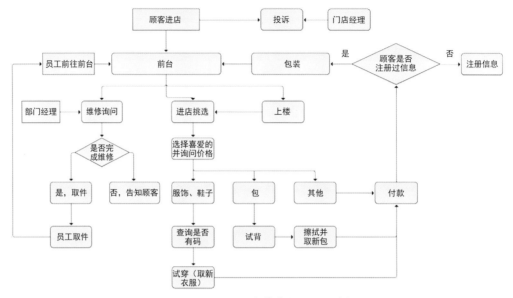

图 8-24　用 Axure RP 制作的流程图（线框图）

苹果 Mac 笔记本或电脑上还提供了额外的流程图设计工具，如 Keynote 等。该软件是苹果公司供免费下载的幻灯片设计与展示工具，它也可以设计出漂亮的流程图和组织结构图（见图 8-25）。Keynote 最大的优势是简洁清晰、实用性强，在功能性和易用性上做到了一个比较好的平衡，能够让使用者方便快速地实现自己想要的图表效果。例如，Keynote 不仅提供常用的颜色与字体的搭配，而且提供的"箭头"还可以自动吸附到其他图形或线条上，这样对

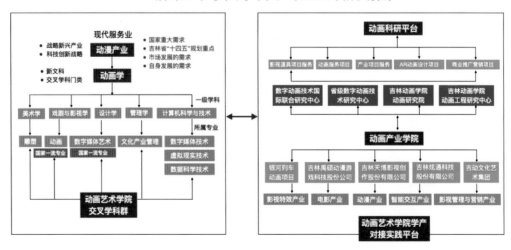

图 8-25　Keynote 制作的组织结构图

于流程图表设计来说更为方便（见图 8-26）。Keynote 界面简洁、功能清晰、上手方便，能够快速完成设计与展示。

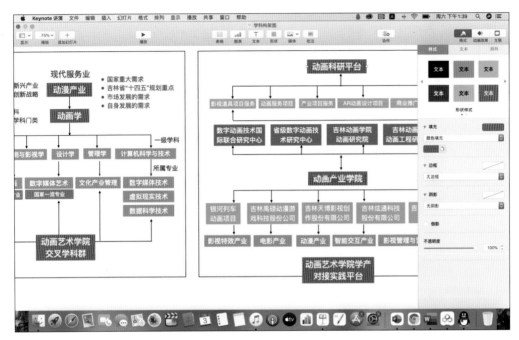

图 8-26　Keynote 的图表设计界面与工具栏

8.6　思维导图设计

思维导图又称脑图、心智图，是由英国头脑基金会总裁东尼·博赞（Tony Buzan）在 20 世纪 80 年代创建的一套表达"发散思维"的创意和记忆方法。博赞受到大脑神经突触结构的启发，用树状或蜘蛛网状的多级分支图形来表达知识结构，特别强调图形化的联想和创意思维（见图 8-27 上）。思维导图类似于计算机的层级结构，通过主题词汇→二级联想词汇→三级联想词汇的串联，形成"节点"形式的知识体系。思维导图运用图文并重的技巧，把各级主题关系用相互隶属的层级图表现出来，把主题关键词与图像、颜色等建立逻辑，利用记忆、阅读和思维的规律，协助人们在科学与艺术、逻辑与想象之间平衡发展，从而成为联想思维和头脑风暴的创意辅助工具。思维导图的优势在于能够把大脑里面混乱的、琐碎的想法贯穿起来，最终形成条理清晰、逻辑性强的知识结构，如鱼骨图、二维图、树形图、逻辑图、组织结构图等。思维导图遵循一套清晰自然和易被大家接受的可视化规则，如颜色分类、逻辑分类、联想延伸等（见图 8-27 下），适合用于头脑风暴式的创意活动，是思维视觉化和信息可视化的主要应用之一。

思维导图模拟大脑的神经结构，特别是结合了左脑的逻辑思维与右脑的发散思维，形成了树状逻辑图的结构（见图 8-28）。每一种进入大脑的资料，无论是感觉、记忆还是想法——包括文字、数字、图形符号、食物、线条、颜色、节奏或音符等，都可以成为一个思考中心

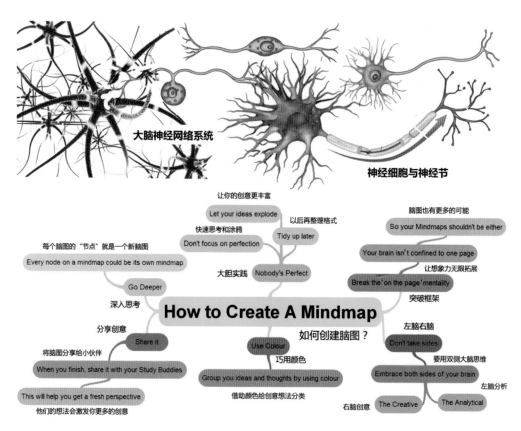

图 8-27　大脑神经突触的结构与思维导图

并由此中心向外发散出更多的二级结构或三级结构,而这些"节点"就形成了个人的数据库(见图 8-29)。思维导图通过自由发散联想而具有触类旁通、头脑激荡的特点，成为 IDEO、苹果、百度、腾讯等 IT 企业创新型思维的活动形式之一。虽然思维导图可以直接用水彩笔、铅笔或钢笔来手绘制作，但在实践中，为加快创意进度，设计师们还是愿意选择思维导图软件来帮助设计。这些软件不仅用于头脑风暴和创意设计，同时也是创造、管理和交流思想的工具，能够很好地提高项目组的工作效率和小组成员之间的协作性。思维导图可以帮助项目团队有序地组织思维、资源和项目进程。

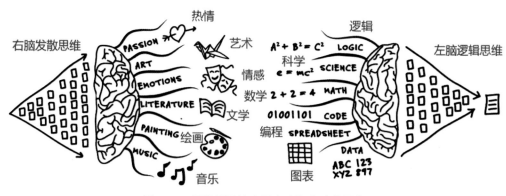

图 8-28　思维导图结合了右脑和左脑的思维

图 8-29　思维导图通过主题词汇建立层级和联想

目前人们采用的思维导图工具有很多，大致可分为专业类和在线工具类。前者有 XMind ZEN（见图 8-30）等，后者有谷歌 Coggle（见图 8-31）等。这些软件最大的好处是通过不同颜色、不同格式的树状图，将思维图形化、条理化。头脑风暴的零散想法可以最终落实为有组织、有计划的任务流，这对于概念设计来说特别重要。一些思维导图软件还提供专业的拼写检查、搜索、加密甚至音频笔记功能。在线设计工具（如百度思维导图和谷歌 Coggle 等）已成为许多设计师和产品经理的首选。

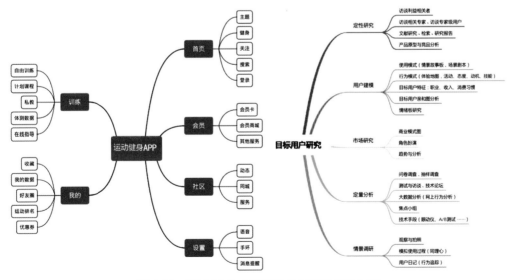

图 8-30　通过 XMind ZEN 软件制作的思维导图

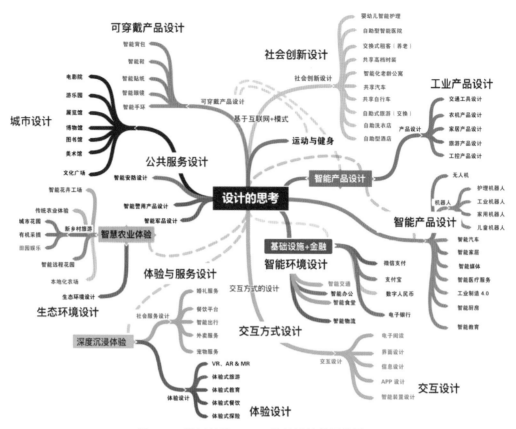

图 8-31　通过谷歌 Coggle 软件设计的思维导图

案例研究：日本小学午餐

2017 年，一部名为《日本的学校午餐》的短视频火爆全球视频网络，有超过 1400 万人次观看，有近 6 万人点赞，评论超过 1 万条。拍摄该视频的是一位住在纽约的日本环境学家兼纪录片导演，当她去当地孩子的学校参观时，有感于小学午餐的大量浪费和环境的混乱，决定拍一部日本小学的午餐过程展示给美国同行看，而该视频成为呈现学生自我管理能力的经典范例（见图 8-32）。在日本，午餐时间同样也是学习。导演跟着一位五年级女生来到日本琦玉的一所小学，记录了整个就餐过程。学校里没有涂鸦或糖果包装纸，也没有自动贩卖机。对于约 300 名 6~12 岁的小学生而言，这似乎是一段嘈杂但看上去颇为快乐的星期三午餐时间。一小群穿着白色衣服的学生负责从厨房领取并端送食物，其余学生则有秩序地排成一列，将盛食物的托盘拿回教室，放在拼在一起的桌子上。

虽然学校提供营养午餐，但是学生依然会带一个便当袋，里面有餐垫、环保筷、杯子，还有一整套卫生用品，如牙刷、牙杯、手帕等。学生们还在上课，学校的中心厨房便开始了一天的工作。学校一共 682 名学生，加上老师和教职人员，5 个厨师要在 3 小时内做出 720 份食物；在保持新鲜的同时，也要把握好分量，每天都是个不小的挑战。学校午餐基本是日本大众口味：米饭、多种汤、肉或鱼，每顿午餐至少 5 种时令蔬菜，每餐都有鲜牛奶。学校有自己的小农场（见图 8-33 上），这些土豆是六年级学生亲手种出来的。这是日本政府一直

图 8-32 《日本的学校午餐》画面截图

图 8-33 农场让学生通过务农理解食源；值日生进行卫生检查

以来鼓励的做法，学生亲自下田耕种，才能直接体会到食物的可贵。此外，当地出产的食材不仅新鲜，减少了运输成本，而且保护了环境，也能让学生体会到家乡的味道，增强爱乡情感。

当天的主食是浇汁炸鱼和土豆泥。下课铃响起后，学生们摆出午餐盒里的餐垫和餐具，把教室当作食堂。当天的午餐值日生负责将全班所有的餐食拿回来。在取午餐之前，他们需要系上白围裙，戴好口罩、餐帽，再把露出来的头发塞进帽子里。队长会询问："有没有腹泻、咳嗽或流鼻涕的人？有没有认真洗手？"值日生要用消毒水洗手后，才能跟着班主任去取餐（见图 8-33 下）。

根据日本政府详细的指导手册，一份学校午餐应提供每日所需卡路里的 33%，每日推荐摄入钙量的 50% 以及每日推荐蛋白质、维生素和矿物质摄入量的 40%。该手册甚至还设定每顿午餐的含盐量要少于 3 克或半茶匙，这也是日本肥胖率全世界最低的原因之一。日本立法规定，600 人以上的学校必须配备专业的营养师，全国约有 1.2 万名营养师是全职的。但最有意义的数字是，全国每份午餐用料的平均成本仅为 260 日元，几乎所有的家长都能支付这笔费用。日本政府和地方当局分担照明、取暖、设备和劳务成本。日本对学校卫生标准的要求非常严格，厨房干净明亮只是最基本的要求，食物要排除过敏原，每天的午餐都要留样保存，然后统一抽查。

当饭菜送到教室后，值日生便开始分配牛奶、面包并盛饭、盛汤（见图 8-34），其他学生只要坐等开饭就行。但在开饭之前，老师要讲解食物来源，如"今年六年级同学为我们种了土豆，来年 3 月轮到我们，7 月就能吃到我们种的土豆了"。孩子们听后会一阵欢呼。在大

图 8-34　值日生负责送餐、分配牛奶和面包、盛饭等服务工作

家对值日生的感激声中，班主任正式宣布开饭。教师和孩子们一起用餐，同时还要引导学生正确使用筷子和注意用餐礼仪。

学生们吃完饭后的第一件事是将牛奶盒拆开并摊平。值日生收集大家拆开的牛奶盒，清洗干净之后还要晒干，第二天再送到学校的回收站（见图 8-35）。第二件事是刷牙。值日生会把大家的餐具整理好，再运回厨房。其他同学很自然地走到各自的岗位上开始打扫卫生（见图 8-36）。他们十分卖力，彼此间的配合也非常默契。值日生还要把用过的围裙和帽子带回家洗干净，再交给第二天值日的同学。这一切都在 45 分钟之内完成，学生们不仅吃到了美味的午餐，还参与了整个过程，在劳动与合作中培养了责任感，同时乐在其中。

图 8-35 值日生需要收集大家拆开的牛奶盒，洗好、晒干后送到回收站

二战后，日本曾化为一片废墟，但一直坚持为孩子提供放心的午餐。无论家庭富贵贫贱，孩子们都吃同样的食物。日本人平均身高在战后增加了近 10 厘米，达到 170.7 厘米，排名全

图 8-36　午饭后学生们需要自己打扫教室和办公室卫生

球第 29 位，高于中国（169.7 厘米，列第 32 位）；现在，日本肥胖率只有 4% 左右，全球最低，日本人的寿命连续多年世界第一。《日本的学校午餐》让全球网友瞩目，特别是从服务设计与管理上看，可让我们对我国的教育引发一些不同角度的思考：是什么让大家如此青睐日本学校午餐？我们又能从中得到哪些启示呢？

课堂练习与讨论

一、简答题

1. 试比较国内城市小学和日本小学在午餐流程上的差异。

2. 为什么日本政府鼓励学生参与"校园农场"的种植活动？

3. 请通过思维导图米分析学生自助午餐的服务系统。

4. 视频《日本的学校午餐》特别展示了礼仪文化，如何理解礼仪教育的意义？

5. 请调研国内的小学餐饮管理并分析在服务设计上的特色。

6. 如果允许小学生自带午餐，请从服务设计角度分析其利弊。

7. 什么是设计原型？试分析手绘草图和设计原型的异同。

8. 绘制日本小学午餐的用户旅程地图（触点图）和服务蓝图。

二、课堂小组讨论

现象透视：我国不少小学和幼儿园周边开设"小饭桌"（见图 8-37），由民间机构或个人为午休的小学生提供接送、午餐、休息或托管服务。但这种服务模式仍然存在一些问题，如饭菜安全卫生不达标、膳食结构不合理、学生管理混乱等。

图 8-37　我国不少小学和幼儿园周边开设"小饭桌"，学生们自己领餐

头脑风暴：请调查并走访当地的"小饭桌"，观察并记录学生们的午餐和午休情况，向管理员了解学生的活动和餐饮情况。

方案设计：请小组讨论并进行服务原型设计（线上＋线下配套的方案），结合智能科技，思考并重新设计"小饭桌"的服务流程与管理模式。

课后思考与实践

一、简答题

1. 什么是概念设计？如何向设计团队展示你的创意想法？

2. 设计师完成原型设计后的下一步是什么？

3. 为什么说原型设计是整个产品设计流程的核心？

4. 如何进行快速原型设计？快速草图设计的优点有哪些？

5. 哪些软件可以设计流程图或软件线框图？

6. 什么是故事板原型？服务设计如何利用角色和表演来模拟服务场景？

7. 思维导图设计有哪些软件？试比较常用软件的优缺点。

8. 说明概念图、草图、纸模型与高保真模型之间的联系和区别。

二、实践题

1. 电动平衡车（见图 8-38）是针对个人短途出行的一个创新产品，但在续航时间、动力、安全性和可靠性等方面存在问题。请调研该类产品的价格、性能、服务和保障体系，特别是它针对的用户群和市场需求。根据产品评估预测其市场前景。

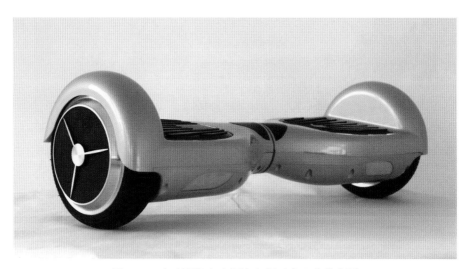

图 8-38 电动平衡车在短途出行时应用非常广泛

2. 假期外出旅游的人往往会担心家中的绿植因缺水死亡。请设计一个可以远程控制的自动浇花智能 App，其中的原型设计包括手机 App 界面、远程摄像头、自动浇花的机械臂和 Arduino 芯片连接的传感器电路。

第 9 课　服务软件设计

　　简约、高效、扁平化、直觉和回归自然代表了数字时代的美学标准。交互与服务设计正是秉承了网络时代共享、共创、共赢和个性化设计的理念。本课将回顾界面风格的发展简史，聚焦手机时代的美学风格与 UI 设计原则，包括扁平化设计与界面版式设计的规范，同时介绍界面设计的视觉心理学原则。本课还将阐释 H5 页面的特征、设计方法及 H5 手机页面设计原则。

9.1 用户界面设计

用户对在线服务的体验主要是通过用户界面（UI）实现的。广义界面是指人与机器（环境）相互作用的媒介（见图 9-1），其中机器或环境的范围在广义上包括手机、电脑、平面终端、交互屏幕（桌或墙）、可穿戴设备以及其他可交互的环境感受器和反馈装置。人和机器之间可以互动接触的层面即界面，对界面内容（如导航、版式、图像、文字、视频等的信息）以及操作方式（交互）进行的设计就是界面设计。

图 9-1　界面是指人与机器之间相互作用的媒介

界面设计包括 3 个层面：研究界面的呈现、研究人与界面的关系、研究使用软件的人。研究和处理界面的人是大多有着艺术设计专业背景的图形设计师。研究人与界面的关系的人是交互设计师，其主要工作内容是设计软件的操作流程、信息架构（树状结构）、交互方式与操作规范等；交互设计师多数具有设计专业的背景，部分具有计算机专业的背景。专门研究人（用户）的专业人员是用户测试 / 体验工程师（UE）。他们负责测试软件的合理性、可用性、可靠性、易用性以及美观性等。这些工作虽然性质各异，但都是从不同侧面和产品打交道，在小型的 IT 公司，这些岗位往往是重叠的。因此，可以说界面设计师（UI 设计师）是图形设计师、交互设计师和用户测试 / 体验工程师的综合体。

从服务流程上看，线上体验和线下体验密不可分。例如，一个大学食堂除传统的服务设计流程（见图 9-2，线下以蓝色标示）外，如果希望通过"互联网 +"的数字化改造实现智能点餐、智能订座、个性服务或自助型管理等功能，就得借助 App 或微信公众号实现线上服务流程（见图 9-2，线上以红色代表）。这些流程并不能代替线下服务，但可以在最大程度上实现服务的自动化和智能化。因此，这个手机流程是否简洁清晰、美观大方以及是否便捷、高效率和透明化成为影响用户体验的重要因素。总之，不仅界面（前端）需要精心设计，而且其后台（即线上服务和食堂线下服务的无缝对接）也是整体服务设计成败的关键因素。

从服务设计上看，交互设计实质上是线下服务在线上的延伸。用户体验往往从线下开始，如小朋友跟随父母去肯德基，美味的食品和愉快的体验成为"挡不住的诱惑"，使得他们从小就对这家快餐的品牌、颜色、音乐、服务、美食以及就餐环境有深刻的认知，当他们在线订餐时，对于肯德基的服务自然就会产生浓厚的兴趣（见图 9-3）。而肯德基界面设计的最终目的就是要引导用户尽快完成订单，可用性、简洁性和高效性成为设计最重要的指标。

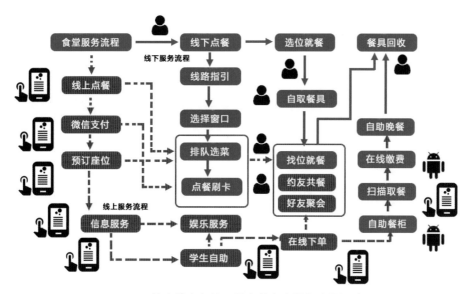

图 9-2 结合线上与线下服务的食堂服务流程设计

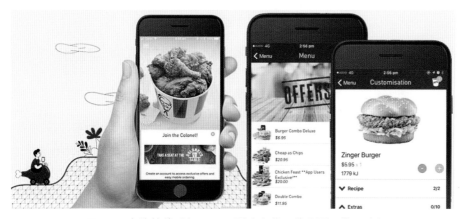

图 9-3 肯德基的手机 App 页面（和线下的店面风格一致）

9.2 界面风格发展史

"风格"或者说"时尚"代表着一个时代的大众审美。虽然从艺术上看，视觉风格主要与绘画流派相关，但是它却渗透到生活的方方面面，如衣服的搭配、建筑设计、生活习惯甚至思维模式，无一不体现着这个时代的风格。拜占庭风格是 7—12 世纪流行于罗马帝国的艺术风格，这种风格的建筑外观都是层层叠叠的，主建筑旁边通常会有副建筑陪衬。建筑的内饰也经过精心雕琢，墙面上布满色彩斑斓的浮雕。而现代主义风格建筑的外观更多地运用直线而非曲线，以体现现代科技感，内饰和家具也更加讲究朴素大方而非繁复夸饰（见图 9-4）。风格除具有时代性外，还有地域性，因此产生了各式各样的风格及分支，如古典主义、浪漫主义、洛可可、巴洛克、哥特式、朋克式、达达派、极简主义、现代主义、后现代主义、嬉皮士、超现实主义、立体主义、现实主义、自然主义等。

图 9-4　拜占庭、巴洛克和现代主义建筑

　　关于视觉风格，百度百科的解释是"艺术家或艺术团体在实践中形成的相对稳定的艺术风貌、特色、作风、格调和气派"。对于风格来说，"相对稳定"至关重要，因为一个风格的形成需要时间和文化的积淀，这也导致了风格是具有时代意义的。通过了解建筑、画作、服装等的风格，便能基本判断其所处的年代。例如，"维多利亚时代风格"是指 1837—1901 年英国维多利亚女王在位期间的风格，有束腰与蕾丝、立领高腰、缎带与蝴蝶结等宫廷款式，还可让人联想到蒸汽朋克、人体畸形展、性压抑、死亡崇拜等一系列主题（见图 9-5）。维多利亚时代的文艺运动流派包括古典主义、新古典主义、浪漫主义、印象派艺术以及后印象派等。虽然很多设计师和画家都有着自己的个人风格，但是要想迎合大众的品位而非小众的审

图 9-5　维多利亚时代的社交与服饰

美，他们的创作就不能脱离他们所处时代的风格。因此个人风格更加类似于将自己的个性融入一个时代的风格中去。如果在艺术创作中特立独行、独树一帜，那么在大众看来可能就会显得离经叛道、矫揉造作，为社会所不容。从百年艺术史上看，风格（时尚）可以总结成两个主要的发展趋势：从复杂到简洁、从具象到抽象。

从大型机时代的人机操控到数字时代的指尖触控，技术的界面越来越智能化，和人的关系也越来越密切。正如媒介大师米歇尔·麦克卢汉（Marshall McLuhan，1911—1980）所言：媒介（技术）是人的延伸。最早的人机界面诞生于工业领域，主要应用在一些大型工业机床、航空驾驶舱或重型电子设备的仪表盘设计等领域，由于操作界面过于复杂，因此需要经过专业培训才能操作。美国施乐公司帕洛阿尔托研究中心（PARC）是现代计算机图形界面最早的实践者。早在 20 世纪 70 年代中期，PARC 的研究人员就开发出第一个图形用户界面（GUI），并且启发了史蒂夫·乔布斯和比尔·盖茨。2000 年前后，随着计算机硬件的发展以及处理图形图像的速度加快，网页界面的丰富性和可视化成为设计师们的追求。同时，JavaScript、DHTML、XML、CSS 和 Flash 等 RIA 富媒体技术或工具也成为改善客户体验的利器。到 2005 年，拟物化网页成为桌面电脑网站界面设计的新潮。网页设计师喜欢使用 PS 切图制作个性的 UI 效果，如 Winamp、超级解霸的外观皮肤，甚至于百变主题的 Windows XP 都是该时期的经典。该时期各种仿真的 UI 和图标设计生动细致、栩栩如生，成为 21 世纪前十年的主流 UI 视觉风格。

"拟物化是一个设计原则，即设计灵感来自现实世界。"苹果总裁史蒂夫·乔布斯也是拟物化设计的热情粉丝，他认为这样的设计可以让用户更轻松地使用这些软件，因为用户能凭经验知道这个软件是做什么的。第一个采用了拟物化设计的苹果软件应该是最初的 Mac 桌面操作系统中的文件夹、磁盘和废纸篓的图标（见图 9-6）；而且最初的 Mac OS 上还有一个由乔布斯自己亲自设计的计算器的应用程序，这个程序看上去和真实计算器也十分相似。2007 年，苹果公司推出的 iPhone 手机代表了一个新的移动媒体时代的来临。iOS 界面同样采用拟物设计风格。iPhone 手机界面延续了乔布斯时代苹果公司在桌面 Mac OS 上的设计思路：丰富视觉的设计美学与简约可用性的统一。苹果手机的组件（钟表、计算器、地图、天气、视频等）都是对现实世界的模拟与隐喻（见图 9-7）。这种风格代表了 2000—2015 近 15 年间最受欢迎的界面样式，也成为包括安卓手机在内的众多商家和软件公司所追捧的对象。

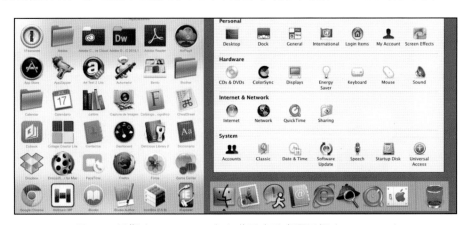

图 9-6　早期（2001—2005 年）苹果电脑桌面图标（Mac OS X）

图 9-7　苹果 iPhone 5 手机的拟物化界面

　　虽然广受欢迎，但使用拟物设计也带来不少问题：隐喻实体的设计标准限制了创造力和功能性。例如，拟物化图标在表达如"系统""安全""交友""浏览器"或"商店"等概念时，无法找到普遍认可的现实对应物。特别是拟物化装饰元素占用了宝贵的屏幕空间和载入时间，不能适应信息化社会的快节奏需要。此外，简洁风格能节省大量的设计和制作时间，因此更受到设计师们的青睐。扁平化设计放弃一切装饰效果，如阴影、透视、纹理、渐变或 3D 等。所有元素的边界都干净利落，没有任何羽化、渐变或阴影（见图 9-8）。扁平化设计是快节奏

图 9-8　扁平化 UI 界面的配色系统

时代信息构建与呈现的高效性与体验性的结合，强调隐形设计与内容为先的原则。界面设计开始回归它的本质：让内容展现自己的生命力，而不是靠界面设计喧宾夺主。

从历史上看，扁平化设计与 20 世纪四五十年代流行于德国和瑞士的平面设计风格非常相似。著名的包豪斯学院的图形设计以及瑞士国际风格是其经典代表。瑞士平面设计二战后曾经风靡世界，成为当时影响最大的设计风格。同时，扁平化设计还与荷兰风格派绘画、欧美抽象艺术和极简主义艺术等有关，包括以宜家家居为代表的北欧极简风格或基于日本佛教与禅宗的哲学。这种设计既兼顾了极简主义和复杂性，又充分体现了泰斯勒定律和费茨定律的思想；这种设计风格将丰富的颜色、清晰的符号图标和简洁的版式融为一体，使信息内容呈现更清晰、更快、更实用。扁平化设计通常采用更明亮、更具有对比色的图标与背景，这使得用户在使用时更为高效。这种设计的缺点在于人性化不够。近年来，"伪扁平化设计"和"新拟态设计"风格开始出现，如微阴影、毛玻璃、视频背景、长投影和渐变色等，这些尝试将推动界面设计迈向新台阶。

9.3 心理学与界面设计

心理学是研究心理现象的科学，主要研究人的认知、动机、情绪、能力和人格等。心理不同于行为，但又和行为有着密切的关系。因此，心理学有时又被视为研究行为和心理过程的科学。用户体验研究离不开对人类行为方式的理解，因此心理学是 UX 设计不可或缺的理论基础之一。例如，根据美国心理学家米勒（Miller）在 1956 年发表的论文《神奇的数字 7±2：我们加工信息能力的某些限制》可知，人脑处理信息有一个魔法数字 7±2 的限制。也就是说，人的大脑最多能够同时处理 5~9 个信息块，当超过 9 个信息块后，大脑出现错误的频率会大大提高（见图 9-9 上）。数以百计的实验证明了这种"大脑内存"限制的普遍性。

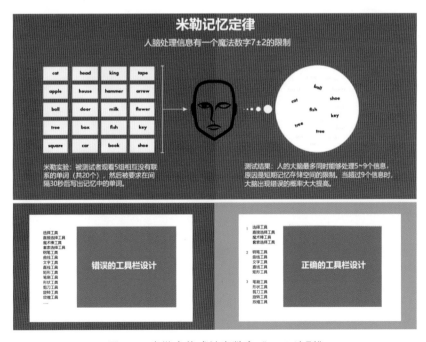

图 9-9　米勒定律或神奇数字"7±2 法则"

这种心理现象对交互产品设计有着重要的影响，例如对 App 菜单与栏目的设计。基于信息分类与"区块化"的工具栏设计对减轻记忆负担是非常有用的方法（见图 9-9 下）。米勒认为，信息分类或"分块"是良好用户体验的关键，≥5 这个极简主义规则成为 UI 设计中被广泛采用的设计理念之一。简而言之，由于大脑工作记忆（短期记忆）的局限性，随着数字产品功能越来越丰富，界面不可避免地会变得越来越复杂，也导致用户在操作时必须管理更多信息，这使得"米勒记忆定律"变得至关重要。

米勒定律的意义在于：人类可以处理的信息量是有限的，信息过载会导致分散注意力，从而对产品性能或服务产生负面影响。因为当你向产品添加更多功能时，你的界面必须能够容纳这些新功能，同时要求不会破坏产品界面的框架和视觉体验。米勒定律同样适用于组织架构设计，如扁平化管理可以有效地提升团队的工作效率。"首因和近因效应"或"信息位置效应"也与米勒定律相关,该定律描述了信息的顺序对记忆的影响。美国心理学家赫尔曼·艾宾浩斯（Herman Ebbinghaus,著名的艾宾浩斯遗忘曲线的发现者）在 1957 年首次提出了"首因效应"现象，即先呈现的信息比后呈现的信息有更大的影响作用。艾宾浩斯等人进一步研究发现，新近获得的信息对用户体验和记忆也有重要的影响，这个现象叫作"近因效应"。人们在背诵单词时，往往会记住开头和结尾处的单词而忘记中间的词汇。同样，传统的购物支付方式非常烦琐，而"扫码支付"可以让用户购物支付快捷简单，从开始就获得良好的体验（见图 9-10 左）。外出旅游的体验是由一系列服务事件或"触点"组成的，对游客来说，结尾的体验往往更重要。虽然游客常常抱怨迪士尼乐园到处排队、东西很贵、又乏又累，但游览结束时会收到景区赠送的折扣购物卡（见图 9-10 右），这个小礼物会让游客感到意外的惊喜。因此，无论是线上设计还是线下服务，利用"首因和近因效应"设计出"凤头"和"豹尾"的体验至关重要。

图 9-10　交互设计中的首因效应和近因效应

此外，由英国心理学家威廉·希克（William Hick）命名的"希克定律"（有时译为"匹克定律"）也有着广泛的用途。其理论指出当有更多选择时，人们会花费更长的时间做出决定，也就是一个人做出决定的时间取决于他可以选择的选项数，即希克公式：$RT = a + b \log_2(n)$。其中，用户做出决定的响应时间（RT）与选项次数（n）存在正相关的关系。换句话说，希克曲线代表了用户可以忍受的指数，选择越多，人们越无所适从，用户体验也就越差（见图 9-11）。对界面设计师来说，这意味着用户操控时间与选项多少直接相关，复杂的界面会导致用户的决策时间更长，也会影响服务的效率。如果我们比较"滴滴出行"与"美团"改版前后的 UI 设计，就可以发现界面信息的复杂度带给用户的感受（见图 9-12）。虽然二者改版的初衷都是服务项目（功能）的增加，但从希克定律上看，"美团"改版的 UI 设计明显要比"滴滴出行"的改版更为成功。

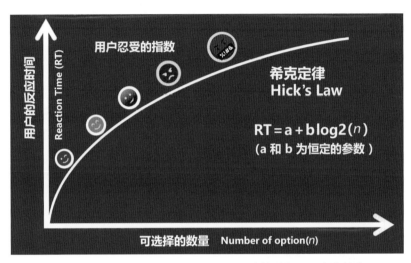

图 9-11　希克曲线反映了用户体验随复杂性增加而下降的趋势

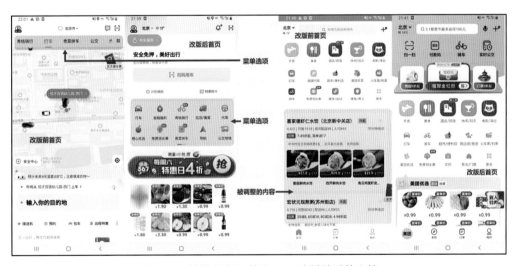

图 9-12　滴滴出行与美团 App 改版前后的比较

9.4　格式塔心理学

20 世纪初，一群德国心理学家试图解释人类视觉感知是如何工作的。他们观察并分类了许多重要的视觉现象，其中重要的发现就是人类的视知觉是整体的：格式塔或完型心理学建立了一个心理模型来解释认知过程。该理论认为人类的视知觉判断有 8 个原则，即整体性原则、组织性原则、具体化原则、恒常性原则、闭合性原则、相似性原则、接近性原则和连续性原则（见图 9-13 上）。德语中"形状"或"图形"一词是 gestalt，因此这些理论被称为格式塔的视觉感知原理。现代科学证明，认知心理是通过"模式识别"或"图形匹配"来实现的。人们在进行观察时，倾向于将视觉内容理解为常规的、简单的、相连的、对称的或有序的结构。同时，人们在获取视觉感知时，会倾向于将事物理解为一个整体，而不是理解为组成该事物所有部分的集合。设计师应该遵循这些原则进行设计。例如，设计师在展示全球碳排放的信息图表中，采用不同面积泡泡（接近性原则）来表示定量数据（见图 9-13 左下），同时图表颜色和世界各洲的颜色相对应。同样，图 9-13 右下的关于牛的身体各部位标记示意图则是巧妙利用了组织性原则的设计范例。

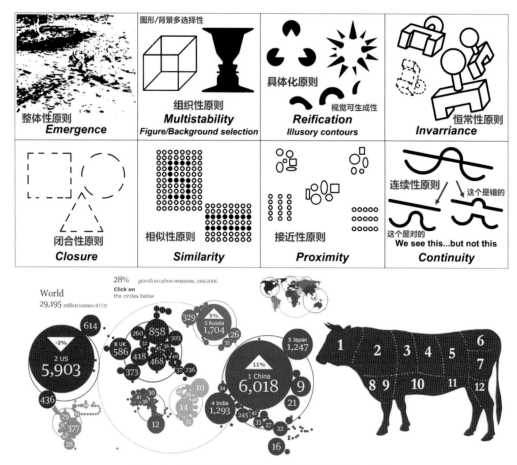

图 9-13　格式塔心理学的 8 个认知规律原则及范例

　　格式塔的视觉感知原理与 8 项原则在服务设计与交互设计中同样有着广泛的应用。例如，在一个关于短租民居的网页设计中，首页民宿照片的面积过大，而相对忽略了标题、留白与文字信息的协调一致（见图 9-14 右上）。如果页面信息过于复杂，则用户难以快速把握主要的信息，如民宿的特色及服务、环境和价格、房东的亲和力以及交通、网络等因素。根据格式塔图形 / 背景的选择性原则，设计师改版后的页面（见图 9-14 左上）简洁清晰、标题与文字的版式视觉统一、照片更有特色和魅力。这个改版不仅突出了主题与特色，而且去掉了原版式中容易混淆的元素①和②，背景图裁切掉③的区域，图片／背景接近黄金分割比，符合人们的视觉习惯。同样，"我是房东"主题的界面设计暴露了更多的问题（见图 9-14 右下）。从改版前的页面看，边框留白太大，标题位置太高（见①），按钮、导航、文字与图片等几种元素的分布较为凌乱（见②③④⑤⑥），整体版式不统一，主题与服务特色不够醒目，而且部分链接字体太小，导航不清晰。改版后的页面有效地避免和修正了上述问题，而且更好地体现了格式塔的相邻性（接近性）与相似性原则。特别是通栏图像的使用，突出了民宿的主体与特色，标题更清晰，整体版式的风格也更为统一（见图 9-14 左下）。

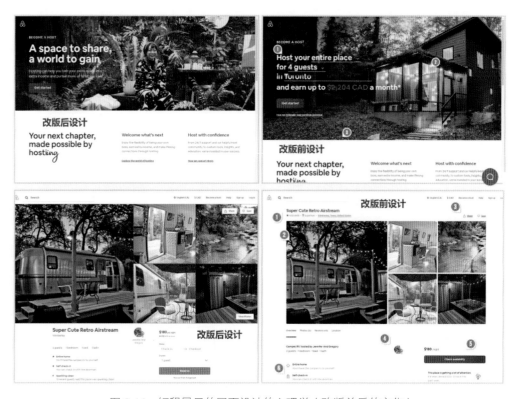

图 9-14 短租民居的网页设计的心理学（改版前后的变化）

格式塔心理学的另一个应用是在视错觉设计领域。视错觉就是当人观察物体时，基于经验或不当的参照形成的错误判断和感知。日常生活中的视错觉例子有很多，如法国国旗红、白、蓝三色的比例为 35∶33∶37，而我们却感觉 3 种颜色面积相等。这是因为白色给人以扩张的感觉，而蓝色则有收缩的感觉。同样，红色会使人有"前进"的感觉，而蓝色会产生"后退"的体验。保险箱多为黑色或墨绿色等"沉重"的颜色，而包装纸箱则保持了纸浆的原色，这和心理重量也有着紧密的联系。格式塔心理学认为"知觉选择性"是视错觉产生的原因之一。视错觉在 UI 设计、图标设计或插画设计中普遍存在。例如，按照中心对称将一个三角形置于圆角矩形中，但看起来居中位置总是不对（见图 9-15 右中）。因此，需要调整三角形重心的位置和几何中点重合（见图 9-15 右下）或者调整两边色块的比重（见图 9-15 右上），这样才能看上去更符合用户习惯。在需要设计出空间感、层次感的界面中，设计师则可以大胆采用带有凹凸阴影的立体图案（见图 9-16），通过视错觉营造更生动的视觉效果。

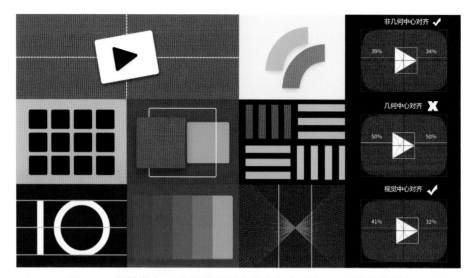

图 9-15　视错觉在 UI 与图标设计中普遍存在（演示不对称的设计）

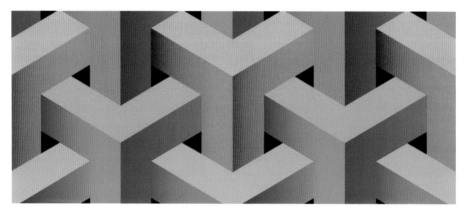

图 9-16　带有凹凸阴影的立体图案会产生视错觉效果

9.5　界面版式设计

目前智能手机屏幕的规格与内容布局正逐步走向成熟，其导航设计包括列表式、陈列馆式、九宫格式、选项卡式、滚动图片式、折叠式、图表式、弹出式和抽屉式 9 种。这些都是基本布局方式，在实际的设计中，可以像搭积木一样组合起来完成复杂的界面设计，例如屏幕的顶部或底部导航可以采用选项卡式（选项卡或标签），而主面板采用陈列馆式布局。另外要考虑到用户类型和各种布局的优劣，如老年人往往会采用更鲜明简洁的条块式布局。在内容上，还要考虑信息结构、重要层次以及数量上的差异，提供最适合的布局，以增强产品的易用性和交互体验。

1. 列表与宫格设计

列表式是最常用的布局之一。手机屏幕一般是列表竖屏显示的，文字或图片是横屏显示的，因此竖排列表可以包含比较多的信息。列表长度可以没有限制，通过上下滑动可查看更多内容。竖屏列表在视觉上整齐美观，用户接受度很高，常用于并列元素的展示，包括图像、目录、分类和内容等；其优点是层次展示清晰，视觉流线从上向下，浏览体验快捷。通常来说，电商首页往往由 3 个部分构成：滑动广告、电商首页以及产品或服务主页（见图 9-17）。其中电商的产品与服务主页及详情页采用"顶部大图 + 列表"的布局。主页通常采用"大图 + 分类图标 + 大图 + 分类图标……"的循环布局。

图 9-17　列表式布局的手机 UI 界面

陈列馆式布局是手机布局中最直观的方式，可以用于展示商品、图片、视频和弹出式菜单（见图 9-18）。同样，这种布局也可以采用竖向或横向滚动式设计。陈列馆式采用网格化布局，设计师可以平均分布这些网格，也可根据内容的重要性不规则分布。陈列馆式设计属于流行的扁平化设计风格的一种，不仅应用于手机，而且在电视节目导航界面以及苹果 iPad 和微软 Surface 平板电脑的界面中也有广泛的应用。它的优点不仅在于同样的屏幕可放置更多的内容，而且更具有流动性和展示性，能够直观地展现各项内容，方便浏览和更新相关的内容。

与陈列馆式布局相似，九宫格是非常经典的设计布局。其展示形式简单明了，用户接受度很广。当元素数量固定不变，为 8、9、12、16 时，则适合采用九宫格式布局。iPhone iOS 和 Android 手机的大部分桌面都采用这种布局。九宫格式也往往和陈列馆式、选项卡式相结合，使得桌面的视觉更丰富。在这种综合布局中，选项卡的导航按钮项数量为 3.5 个，大部分放在底部以方便用户操作，而九宫格则以 16 个按钮的方式排列，通过左右滑动可以切换到更多的屏幕。选项卡式适合分类少及需要频繁切换操作的菜单，而九宫格式或陈列馆式适合选择更多的 App。

宫格式布局主要用来展示图片、视频列表以及功能页面。因此，该布局会使用经典的信息卡片和图文混排的方式来进行视觉设计。同时也可以结合栅格化设计进行不规则的宫格式

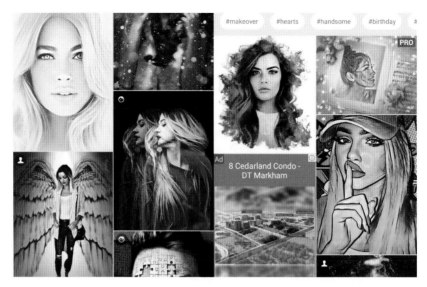

图 9-18　陈列馆式布局（PhotoLab 的界面设计）

布局，实现"照片墙"设计效果。信息卡片和界面背景分离，使宫格更加清晰，同时也可以丰富界面设计。瀑布流布局是宫格式布局的一种，在图片或作品展示类网站（如 Pinterest、Dribbble）中比较常见（见图 9-19）。瀑布流布局的主要特点是通过所展示的图片让用户身临

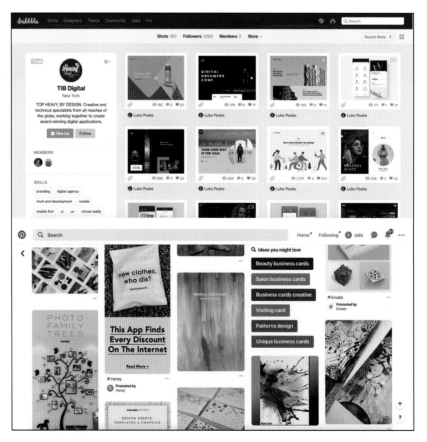

图 9-19　Dribbble 和 Pinterest 的宫格式布局

其境，而且是非翻页的浅层信息结构，用户只需要滑动鼠标就可以一直向下浏览，每个图像或宫格图标都有链接可以进入详细页面，方便用户查看所有的图片。国内部分图片网站（如美丽说、花瓣网）也是这种典型的瀑布流布局。宫格布局的优点是信息传递直观、极易操作，适合初级用户使用。它在丰富页面的同时，展示的信息量较大，是图文检索页面设计中最主要的设计方式之一。但缺点在于其信息量大，使得浏览式查找信息效率不高。因此，许多宫格式布局结合了搜索框、标签栏等来弥补这个缺陷。

2. 侧栏与标签设计

侧滑式布局也称为侧滑菜单，是一种在移动页面设计中频繁使用的用于信息展示的布局方式。受屏幕宽度限制，手机单屏可显示的数量较少，但可通过左右滑动屏幕或点击箭头查看更多内容，不过这需要用户进行主动探索。这种布局比较适合元素数量较少的情况，当需要展示更多内容时可采用竖向滚屏的设计。侧滑式布局的最大优势是能够减少界面跳转和信息延展性强。其次，该布局方式也可以更好地平衡页面信息广度和深度之间的关系。折叠式菜单也叫风琴布局，常见于两级结构（如树状目录），用户通过侧栏可展开二级内容（见图 9-20）。侧栏在不用时是可以隐藏或折叠的，因此可承载比较多的信息，同时保持界面简洁。折叠式菜单不仅可以减少界面跳转和提高操作效率，而且在信息构架上也显得干净、清晰。在实现侧滑式布局交互效果时，设计师还可以增加一些新颖的交互转场（如折纸效果、弹性效果、翻页动画等），让用户在检索信息的同时，感受到页面转换的丰富性和趣味性。

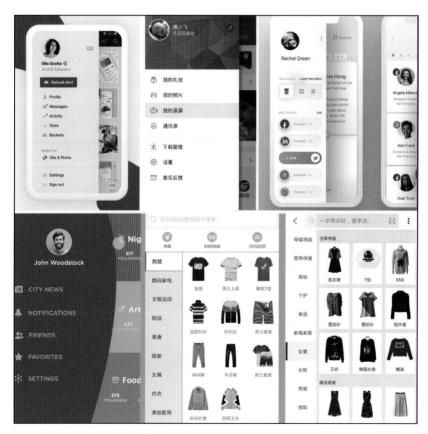

图 9-20　侧滑式布局 UI 设计

标签式布局又称选项卡布局，是一种从网页设计到手机移动界面设计都会大量用到的布局方式之一。标签式布局的最大优点是对于界面空间的高重复利用率。因此在处理大量同级信息时，设计师可以使用选项卡或标签式布局。尤其是手机 UI 设计中，标签式布局能够真正发挥其寸土寸金的效用。例如 Pinterest 提供颜色丰富的标签选项，淘宝 App 同样在顶栏设计了多个选项标签（见图 9-21 上）。对于类似产品、电商或需要展示大量分类信息的 App，标签栏如同储物盒子一样将信息分类放置，对于 UI 的清晰化和条理化是必不可少的。此外，从用户体验角度讲，单纯增加手机页面的浏览长度并不是一个好方法，当用户从上到下快速浏览页面时，其心理也会从仔细浏览变成走马观花。对于设计师来说，手机 UI 设计的长度最好不要超过 4~5 屏的长度，利用标签式布局可以很好地解决这样的问题，在信息传递和页面高度之间提供一个有效的解决方案。作为标签式网页的子类，弹出菜单或弹出框也是手机布局常见的方式。弹出框可以把内容隐藏，仅在需要时才弹出，从而节省屏幕空间并带给用户更好的体验。弹出框在同级页面使用可使得用户体验比较连贯，常用于下拉弹出菜单、广告、地图、二维码信息等（见图 9-21 下）。但由于弹出框显示的内容有限，因此只适用于特殊的场景。

图 9-21　标签式 UI 风格和弹出框

3. 平移或滚动设计

平移式布局是通过手指横向滑动屏幕来查看隐藏信息的一种交互方式，是移动界面中比较常见的布局方式。这种设计语言来源于经典的瑞士图形设计原则。2006 年，微软设计团队首次在 Windows 8 的界面中引入这种设计语言并称之为"城市地铁标识风格"。这种设计语言强调通过良好的排版、文字和卡片式的信息结构来吸引用户,被微软视为"时尚、快速和现代"的视觉规范,并且逐渐被苹果 iOS 7 和安卓系统所采用。使用这些设计方式最大的好处就是创造色彩对比,可以让设计师通过色块、图片上的大字体或多种颜色层次来创造视觉冲击力。对于手机 UI 设计来说,由于交互方式不断优化,用户越来越追求页面信息量的丰富和良好的操作体验之间的平衡,平移式布局不仅能够展示横轴的隐藏信息,而且通过手指的左右滑动,可以横向显示更多的信息,从而有效地释放手机屏幕的容量,也使得用户的操作变得更简便。

　　智能手机屏幕尺寸容纳信息有限,以三星 S8+ 为例,其屏幕为 6.2 英寸,分辨率为 1440×2960 像素。因此,如果需要同时呈现更多的信息,除了在纵向区域借助滑动或滚动来分屏浏览外,还可以采用平移式布局横向延展了机屏幕,如旅游地图的设计可以采取左右滚动的方式进行浏览(见图 9-22 左上)。对于一些广告图片、分类图片和定制信息等,滚动布局拓展了信息的丰富性和流畅感。平移布局一般以横向 3~4 屏的内容最为合适,这些图标或图片可以通过用户双击、点击等方式跳转到详情页,实现浏览、选择与跳转的无缝衔接。此外,设计师还可以借助圆角以及投影等效果,让用户体验更优化(见图 9-22 左下及右上)。苹果手机的图片圆角大小建议控制在 5 像素以内,安卓系统的卡片圆角采用 3 像素即可。

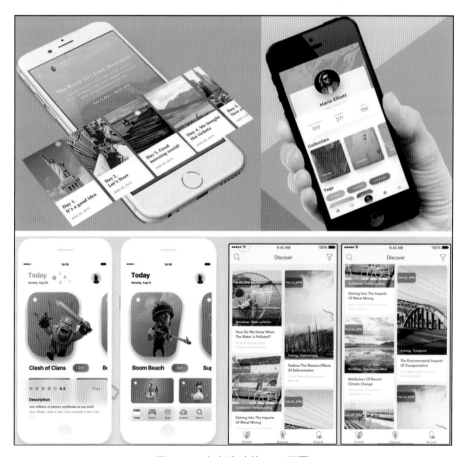

图 9-22　左右滚动的 App 页面

9.6　H5手机界面设计

9.6.1　H5 页面特征及设计

从前端技术的角度看，互联网的发展可分为 3 个阶段：第一阶段是以 Web 1.0 为主的网络阶段，前端主流技术是 HTML 和 CSS；第二阶段是以 Web 2.0 为代表的 Ajax 应用阶段，热门技术是 JavaScript/DOM 异步数据请求；第三阶段是目前的 HTML5（H5）和 CSS3 阶段，这两者相辅相成，使互联网进入了一个崭新的时代。在 H5 之前，由于各个浏览器之间的标准不统一，因此 Web 浏览器之间互不兼容。而 H5 平台上的视频、音频、图像、动画以及交互都被标准化，社交化、互动化、移动化、富媒体化的趋势越来越清晰。多元化社交网络平台的普及为 H5 广告的传播创造了可能。手机主题页 H5 广告成为电商活动与产品营销的新媒体（见图 9-23）。这些广告不仅炫目多彩、风趣幽默，还可以与用户互动。"H5+CSS3+JavaScript 语言"可以实现如 3D 动效、GIF 动图、时间轴动画、H5 弹幕、多屏现场投票、微信登录、数据查询、在线报名和微信支付等一系列功能。其中，H5 负责标记网页里面的元素（标题、段落、表格等）；CSS3 负责网页的样式和布局；而 JavaScript 负责增加 H5 网页的交互性和动画特效。H5 最大的特点是更接近插画的风格、版式自由度高、色彩亮丽，为设计师发挥创意提供了更大的舞台（见图 9-24）。

图 9-23　H5 电商促销活动广告

H5 支持多媒体并适应移动端设备的发展，具有灵活性、可兼容性、高效率、可分离性、简洁性、通用性和无插件等优势。H5 在音频、视频、动画、应用页面效果和开发效率等方面更具优势。同时，H5 增加了很多新的结构元素，减少了复杂性，这样既方便了浏览者的访问，也提高了设计人员的开发速度。H5 广告还有可移植性，能够跨平台呈现为移动媒体或桌面网页。H5 广告有活动推广、品牌推广、产品营销几大类型，形式包括手绘、插画、视频、游戏、邀请函、贺卡和测试题等表现形式，其中营销类 H5 页面形式比较活泼。H5 活动推广页需要有更强的互动、更高质量和更具话题性的设计来促成用户分享传播。例如，大众点评为"吃货节"设计的推广页（见图 9-25）便深谙此道。复古拟物风格、富有质感的插画配以幽默的文字、动画与音效，用"夏娃""爱因斯坦""猴子"和"思想者"等噱头，将手绘插画、故事与互动相结合，成为吸引用户关注与分享的好创意。

图 9-24　插画风格 H5 网页

图 9-25　吃货节的 H5 推广页

　　H5 广告对设计师的能力带来了不少的挑战。例如，传统平面广告制作周期长、环节多，而 H5 广告则要快捷得多。此外平面设计师的制作工具较为单一，而 H5 广告则要求设计师会音视频剪辑、动效和初步编程（交互）等。传统的广告设计师的功夫在于做画面，内容是静止的，而 H5 广告能够融合平面、动画、三维、交互、电影、动销、声音等，其表现的范围和潜力要大得多。在设计 H5 广告时，应该考虑用户使用场景的多样性，如背景音乐尽量不要太吵闹，这对于会议、课堂、车厢等公共场所尤为重要。为实现自动匹配的响应式设计，页面的设计应当根据设备环境（系统平台、屏幕尺寸和屏幕定向等）进行相应的响应和调整，如弹性网格和布局、图片、CSS3 Media Query 和 jQuery Mobile 的使用等。从技术上看，目前国内几家 H5 定制化平台（如易企秀、iH5 等）提供了专业化模板，并且可以根据用户的需求提供定制服务。部分 H5 在线设计平台还提供了集策划、设计、开发和媒体发布于一身的"一条龙"互动营销整体策划方案，为高端客户提供基于手机的广告宣传服务。

　　H5 广告设计与平面版式设计类似，字体、排版、动效、音效和适配性这五大因素可谓

"一个都不能少"。如何有的放矢地进行设计需要考虑到具体的应用场景和传播对象，从用户角度出发去思考什么样的页面会打动用户。对于手机广告设计来说，淘宝网设计师给出的公式"100 分（满分）= 选材（25%）+ 背景（25%）+ 文案设计（40%）+ 营造氛围（10%）"可以成为我们借鉴的指南。为避免用户的视觉疲劳，H5 广告在设计上应该尽量"简单粗暴"；除采用明亮的颜色和清晰的版式外，大幅诱人的照片与别具风格的标题也是必不可少的设计元素（见图 9-26）。

图 9-26　色彩与图文组合的电商 App 页面

9.6.2　H5 手机广告设计原则

下面是 H5 手机广告设计的几条原则。

1. 简洁集中，一目了然

手机广告设计不同于平面广告。在有限的手机屏幕空间内，最好的效果是简单集中，有一个核心元素，突出重点。简单图文是最常见的 H5 专题页形式。图的形式可以千变万化，如照片、插画和 GIF 动图等。通过翻页等方式起到类似幻灯片的传播效果，考验设计师的是高质量的内容和讲故事的能力。蘑菇街和美丽说的校招广告是典型的简单图文型 H5 专题页（见图 9-27 上），用"模特 + 简洁的背景色 + 个性化的文案"串起了整套页面，视觉简洁有力。

图 9-27　H5 校招广告与 H5 电影推广页

2. 风格统一，自然流畅

页面中元素（插图、文字、照片）的动效呈现是 H5 广告最有特色的部分。例如一些元素的位移、旋转、翻转、缩放、逐帧、淡入淡出、粒子和 3D、照片处理等使得这种页面产生电影般的效果。大众点评的 H5 电影推广页有着统一的复古风格（见图 9-27 下）：富有质感的旧票根、忽闪的霓虹灯，以及围绕"选择"这个关键词用测试题来吸引用户参与互动。

该广告的视觉设计延续了怀旧大字报风格，字体、文案、装饰元素等细节处理也十分用心，包括文案措辞和背景音效，无不与整体的戏谑风保持一致，给到用户一个完整统一的互动体验。开脑洞的创意、交互选择题和动画（如剁手）令人叫绝，由此牢牢吸引了用户的眼球。

3. 自然交互，适度动效

随着技术的发展，如今的 H5 拥有众多出彩的特性，让我们能轻松实现绘图、擦除、摇一摇、重力感应、3D 视图等互动效果。轻松有趣的游戏是吸引用户关注的法宝。相较于塞入各种不同种类的动效导致页面混乱臃肿，合理运用游戏技术与自然的互动为用户提供流畅的互动体验是优秀设计的关键。例如，安居客的 H5 广告（见图 9-28 上）巧妙利用了"抓娃娃"的设计，达到吸引用户扫描"天天有礼"活动主题的目的。同样，欧美陶瓷也通过"新品对对碰"游戏（见图 9-28 下）来吸引用户的注意力。

图 9-28　游戏插入式 H5 广告

4. 故事分享，引发共鸣

无论 H5 的形式如何多变，有价值的内容始终是第一位的。好故事能够引发用户的情感共鸣并会被快速分享传播。例如，腾讯三国手游推送的广告"全民主公"（见图 9-29 上）就是以《三国演义》历史和人物典故打造的幽默故事。该广告画面有着传统年画门神的热闹气氛，对联史是幽默夸张、令人捧腹。用户不仅体验了动画和故事的魅力，而且从故事、对联中领悟到游戏的乐趣。该广告还通过"Canvas + jQuery 技术"实现了擦掉动作片马赛克的互动体验，这更是让大家乐此不疲。此外，如果能够将中国传统创意元素（如波浪、云纹、京剧等）和复古漫画风格相结合，就可以产生丰富的视觉表现力。例如腾讯欢乐麻将游戏的产品宣传广告"中国人集体暴走了"（见图 9-29 中和下）是利用混搭元素进行综合创意的样本。因此，在设计 H5 广告时，设计师可以适当考虑借鉴中国传统的故事、典故和传说，同时结合民族化的表现形式，如云纹、海浪或戏剧舞台效果的装饰风格，这样可以大大增强广告的表现力和文化内涵。

图 9-29　H5 广告"全民主公"和"中国人集体暴走了"

5. 对比配色，重点突出

H5 广告的组成要素包含文案、商品 / 模特、背景与点缀物，但画幅以纵向设计为主，由此给设计师提供了更大的空间。通常第一屏的内容非常重要，是"画龙点睛"之笔，如果设计得乏味或雷同，用户就不会再有兴趣往下滚动。在一个时装发布的 H5 广告中，设计师用"时尚周刊"的模式将模特、动感图形、红黑配色、点题文案相结合，在整体风格上保持统一（见图 9-30 上）。和针对校园女生群体的广告配色不同，这类广告往往采用漫画、卡通与粉色基调，突出阳光与少女的气质（见图 9-30 下）；而时尚类广告则彰显"酷"与"范儿"的特征，如黑色和红色以及与暗色系颜色的搭配使得整体画面显得高端大气，同时为了让画面不那么沉闷，可以通过画面的拼贴与混搭来产生动感和更具设计感的风格。

图 9-30   以红黑配色为基调的 H5 广告

9.7   界面设计原则

雅各布·尼尔森（Jakob Nielsen）是毕业于丹麦技术大学的人机交互博士，也是一家国际用户体验研究、培训和咨询机构"尼尔森诺曼集团"的联合创始人及负责人。尼尔森在 2000 年 6 月入选斯堪的纳维亚互动媒体名人堂，于 2006 年 4 月加入美国计算机学会人机交互委员会并被授予人机交互实践终身成就奖。他被《纽约时报》称为"Web 易用性大师"和被《互联网周刊》称为"易用之王"。通过分析 200 多个可用性问题，他于 1995 年发表了"十大可用性原则"（见图 9-31），随后该原则成为尼尔森诺曼集团的"启发式可用性评估十原则"的基础。尼尔森的可用性原则是产品设计与界面设计的重要参考标准。

图 9-31 雅各布·尼尔森提出的十大可用性原则

雅各布·尼尔森提出的十大可用性原则如下。

- 状态可见原则：对于用户在网页上的任何操作（无论是单击、滚动还是按下键盘），页面应即时给出反馈。页面响应时间应小于用户能忍受的等待时间。

- 环境贴切原则：网页的一切表现和表述应尽可能贴近用户所在的环境（年龄、学历、文化、时代背景），还应使用易懂和约定俗成的表达。苹果智能手机所提倡的隐喻与拟物化 UI 设计就是该原则的实践。

- 用户可控原则：为避免用户的误用和误击，网页应提供撤销和重做功能。

- 一致性原则：在同样的情景和环境下，用户进行相同的操作，其结果应该一致；不仅功能或操作保持一致，系统或平台的风格和体验也应该保持一致。

- 防止出错原则：通过网页的设计、重组或特别安排，防止用户出错。

- 减轻记忆原则：又称"记忆原则"。好记性不如烂笔头，尽可能减少用户回忆负担，把需要记忆的内容摆上台面。

- 灵活易用原则：中级用户的数量远高于初级和高级用户数。要为大多数用户设计，不要低估，也不可轻视，保持灵活高效。

- 简约设计原则：又称"易扫原则"。互联网用户浏览网页的动作不是读，不是看，而是扫。易扫意味着突出重点，弱化和剔除无关信息。

- 容错原则：帮助用户从错误中恢复，将损失降到最低。如果无法自动挽回，则提供详尽的说明文字和指导方向，而非代码（如 404）。

- 帮助原则：又称"人性化帮助文档"。帮助或提示最好的方式是：①无须提示；②一次性提示；③常驻提示；④帮助文档。

综合尼尔森可用性原则，我们可以发现好的 UI 设计主要集中在以下方面。

（1）简洁化和清晰化

简洁化的关键在于文字、图片、导航和色彩的设计。近年来扁平化设计风格的流行是人们对简洁清晰的信息传达的追求。电商页面普遍采用网格化和板块式的布局，再加上简洁的图标、大幅面的插图与丰富的色彩，使得手机页面更为人性化。亚马逊的 UI 设计是其中的范例（见图 9-32 左）。从导航角度看，简洁清晰的界面不仅赏心悦目，而且保证用户体验的顺畅与功能透明化。

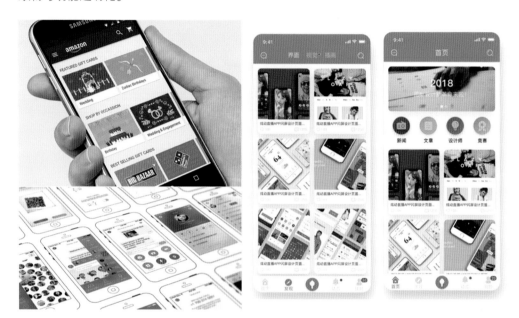

图 9-32　亚马逊的简约风格 UI 设计

（2）熟悉感和响应性

人们总是对以前见过的东西有一种熟悉的感觉，雅各布定律指出 UI 设计保持熟悉感有着重要的意义。在导航设计过程中，设计师可以使用一些源于生活的隐喻，如门锁、文件柜等图标，因为在现实生活中我们也是通过文件夹来分类资料的。例如，生活电商 App 往往会采用水果图案来代表不同冰激凌的口味，利用人们对味觉的记忆来促销。响应性代表了交流的效率和顺畅，一个良好的界面不应该让人感觉反应迟缓。通过迅速而清晰的操作反馈可以实现这种高效率。例如通过结合 App 分栏的左右和上下的滑动，不仅可以用来切换相关的页面，而且使得交互响应方式更加灵活，能够快速实现导航、浏览与下单的流程（见图 9-33）。

（3）一致性和美感

在 App 设计中保持界面一致是非常重要的，这能够让用户识别出使用的模式。雅各布定律说明清晰美观的界面会体现出一致性。例如，俄罗斯电商平台 EDA 就是一个界面简约但色彩丰富的应用程序（见图 9-34）。各项列表和栏目安排得赏心悦目。该应用程序采用扁平化、个性化的界面风格，无论是服务分类、目录、订单、购物车等页面，都保持了风格一致、简约清晰、色彩鲜明。

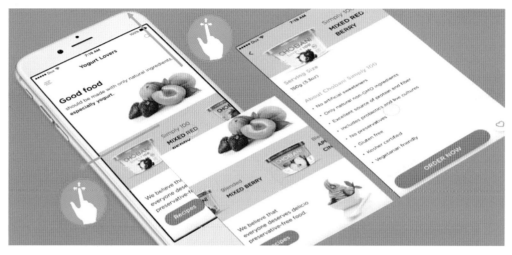

图 9-33　手机界面上下左右滑动可以实现高效的信息体验

图 9-34　简约但色彩丰富的俄罗斯电商平台 EDA

（4）高效性和容错性

高效率和容错性是软件产品可用性的基础。一个精彩界面应当通过导航和布局设计来帮助用户提高工作效率。例如著名的图片分享网站、全球最大的图片社交分享网站 Pinterest 采用瀑布流的形式，通过清爽的卡片式设计和无边界快速滑动浏览实现高效率；同时该网站还通过智能联想，将搜索关键词、同类图片和朋友圈分享链接融合在一起，使得任何一项探索都充满情趣。

案例研究A：　国画·天气·App

　　由于手机本身的空间有限，在满足功能性的前提下，如何提升用户的美感体验是一个比较大的挑战。天气类 App 是一个集信息呈现、可用性和艺术设计为一体的生活服务类应用程序，也是人与自然对话的窗口，这就为艺术想象力打开了空间。传统的天气类 App 往往通过写实类的电闪雷鸣、风花雪月或乌云蔽日来代表气候的变化和时光的轮转（见图 9-35）；而更注重科技体验的欧美则将天气的信息可视化、数据可视化作为创意的出发点，通过简洁清晰的图标呈现出相关的信息。"墨迹天气"应用结合了实景天气与卡通人物的穿着，将环境与人的联系强调了出来。虽然界面略显凌乱，但总体来说，应该是天气类 App 中比较有特色的一个范例。

图 9-35　天气 App 风格：写实类、卡通类和抽象数据类

　　旅美艺术家和设计师王尚宁（Shangning Wang，音译）先生对此却另辟蹊径，设计了一款以国画作为推广主题的天气类查询软件。他通过分析当前的季节和气候的数据，选定相应主题的中国画用作背景图像。另一方面，用户也可以选择他们喜欢的作品作为主题。表盘的设计灵感来源于古人的时间观念。古代的中国人通过天气的颜色与太阳的方位来辨别时间。这个圆具有表盘的功能，旋转太阳按钮或月亮按钮可以直接选择时间点，从而显示当前天空的颜色和温度数据。随着天气和时间的变化，天空的颜色与绘画主题有着有趣的互动。这个应用以中国山水画来表现气候和环境，这本身也是对中国山水画的基本认知（见图 9-36）。

图 9-36　以中国山水画来表现气候和环境的 App 界面

　　在谈及创意时，王尚宁指出：我希望这个程序能让更多的人担心现在的环境污染，天空的颜色早已不复当年。此外，它会吸引一些年轻人更多地了解中国传统艺术。受西方文化的影响，太多的年轻人对传统文化一无所知。通过查询功能，用户可以学习和了解中国画的背景知识。这个应用还注重与用户的交互。其创新点是用诗歌表达气候和温度状态，通过诗歌的一些美丽句子来描述天气（见图 9-37）。用户可以通过查询功能来了解诗歌和画家的背景知识。

图 9-37　中国画形式的天气 App 的核心在于将文化融入设计

课堂练习与讨论A

一、简答题

1. 用国画作为天气软件背景的依据有哪些？有什么意义？

2. 如何实现界面设计的功能性与艺术性的统一？

3. 卡片设计体现了快节奏、高效率和可用性，但如何体现人性化？

4. 下载故宫 App 并分析该应用是如何将传统文化融入设计的？

5. 手机 UI 和交互可以用哪些软件来完成？说明设计流程？

6. 用设计流程拆解"猫途鹰"旅游 App，分析其设计思路和优劣。

7. 什么是"尼尔森设计十大原则"？如何应用这些原则进行设计？

8. 调研本地旅游景点并下载其 App，思考如何提升游客的用户体验。

二、课堂小组讨论

现象透视：京剧是中华文化最为经典的视觉形象之一（见图 9-38），特别是角色、服饰、脸谱、道具和舞台都独具特色。

图 9-38　色彩鲜明的京剧是中华文化最为经典的视觉形象之一

头脑风暴：请小组调研并分类整理有关京剧艺术的照片、书籍和影像资料，研究如何将这些元素创新性应用到文化旅游类 App 的设计中。

方案设计：请小组讨论并进行 App 产品的原型设计，结合照片和其他资料通过手绘、板绘和插画来设计主题（可以结合其他中国元素，如龙纹、波浪纹、云纹、盘扣、古代书法以及山水国画等；也可以参照故宫、台北故宫等旅游 App 的风格）。

案例研究B： 植物园App设计

北京植物园不仅是国家 4A 级旅游景区，也是中国野生植物保护科普教育基地。如何进一步提升游客的服务体验？学生调研小组采用观察法、访谈法、用户旅程图等对园内游客进行调研分析，深入挖掘其痛点和爽点（见图 9-39 和图 9-40）。他们对其线上已有产品进行 SWOT 分析，经过图片拍摄整理、后期制作、信息框架设计，原型页面设计、效果图制作及测试，最终实现了植物园 App 的再设计方案。

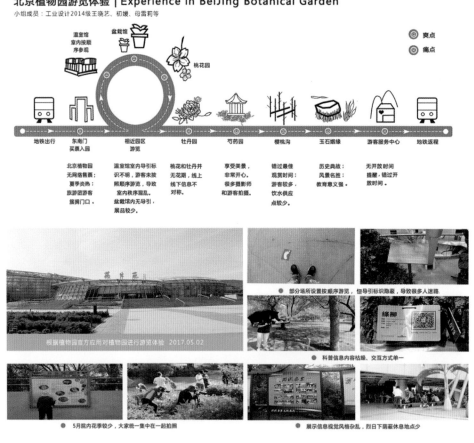

图 9-39　调研小组通过观察访谈绘制了用户旅程图

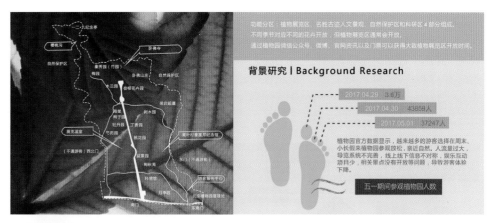

用研访谈 | User Interview

王奶奶

植物园内有很多花卉都没有盛开，去了好几个园，园内花都不是盛开期。之前在网上没有查到园内花期，感觉自己来得不是时候。

李阿姨和她女儿

周末闲暇和家人一起带孩子出来放松让孩子多亲近自然，感觉园内娱乐设施太少。植物的信息介绍孩子看不懂，有些字大人也不认识。

小李 植物园服务者

由于服务站点少，天气热的时候植物园乘凉的地方并不多，更有很多游客实际上在购票处遮荫，导致游客行走不方便。

数学老师（美籍）

植物园里太热了，主道上游人休息的地方太少了，游客很多。母亲走了一段路程之后想休息不知道在哪里休息。植物园应增加休息场所。

调研同学 20岁

周末来植物园参观，顺便完成作业，感觉一天想逛完植物园很困难。扫码扫到的都是百度百科信息，无效信息太多。

POV 用户视角

小卖部太难找，娱乐项目太少。
线上线下信息不对称。
指示标志不明显，无用信息太多，休息地点太少。

HMW 改进设想

优化线上APP线上服务系统。
确保线上线下信息统一，确保园内导视系统信息准确无误。

满足期待需求增加娱乐项目，定期举办与自然植物相关的适合游客参与的活动，如花季拍拍乐、自然大揭秘、定点分享奖励等。

增加特色植物园小卖店并保证线上线下正品售卖。

北京植物园吃游玩乐再拓展 | Project Development

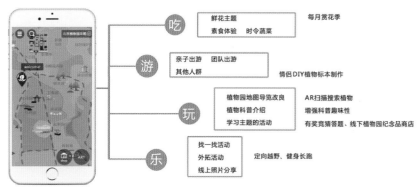

图 9-40　前期调研、用户画像及分析和项目拓展方案设计

经调查发现，目前植物园内主要的休闲娱乐方式以观赏景色和拍摄为主，但存在很多服务盲点，如线上线下信息不对称、服务区导引标志不明晰、服务站点与休息区太少、无效信息较多、娱乐项目较少、线上服务可用性不足等。因此，该设计方案从"吃游玩乐"这 4 个主题出发，增加了"素食大本营""果蔬种植园""植物手工坊"等主题活动。图 9-41 展示了相关移动 App 的设计过程。活动设计包括有奖竞答、景点签到、美拍奖励等，其核心是寓教于乐，增加科普与游园的趣味性。

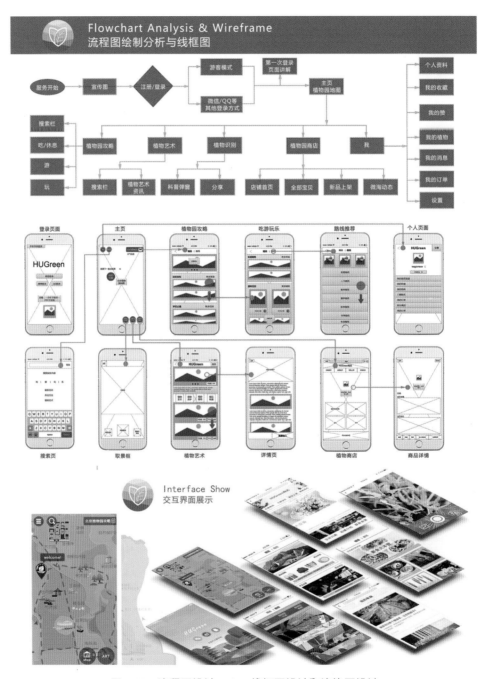

图 9-41　流程图设计、App 线框图设计和渲染图设计

课堂练习与讨论B

一、简答题

1. 植物园或动物园如何设计才能体现科普性、大众性和趣味性？

2. 如何针对不同的游客类型，为植物园设计有针对性的主题活动？

3. 如何根据季节和气候的变化，让中小学生体验植物与人类的关系？

4. 新媒体装置艺术已成为公园吸引游客的手段，如何为植物园设计艺术装置？

5. 公园的线上服务应该紧密结合线下服务，请思考植物园 App 的功能是什么？

6. 植物园的功能除科普外，其他可拓展的服务项目有哪些？

7. 请咨询植物学家和农业专家，了解如何将小学自然课程与植物园进行"跨界联合"。

8. 网上调研芝加哥植物园等国外的植物园，总结外国植物园的服务特色。

二、课堂小组讨论

现象透视："微雨众卉新，一雷惊蛰始。田家几日闲，耕种从此起。"二十四节气是中国古代订立的一种用来指导农事的历法（见图 9-42），也是古人们修身养性、饮食起居的依据，2016 年被联合国教科文组织列入人类非物质文化遗产代表作名录。

图 9-42　二十四节气被联合国认定为人类非物质文化遗产

头脑风暴：请小组调研并分类整理有关二十四节气的照片、诗歌和文字资料。根据"食在当季"的原则，结合中医养生的知识，设计一款农历 App。

方案设计：请小组讨论并进行 App 产品的原型设计，结合照片和其他资料通过手绘、板绘和插画来设计主题，可以融入科普、动画、天气软件数据库以及相关的知识（科普、教育、养生保健和朋友圈是该 App 设计的主题）。

课后思考与实践

一、简答题

1. 举例说明服务设计和界面设计的关系。

2. 界面设计的主要内容是什么？什么是界面设计原则？

3. 心理学与界面设计有何联系？试总结设计心理学规律。

4. 手机 App 的版式布局有哪几种风格？试列表比较其优缺点。

5. 查阅设计网站 Dribbble，总结 2022 年国际界面设计风格的发展趋势。

6. 什么是格式塔心理学原则？如何在交互与服务设计中应用它？

7. H5 手机界面设计有何特点？H5 手机广告设计的原则有哪些？

8. 界面风格发展的趋势是什么？说明扁平化设计的优势。

二、实践题

1. 苹果公司针对 iPhone 智能手机界面的设计规范制作了一系列模板供设计师参考。请通过 PS 和 AI 软件根据图 9-43 所示模板进行一个手机智能化家居管理 App 的导航条、菜单栏、按钮、图表和信息栏（如温度、湿度）的设计。要求风格一致，功能标志简洁、清晰、明确、美观、可用性强。

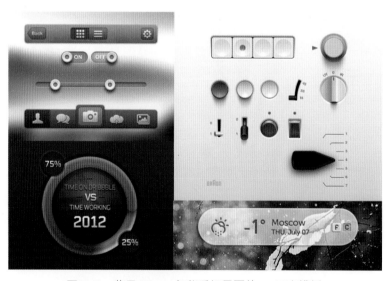

图 9-43 苹果 iPhone 智能手机界面的 UI 元素模板

2. 瀑布流形式的图片陈列式界面近年来成为手机媒体社交、影视、购物和分享 App 的界面设计潮流。请参考前述网站或 App 的设计风格，构建一个以少数民族服饰文化为核心的，集购物、旅游品信息和民俗图片分享为一体的手机服务平台。

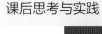

第 10 课　服务设计师

　　2019 年，中国正式进入 5G 商用时代，这给国内"线上 + 线下"的服务设计带来重大的利好。互联网新兴设计的崛起代表了我国数字经济与数字社会建设正在加速推进，这也成为未来服务设计师所面临的机遇与挑战。本课将阐述当下全栈式设计师的概念与 UX 行业的发展概况、职业标准、入行流程以及设计师能力与素质等知识，这些内容勾勒出交互设计行业的基本特征以及对新一代设计师的要求。

//////////

10.1　全栈式设计师

2019 年，工业和信息化部正式向中国电信、中国移动、中国联通和中国广电发放 5G 商用牌照，中国正式进入 5G 商用元年。5G 是一场影响深远的全方位变革，将推动万物互联时代的到来。5G 具有高速度、低时延、高可靠等特点，是新一代信息技术的发展方向和数字经济的重要基础。通过 5G 的发展历程可以看出：从 1G 时代的"大哥大"手机到 5G 时代的"万物互联"，人类信息与通信技术的快速进步推动了经济形态的转型并促进了新经济形态的产生（见图 10-1）。例如在 3G 带宽时代，人们绝对无法想象会有"快手"或"抖音"这种短视频 App 的出现。如今你出门可以不带钱包、钥匙，但却没法不带手机。无论是购物、外卖、追剧还是打车都离不开手机，桌面端的多人 RPG 以及单机游戏走向衰落，而手游成为主流……从 3G 到 4G，看似是网速的提速，实质上是整个互联网行业形态的改变。伴随着 5G 和人工智能的迅速发展，从自动驾驶汽车、无人机快递到智慧农业，万物互联会全面赋能各行业并极大提升用户体验。一个新的用户体验设计时代即将到来，这也为交互设计师、网络设计师、动画师和影视特效师等职业的发展带来新的发展机遇。

图 10-1　5G 的发展历程与相关经济形态的变化

根据腾讯公司在 2019 年的预测：到 2024 年，智能手机视频流量可以达到移动数据总量的 74% 或更高，由此会推动短视频、网络品牌营销、视频游戏、手机动漫、影视综艺和 VR 沉浸体验等新媒体及相关产业的发展。产业的变革不仅会影响设计师的岗位，同时也使得设计师面临专业重构与知识体系的挑战，用户体验设计成为未来最重要的新兴设计行业之一。从中国互联网 20 年的发展历史看，用户体验大致经历过 3 个时期（PC 时代、移动互联网时代和目前的物联网时代），每个时期都有不同的互联网商业产品，同时也构建了相应的用户体验。PC 时代是解决信息不对称的问题，因此有很多信息门户产品，如搜狐、百度、新浪、腾讯等。到了移动互联网时代，由于手机可随身移动的便利特性，解决了线上线下的对接问题，这使得与我们生活息息相关的各种 App 不断出现，如美团、滴滴、支付宝和微信等，扫描支付成为当下中国人的日常行为（见图 10-2）。特别是在 2020 年新冠肺炎疫情流行的日子里，如果人们不带手机出门可以说是寸步难行，大数据已成为保护人们出行安全的重要因素。5G万物互联和自由共享的时代是一个智慧大爆发的时代，目前我们所期待的一些商业产品和服务将成为主流，如无人驾驶、智慧门店以及天猫精灵（语音交互体验下的生活助手）和 VR 购物等。10 年以后，每秒超过 1GB 的下载量会使得线上用户体验更加无缝平滑，任何人在任何时间或任何地点都可以享受到线上线下无缝平滑的智慧服务（即 3A）。

图 10-2　扫码支付已成为中国人生活的必备环节

2017 年，在杭州举办的"国际体验设计大会"上，阿里巴巴 B2B 事业群用户体验设计部负责人汪方进先生作了题为"面对新商业体验，设计师转型三部曲"的分享。他指出：随着互联网技术与生态的快速更新，设计师将面临一个全链路商业环境（见图 10-3）。之前的设计师为终端消费者提供体验设计方案，未来则要延伸到整个商业全链路，从原材料流通到品牌生产、加工、分销、销售以及终端零售，这些都是设计师需要发力的地方。因此，设计师将面临全链路、多场景的设计体验诉求，这使得未来 3A 场景设计与无边界的智慧服务变得越来越重要，如智慧门店、智慧家居、智慧车载等。从 PC 时代的鼠标、键盘和屏幕之间

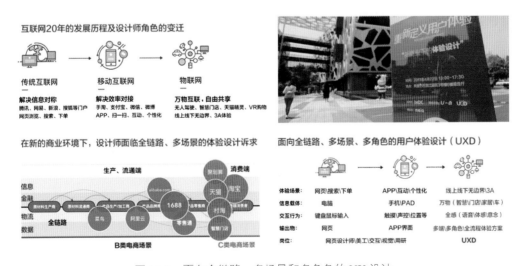

图 10-3　面向全链路、多场景和多角色的 UX 设计

的交互设计到今天移动媒体时代指尖交互的流行，UX 设计思想、工具与方法在不断进化。全感官互动会成为新的用户体验，如语音交互、体感输入甚至意念交互等，这也意味着交互设计师的地位会越来越重要。

在这种时代的演变下，设计师将面临很多新课题（如多场域、跨媒介、整合设计与服务设计等），对设计师的要求会变得更高，交互、视觉、用研可能只是一个基本能力而并非一个岗位。交互设计师需要具备多样化的专业能力，其工作流程覆盖面广、综合素质高、岗位价值大、发展瓶颈小。按照阿里巴巴的职级和薪酬设计标准，交互设计师的岗位是从 P7 级开始的，也就是刚入职的员工需要从交互、视觉和用研的基础工作开始（从 P4 到 P6 级），随后才能进入 UXD 的岗位（见图 10-4）。P9 级的 UXD 设计师则需要具备 P6+ 或 P7 的视觉能力与 P7 级的用研能力，具备团队管理及坚实的交互设计能力。他们以理性为主导，兼备共情的能力以及视觉表达的能力。合格的体验设计师必须具备用研和视觉能力，才能逐步成长为综合型的 UX 设计人才。

图 10-4　阿里集团的职级和薪酬（P1~P9）及能力金字塔

10.2　互联网新兴设计

从 1994 年中国互联网萌芽开始，中国互联网经济经历了从 PC、移动到智能科技下的多元融合。互联网的产生催生了新的信息组织形态、新的消费形态和新的产业生态。当前互联网正在与各行各业加快融合并逐步改变传统行业，形成了一个个新型信息服务产业。随着产业结构的不断调整，设计行业也不断迎来新的变化和挑战。从原来的界面设计时代到 PC 设计时代，再到移动设计时代，每个产业浪潮的变化都会引起设计内容、设计需求甚至设计理念的变化。不仅如此，设计师在企业内的角色也一直在变化，从以往纯粹的业务协同到今天逐渐能够通过设计来提升产品和品牌的价值。行业趋势的不断变化导致企业对设计人才的要求也不断提高。在此背景下，知识的跨界使 UX 设计人才成为业界发展创新的重要资源。

2019 年 12 月，腾讯用户体验设计部（CDC）携手 BOSS 直聘研究院联合推出了《互联网新兴设计人才白皮书》（见图 10-5）并对互联网产业进程下新兴设计人才市场供需两端进行了分析。研究数据主要来自招聘大数据分析，其中需求数据主要来自 2019 年 9 月各大招聘网站、中国 500 强企业和世界 500 强在华企业发布的公升招聘数据，共计 28 万多条；其他数据主要来自 BOSS 直聘研究院求职者大数据的抽样调查。其中参与此次问卷调查的主要有 3445 位从事设计行业工作的人员，他们来自腾讯、阿里、百度、华为、富士康、爱奇艺、亚马逊中国、微软、携程、小米、小红书、唯品会、网易等一千多家大中小型企业；研究重点为互联网设计，关注用户体验、交互过程，以及服务于数字化产品和服务的研发、运营、推广的综合性设计。白皮书中主要抽取各大招聘网站中与互联网新兴设计相关的职位数据进行分析，如界面设计、UI 设计、视觉设计、交互设计、用户体验、体验设计、服务设计和信息设计等。该白皮书资料翔实，所提供的数据可以反映出当前我国用户体验设计行业的概貌。

图 10-5　腾讯 CDC 与 BOSS 直聘研究院发布的《互联网新兴设计人才白皮书》

互联网新兴设计主要指以应用互联网技术为特征，基于人本主义思想，关注用户体验、交互过程，服务于数字化产品及服务的研发、运营、推广的综合性设计（如界面设计、UI 设计、视觉设计、交互设计、用户体验等）。有别于传统工业设计，互联网新兴设计的内容和媒介从有形直观的实物产品转变到无形抽象的交互过程、体验感受和服务内容；设计的职能从单纯的产品研发逐步延伸至产品的前期规划、后期运营等整个环节。白皮书的数据显示，在 2019 年互联网企业招聘的设计岗位中，互联网新兴设计成主流（占 85.4%），其中包括品牌及运营设计、视觉设计、交互设计、游戏设计、用户研究等与 UX 相关的职业岗位。这些岗位市场需求量大，招聘量占比近九成，远超其他设计岗位的招聘比例（见图 10-6）。另外，品牌及运营设计的工作内容与平面或美术设计较为相关，主要涉及公司 / 品牌 / 网店的宣传推广、后期视效、视觉美化等设计工作，如平面设计师、UI 设计师、多媒体设计师、动画设计师和插画师等。目前品牌及运营设计市场招聘的需求量最大，占互联网新兴设计需求的比例最高（43.3%）。从薪资对比上看，交互、用户研究和游戏设计等岗位对设计师能力要求较高，设计师的薪资也较高。交互设计师的平均薪资为 1.28 万元 / 月，用户研究类的平均薪资为 1.19 万元 / 月。这些数据表明，用户体验行业的整体薪资超过 1 万元 / 月。在一线和二线城市，拥有本科以上学历和 3 年以上工作经验的设计师的平均薪资高于总体。其中硕士、博士学历的平均薪资分别为总体的 1.8 倍和 2.3 倍，具有 5~10 年工作经验的平均薪资分别为总体的 1.7 倍和 2.3 倍。

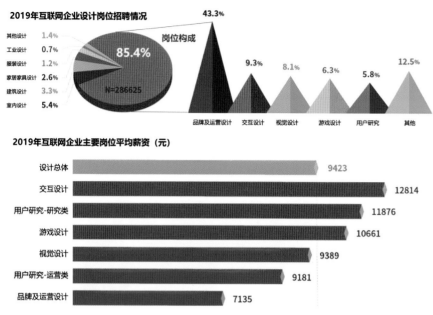

图 10-6　根据《互联网新兴设计人才白皮书》数据显示的设计行业生态

根据职友集网的线上调查统计，2018 年交互设计师全国平均年薪为 13 500 元 / 月。其中上海交互设计师平均薪酬水平为 16 690 元 / 月，北京交互设计师平均薪酬水平为 18 850 元 / 月（见图 10-7）。虽然 2019 年特别是 2020 年全球受到新冠肺炎疫情的影响，多数企业利润

图 10-7　职友集网统计的京沪两地的交互设计师月薪（2018 年）

有所下滑，用户体验设计行业也受到很大影响，但职友集网的统计表明，交互设计师特别是有 3~5 年经验的交互设计师，其月薪仍然会超过 1.5 万元。这些数据表明该职位在互联网行业中仍是一个相对稳定的高收入群体。2018 年，交互设计行业最大的趋势之一就是高级设计师职位的激增，需求量比初级设计师这样的职位高出许多。许多公司一直在寻找能够使他们的产品直接增值的设计师，他们期望设计师能够迅速独当一面而不需要时间去逐步提升，这对交互设计师的职业素质提出了更高的要求。

在 2019 年第九届中国互联网产业年会上，中国工程院院士、中国互联网协会理事长邬贺铨表示，互联网走过了 50 年，全球的互联网普及率超过 55%，中国全面接入互联网 25 年，互联网普及率超过了全球平均水平。中国网民规模截至 2019 年 6 月达到 8.54 亿，覆盖度超过 60%。互联网的快速崛起为互联网新兴设计提供了大量的岗位，其中游戏、用户体验、交互、视觉设计职位竞争最为激烈，大型企业纷纷提高价码争抢人才。因此，快速提升自己的能力，从单一走向综合，从"动手"转向"动脑、动口与动手"（创造性、沟通性与视觉表现力）是交互设计师提升自己的不二之选。

从长远看，无论是服务设计、交互设计还是用户体验设计，都会强调多学科交叉的综合能力，会从重视技法转向重视产品与行业的理解，对心理学、社会学、管理学、市场营销和交互技术的专业知识有着更多的需求。现在的设计师往往更擅长艺术设计，而未来还要看他对相关市场的洞察力，如租车行业的设计师需要深入了解该产业的盈利模式和用户痛点。在较成熟的互联网企业中，单一的 UI 视觉设计师已经不存在。产品型设计师（UI+ 交互 + 产品）、代码型设计师（UI+ 程序员）和动效型设计师（UI+ 动效 /3D）初成规模。UX 设计正在朝全面、综合、市场化和专业化的方向发展（见图 10-8）。例如，截至 2019 年，拥有 8 年经验的交互设计师基本上属于某个特定设计领域的专家，其月薪为 3 万~5 万元人民币。规模较大的科技公司有可能会聘请多名首席设计师；而中小型公司则可能只会聘请一名首席设计师或

图 10-8　UX 设计正在朝全面、综合、市场化和专业化的方向发展

没有这个岗位。由于用户体验设计仍然是一个相对较新的领域，因此很难找到拥有 10 年以上商业设计经验的人。如果设计师拥有设计开发与管理商业 App 的丰富经验，那么在一些公司中会被赋予首席设计师的岗位。

10.3 设计师大数据

交互设计师作为互联网新兴设计岗位，虽然历史不长，但却引起了众多企业的重视。那么，交互设计师需要哪些素质或能力？主要的工作范围与职责有哪些？企业是如何招聘交互设计师的？这些问题也需要通过数据来回答。2021 年 10 月，国际体验设计协会（IXDC）与网易游戏用户体验中心联合发布了《2021 用户体验行业发展调研报告》，该报告特邀访谈了超过 30 位用户体验行业的从业者、管理者、高校教育者及多位从业 10 年以上的资深专家。定量分析共回收问卷 3208 份，其中 2318 位从业者来自约 700 家大中小型企业；岗位覆盖视觉设计、交互设计、产品开发、用户研究、品牌设计、运营设计、创意 / 策划、项目管理、游戏设计、数据分析、技术开发、工业设计等。该调研给出了当下 UX 行业从业者画像、职业规划、素质分析等几个方面的数据，反映了当下用户体验行业的脉络、动态和发展趋势。结合腾讯 CDC 在 2019 年推出的《互联网新兴设计人才白皮书》，我们可以更充分地了解和掌握这个行业的最新动态。

《2021 用户体验行业发展调研报告》显示：用户体验行业从业者青年占比较高，25~30 岁为主要群体，达到 42.3%，从业年限多为 3~5 年。年轻、高学历、设计与计算机专业是 UX 行业内大多数人的属性。从业者画像具有六大特征，具体分布依照 6 类不同的岗位有所区别（见图 10-9）。UX 行业的主要公司业务包括用户研究（含数据分析）、交互设计、视觉设计与产品开发，从业者的专业背景则和相应的岗位相匹配。

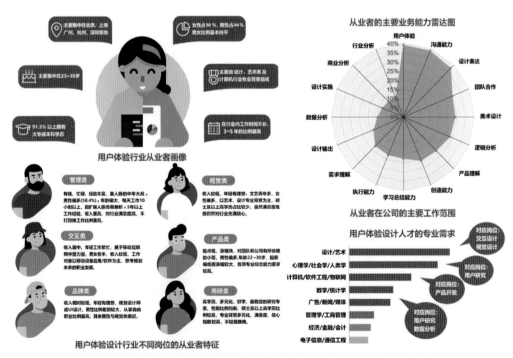

图 10-9 调查报告给出了 UX 设计行业的"从业者画像"（2021 年）

该报告指出：UX 从业者为保证核心竞争力，需要具备和强化的基本技能包括用户体验、沟通能力、设计表达、美术设计与团队合作等，这些能力在雷达图中呈现出一个类似鹦鹉螺的图形。此外，《互联网新兴设计人才白皮书》通过大数据研究与问卷调查发现，企业希望交互设计师不仅需要具备交互专业知识，还需要具备商业、运营、服务、用研和技术等方面的一些基础知识。在核心能力上，企业较看重设计人才的合作精神、善于思考和责任心，在"积极主动""刻苦耐劳""沟通能力""项目管理"和"创新能力"等方面有很高的权重。

通过访谈和问卷调查，该报告指出了交互设计职业的几个特征：首先是工作内容具有综合性和多样性的特征，会依照需求而改变。交互设计师往往从进入公司开始就一直忙到深夜，加班加点是常态（见图 10-10）。设计师还需要让用户参与设计的过程，并且通过原型迭代与试错来不断改进产品模型。由于工作的性质，设计师随时需要总结自己的工作，归纳数据，绘制各种草图和准备项目成果汇报。用户体验领域最显著的一个特点是其综合性。虽然设计学、心理学、社会学和计算机科学是与该专业最接近的领域，但多数设计师还是必须通过实践来不断完善自己。

图 10-10　交互设计师一天工作流程的模拟图（示意职业特征）

类似于建筑师，交互与服务设计师是设计产品 / 服务架构和交互细节的人。其中用户研究的岗位主要是围绕用户而进行的策划、市场 / 销售及数据分析工作。让产品具备有用性、可用性和吸引力是企业追求的目标。因此，用户研究是交互设计师项目策划的第一步（见图 10-11 上）。用户需求的研究包括定性研究（如用户访谈）和定量研究（如采集数据），分析用户的行为、痛点和态度等。这些工作决定了产品的功能、构架与导航、交互方式和设计外观等。设计师不仅需要关注"看得见"的内容（如颜色、外观、布局、图像、文字、版式等），也需要关注隐藏的或深层次的设计。好的设计不仅更容易上手、更快捷方便，同时还可以带给用户丰富的体验。因此，设计师的工作性质与工作特点决定了他们是一群具备左右脑相互配合的设计、研究、创意与共情能力的人（见图 10-11 下）。他们也是具备人际交往能力、数据挖掘能力、信息检索能力与设计表达能力的特殊人群。未来的用户交互设计是假定在团队中有一个机器人（人工智能）与设计师协同合作，熟悉用户需求与高科技将成为重要的人才标准。

图 10-11　交互 / 服务设计师的用户研究工作及其能力

10.4　设计师核心能力

在过去的 10 年中，随着全球数字经济的发展，服务设计在不同的部门和行业中迅速发展。大公司、政府、事业单位和学术界普遍对服务设计越来越有兴趣，特别是设计公司设计师和设计院校的师生都希望能够获得服务设计的相关技能并创新社会的服务模式。目前新兴科技处于一个加速的发展过程中，不断渗透并影响人类文明与商业环境的发展进程。其带来的消费升级让人们生活、学习、工作的协同方式或是企业参与的服务创新形式、商业模式，甚至社交环境、社会生活都发生了不同程度的改变。这样的环境为服务设计和用户体验造就了更新、更宽、更广的意义，我们看到了更多变化中所产生的全新设计问题。面对新技术与设计紧密结合的复杂性和社会环境的不确定性，设计师将如何迎接行业变化？企业的新产品、新工具、新服务又将如何引领一个新生活形态的形成并开启新的商业模式转型之路？近年来，高校本科和研究生水平的服务设计课程在不断推陈出新。服务设计成为来自不同设计专业以及商业、管理、政策和其他专业的学生的核心能力或补充的知识技能。

服务设计是一种跨学科的设计实践，它要面对复杂系统的处理，这就要求设计师具有跨界融合与实践创新的能力，要具备跨媒体和掌握多种交互方式的技能。服务设计师还需要有"批判性思维"并能够科学分析、发现问题和制定设计方案。艺术、技术、经济学、管理学、社会学等知识在服务设计中必不可少。服务设计借鉴了许多其他领域的框架、方法和工具，如触点和服务场景的设计会涉及建筑学、室内设计、图形和产品设计的能力，而数字平台则需要交互设计、UX 设计、UI 设计以及计算机科学等专业知识（见图 10-12）。服务设计在用户与市场研究中借鉴了人类学传统的方法，也使用了源于管理学的系统思维和商业工具（如商业模式画布）。

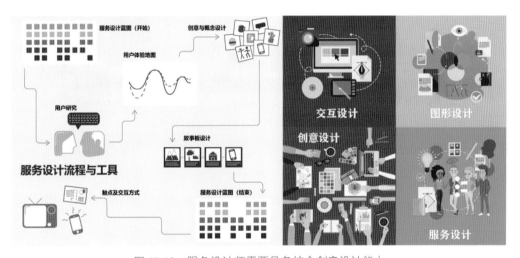

图 10-12　服务设计师需要具备综合创意设计能力

此外，服务设计师构想新的体验原型时，可能会借鉴来自戏剧表演的方法（参考 IDEO 设计工具箱）。当设计师考虑服务中的激励系统、奖励或惩罚机制时或者进行 UI 设计时，心理学原则和行为理论就会派上用场。事实上，只要和人的因素有关，心理学家可以说是无处不在（见图 10-13）。以上列举的仅是服务设计知识库中的一部分。服务设计的原理或规则并非一成不变，往往需要根据实际对象、实际情境和实际问题做出必要的取舍。服务设计的学习途径多种多样，从网络视频、图书到课堂，学习者都可以获得相关的知识与方法。此外，服务设计团队往往会聚集来自不同专业领域的人员。通过思想交流的相互碰撞，设计师可以迅速提高设计实践能力。

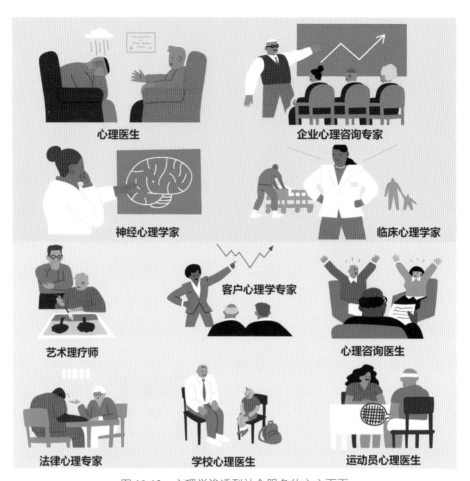

图 10-13　心理学渗透到社会服务的方方面面

10.5　观察、倾听与移情

　　欧特克高级 UX 设计师伊塔马·梅德罗斯（Itamar Medeiros）指出：我对一名优秀的设计师给出的定义是"这个人一定要努力使世界发生真正意义上的改观"。这个人首先要做到的就是时刻保持学习的态度并持之以恒。一名优秀的设计师必须要具备 4 项关键的技能和特征：①观察。如果不能学会观察，就不能学会任何东西，也就不会被激励着去改变世界。②聆听。如果不能学会聆听，也将学不到任何东西，也无法从更深层次去理解别人所遇到的问题。③移情。如果不能学会换位思考或具备同理心，就无法体会到别人的困难与困惑，这样也很难站在用户的立场上看待设计与服务。④目的。即使学会了观察、聆听和移情，但是对设计目标毫无感觉，则会更糟糕，因为你只为了自我实现而进行设计。

　　因此，能够了解研究对象（包括他们的文化、社会、经济、行为、需求以及价值观和愿望）是服务设计师的一项核心能力。优秀的设计师需要能够换位思考，从"他者"的角度看待世界，然而要做到这一点并非易事。服务设计师必须掌握与人沟通的方法与技巧来解决复杂问题。例如，借鉴人种学和民族志研究的方法（见图 10-14），设计师可以与被研究对象同吃同住，让自己沉浸在服务对象的情境与文化环境中。在这个过程中，通过聆听、交谈、记录以及推心置腹地与用户"交朋友"，设计师才能真正理解用户并发现他们的需求。设计师深入生活并与服务对象建立友谊不仅对于发现问题和解决问题非常重要，而且也是让用户参与设计的途径。设计师必须从同理心的角度来完成这个过程。同理心是从他人的角度来理解和感悟他人的经历、情绪和状况的能力。它要求设计师避免让自己的个人假设和偏见影响判断。因此，设计师需要走出去并谦虚地与对方交谈，这对于培养同理心至关重要。

图 10-14　设计师需要借鉴人种学和民族志研究方法

需要指出的是：毛主席一生对调查研究极其重视，他认为"调查研究极为重要"并留下了许多影响深远的著名论断，例如"没有调查，没有发言权""做领导工作的人要依靠自己亲身的调查研究去解决问题""调查就像'十月怀胎'，解决问题就像'一朝分娩'。调查就是解决问题"等。这些著名的论断不仅指出了调查研究的意义和重要性，对于设计师来说，这些语录也是需要参考并遵循的重要法则。设计师在研究他人的生活体验时，应考虑 4 个基本的伦理原则。

- 清晰告知访谈对象的谈话目的并获得参与者的许可，避免误导受访者。

- 将研究对象（用户）视为设计项目的协作方而非盘查对象。

- 保护他人的利益和隐私，确保访谈不会产生有害后果，并且确保受访者的授权以及对个人信息（隐私）的保护。

- 站在完全客观的立场，避免掺杂个人判断来影响受访者。

10.6　团队协作和交流

虽然创造力是服务设计过程的关键要素，但是设计师不应该单打独斗。服务设计项目通常会涉及服务提供商、用户、投资者和其他利益相关者。因此，促使大家同舟共济、彼此合作、团结一致地完成设计目标是服务设计师的一项关键技能。随着参与式设计、UCD 设计以及头脑风暴会议、共创会议等设计形式的普及（见图 10-15），团队协作已成为设计师的核心工作之一。这项工作的重要性在于：服务设计是团队协作项目，有协作就需要沟通，有分歧就需要有表达与说服。一个成功的设计师除应具备对自己专业的垂直能力外，还必须具备表达与说服能力以及组织能力。

图 10-15　团队协作与交流是设计师的基本能力

例如，在设计服务项目时，利益相关者和设计师在同一个房间内集体讨论，彼此各抒己见并将通过争辩、质疑与反思达成共识，产生新的服务理念。与此同时，这些会议明确了目标和挑战，促进了相互理解并减少了后续实施过程的障碍。设计师让利益相关者参与设计和创造过程不仅可以增加各方对项目的信心，而且可以增强团队的凝聚力，为长期合作打下基础。在项目会议中，设计师的角色不应是法官或裁判，而应是协调员和各方利益的润滑剂。设计师应该努力避免影响参与者的决策，推动参与各方求同存异、彼此协商，形成一致的战斗力。例如在一个社区居家养老服务项目中，设计师深入走访了社区的老人护理机构并对利益相关者进行了调研走访。设计师和志愿者通过深入社区、亲身体验，提出了以互联网＋和大数据为基础建立区域性的社区居家养老服务体系的设想（见图 10-16）。在日立解决方案（中国）有限公司的支持下，该方案通过智能技术使社区养老服务规范化、制度化、系统化。通过社区居家养老服务系统，可以为不同的社区提供养老服务，提高居家老人的生活品质。

以下是设计师在组织共创会议时需要注意的事项。

- 会议组织：清晰传达会议目标和议程，最好在会议开始之前，通过微信、QQ 等方式传达给参与者。

- 激励机制：确保每个人的参与和贡献，通过演示、表演或游戏来打破僵局，有效控制会议的时间与节奏。

- 聚焦主题：虽然会议开始可能是发散性和探索性的，但是主持人必须能够引导参与者进行归纳和综合。

- 材料准备：共创会议的目标在于创新服务体验，相关的表达材料（如便利贴、卡片、乐高人物、实物道具、图片、黑板以及图表等）对主题演示非常有帮助。

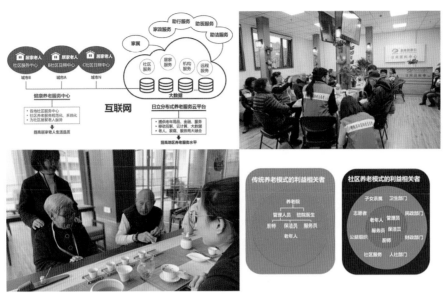

图 10-16　社区智能化居家养老服务体系

- 促进交流：积极倾听、自由发言、主动提问以及归纳各方的观点。会议要避免漫无边际的清谈，需要通过头脑风暴来产生碰撞的火花，由此激发创意的灵感。为促进交流，会议可以通过提供茶点、酒水以及相关辅助材料让参与者保持热情与激情（见图 10-17）。

图 10-17　共创会议的组织与讨论是创意源泉

10.7　概念设计与可视化

设计的本质是设想一个更美好的未来或是憧憬一些比现在更好的新事物。图像和故事是我们捕捉想象力并与他人分享的最佳工具。因此，故事和视觉叙事、概念设计与视觉化不仅是帮助我们创造和讨论未来愿景的重要工具，而且是推进设计过程的基本手段。事实上，"制作"故事本身就是发明与创新想法的催化剂，如在影视与动画行业，导演们需要通过"故事板"向剧组成员或制作团队阐述创作意图与故事情节。故事板中的所有要素（如角色、环境、对白与道具等）都可以平滑无缝地移植到服务设计流程。事实上，用户旅程地图就是一个抽象的"故事线"，其中的人与产品、人与环境的交互代表了服务流程中的因果关系与故事。

服务具有无形性、不可分离性、交互性与易逝性的特征，它也是随时间而展开的交互体验过程。因此，信息可视化和思维可视化是设计师向用户和利益相关者阐述或分享概念设计必不可少的工具。流程图、思维导图、时间轴线图（如用户旅程地图）、系统结构图（服务蓝图、利益相关者地图、生态系统地图、服务概念设计图等）、地理信息图以及故事脚本都是设计表达或信息传达的视觉要素（见图 10-18 上）。这些图表或故事不仅容易分享或传播，而且更容易引起用户的共鸣，在情感层面加深团队成员之间的联系。概念设计与可视化可以帮助他人"看到"设计目标并有助于形成一致的工作方案。可视化故事还帮助我们将研究阶段的成果充分展示，并且通过分享让用户与利益相关者建立同理心。由于服务本身所具有的无形性特点，因此服务设计比任何其他形式的设计更依赖可视化工具或手段。服务基本上是随时间展开的交互和体验活动，因此我们可以通过故事板来预测用户的行为与动机，并且思考这种创新服务对用户的意义和价值。流程图与故事板的形式是表达服务模式的最佳工具。它不仅能够表达人们的感受、情感和动机，同时还可以清晰展示产品使用的情境和设计构想（见图 10-18 下）。在服务设计的前期、中期和交付设计原型之前，故事板可以帮助我们批判性

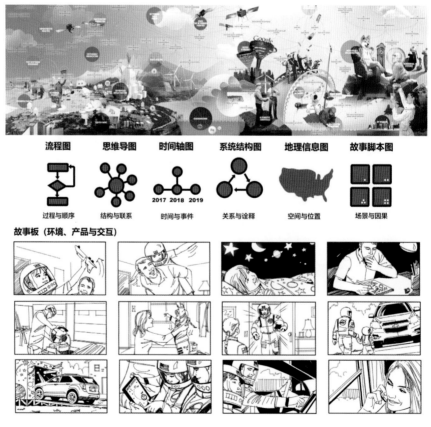

图 10-18　可视化图表形式及故事板

地评估产品与服务的可用性。在服务设计过程中，可视化与原型设计是密不可分的相互迭代过程。无论是低保真还是高保真的形式，设计原型都是设计师与利益相关者的交流工具。设计原型不仅用于在真实环境中检验设计的可用性，而且可以提供进一步改进的设想。2018 年，斯迪克多恩等人在《服务设计实践》中提到服务设计六原则时，再次强调了可视化设计与透明化服务流程的重要性，并且指出图表设计能力和手绘草图能力对服务设计师至关重要。

10.8　趋势洞察与设计

同济大学设计创意学院院长娄永琪教授指出：目前，全球的设计专业正在经历一个从"造物设计"到"思维设计"的转变。基于人的需求，通过创意、科技和商业的结合实现的"设计驱动的创新"正成为创造可持续、包容增长以及创意型社会的新引擎。在全世界范围内，服务经济正在逐步取代制造业成为经济的主体，"产品即服务"已成为全球企业家、政治家与经济学家的共识。如果说服务于社会和经济需求是设计学科和行业的使命之一，那么当社会和经济发生变化时，设计的角色、价值、对象、方法也应该与时俱进。服务设计的应运而生正是设计趋势的体现。

对趋势的研究与洞察是设计师的核心能力之一。有一位作家曾经说过，"时代中一颗灰尘落到每个人身上都是一座山"。中国古代哲人也反复告诫我们：审时度势、道法自然，顺应时代的脚步是成功的必要条件。媒介理论家米歇尔·麦克卢汉曾经说过：艺术家是社会的天线和雷达，他们对媒介（技术）的变化有着更敏锐的感知。因此，服务设计师更需要关注技术和洞察趋势，才能保持一颗童心，为社会创造更大的价值，同时也让自己在激烈的市场竞争中把握大局，立于不败之地。例如，全球的新冠肺炎疫情加速了远程办公的渗透率，大量人员居家办公并导致了远程、移动化办公规模迅速提升。在线设计、在线教育、网络视频与在线协作共创等新的设计与办公模式成为趋势（见图 10-19）。此外，千禧一代的成长环境伴随着智能设备和互联网，因此他们更容易接受分享、共创和环境友好型生活方式等理念。对用户习惯的把握、对国家发展战略和政策的关注以及对技术发展趋势的洞察是设计师的必修功课。

图 10-19　在线平台工作和学习已成为社会新趋势

　　5G 时代的到来加速了在线服务的趋势，而疫情的影响使得许多设计师开始适应灵活办公模式的便利，甚至不愿再回归工作室。很多企业开始适应远程办公的好处，甚至开始思考如何通过升级办公应用提升员工们的远程体验。青蛙设计副总监马里亚诺·库奇（Mariano Cucchi）指出：技术将会被融入设计中，从而让视频会议更人性、更轻松，并且最终实现虚拟空间的共享。在线设计不仅实现了线下的沟通与协作，而且推动了各种线上协作设计平台（如 Figma 原型设计工具）的火爆，各种设计资源社区和插件也为设计创造了更多的可能性（见图 10-20）。然而，当家与公司间的界限不复存在时，我们不得不更加谨慎地审视我们在追求工作效率提升的过程中可能对人们心理和社交方面造成的负面影响。虽然身临其境的远程技术能缓解不少员工的孤独感，但这也意味着他们必须在虚拟环境中工作更长的时间。技术环境的改变对设计师的要求也会越来越多。例如，在外的设计师使用手机、平板电脑进行交流、拍摄与分享，但渲染视频、编辑照片、3D 设计等工作仍需要笔记本电脑和台式电脑，这就需要设计师熟悉线上和线上的多设备无缝流转的方法和工具。

图 10-20　在线界面设计和体验设计

　　后疫情时代人们工作学习与生活方式的转变将对未来的劳动力市场产生深远影响。如今，人才的流动性与市场对技术型人才的需求比以往任何时候都高。为争夺人才，企业还需要配备更先进的远程办公技术及相应工具，服务行业会涌现出大量结合线上与线下、虚拟与实体的新型业态。在这个充满风险与机遇的时期，作为设计师无时无刻不被世界上的新事物刷新认知——互联网红利下降带来变化莫测的商业动向、日新月异的新技术、亚文化群体催生出多元复杂的圈层文化、脑洞口味越来越独特的年轻人，以及眼下席卷全球的黑天鹅事件……任何一个新事物的悄悄冒头都有可能在未知的将来影响 UX 设计师。我们能做的是，在起初感受到微微震动时，便沿着震感逐步寻找源头并思考未来的发展走向。要赶在变化降临前先拥抱变化。随着 5G 智能时代的到来，过去机械的单向交互方式逐渐被打破，机器渐渐演化成会主动"观察"真实场景并能"感受"用户情感，同时预判用户意图并自动完成任务的贴心助手。关于机器如何为人们提供更智能便捷的服务，未来还有非常大的想象空间。

从界面设计风格研究上，我们也看到了设计师掌握时代趋势与风格的意义。2021 年的 UI 设计趋势一方面是对往年风格的衍变和细化，另一方面，在扁平克制的界面风格盛行后，设计师们向往更自由、更突破的视觉表达（见图 10-21）。《Behance 2021 设计趋势报告》和《腾讯 ISUX 2021 设计趋势报告》显示：在扁平化 UI 设计流行之后，界面对物体的拟真风格再次回归成为新拟态主义，但图标更立体丰富，色彩更鲜艳夺目，动画与交互更流畅，而苹果 iOS 14 推出的小组件管理也影响了界面设计。用户对视觉体验的追求和产品的快速迭代对 UX 设计师的审美能力、潮流风格的判断能力以及新一代设计工具的把握能力都提出了更高要求。

图 10-21　设计师需要掌握流行趋势以及新的设计工具

除技术层面外，这个时代的另一个显著趋势就是世界各国普遍开始了对生态、环境保护以及可持续发展理念的重视。设计中的道德因素成为企业或机构必须思考的问题。当前世界各国都不再把 GDP 视为衡量成功的唯一标准，取而代之的是，他们将优先考虑其他衡量社会繁荣的指标，如公共卫生和环境、幸福指数、可持续发展、低碳绿色经济等。服务设计以及基于分享与节制消费的观念更加深入人心。承担社会责任也意味着企业要摒弃只关心商品盈亏的观念，转而将商品的生命周期纳入企业所需承担的社会责任之中。在体验经济时代，服务设计的内容会更具体，如包容性设计、医疗保健设计、紧急护理设计、老年人护理设计、公共部门设计、教育服务设计、娱乐或酒店客户服务设计等。在技术、商业和社会研究等领域的交叉点上，服务设计会进一步推动艺术与技术的融合，成为设计学科的前沿。

案例研究：AI+智慧教育

教育学是一项发展了几百年的学科，它在 17 世纪被人创造出来，19 世纪才走上科学的道路。传统课堂上教师多是凭借经验进行授课，经验的多少和学生的成绩成为衡量教师的标准。近几年，随着数据挖掘、人脸识别和表情识别等智能图像计算与数据分析技术的不断发展，人们已经可以通过图像扫描掌握课堂学生的情绪分布，如听课的注意力、兴奋、困惑、疲倦甚至犯困的程度。这些定量的数据不仅能够即时反映教师的授课效果，也能够成为改进教学和丰富教学互动体验的工具。

人工智能在教育场景的应用可以简单描述为：有一个感知或采集设备，获取相关的数据信息并汇总到数据中心，将数据处理、分析并整合成信息之后，提供给学校和教师作为教学设计、教学管理的辅助参考。从教育场景来看，主流场景有教学、管理、评价等。各个学者或各家企业对技术在教育场景的应用分类细度上有所差别。目前教育信息化行业，AI 应用比较成熟的产品主要是智能批改、智能题库、自适应学习和分级阅读，当前它更多还是承担辅助教学的角色，未来可能将覆盖更多的教学核心环节（图 10-22）。此外，脑机接口技术为了解学生学习状态提供了测量工具，有利于发现认知规律并改善课堂教学行为、提升课堂教学的成效。随着脑机接口、人工智能带来的便利及挑战，传统的教育模式将发生重大变革。脑机接口技术已被证明可以用来改善学生的注意力、情绪调适能力和学习能力。

图 10-22　AI 智能技术已经成为改善学生课堂学习能力的重要手段之一

2019 年，上海中医药大学附属闵行蔷薇小学与上海交通大学 E-Learning 实验室合作建立了智慧校园系统，通过将人工智能运用在学校的课堂评价、环境分析与控制、教师培训等方面，对传统教学中所存在的问题提出智能解决方案，由此提升教学水平。蔷薇小学副校长陈晓苗指出"在传统的教学活动过程中，由于老师工作精力有限，没办法照顾到每一个学生的学习状态，而且学校对老师的教学管理要做到精准评估，需要投入很大的人力物力"。为此，学校自 2018 年起就着手建设 AI 智慧校园系统，通过学校原有的摄像头，配合 3 套 "AI+ 学校"系统，力破传统教学中遇到的瓶颈问题。这 3 套系统分别是智能课堂评价系统、智能环境分析与控制系统和智能教师培训系统。通过发挥此 3 套系统的智能优势，可以快速完成各项教学数据的智能评估。针对学生，智慧校园系统可自动检测到学生举手、站立、坐姿不端等行为，通过记录分析形成对课堂效果的总体评价（见图 10-23）。

图 10-23　蔷薇小学与上海交通大学 E-Learning 实验室合作建立的智慧校园系统

此外，该智能环境分析与控制系统还可以全方位感知学习环境质量、学生行为模式、健康状态等，同时能够实时捕捉和分析学生的行为举止，及时发现潜在的健康问题和安全问题，为学生的校园生活保驾护航。它可以在真实课堂的样本数据基础上，实现对师生行为与情感的自动检测，通过智能算法分析，给出基于课堂表现的评价和改进建议。针对老师，系统可以检测教师的语音、语速、运动轨迹、面部朝向等教学表现生成评估报告，为老师改进教学方法和提升教学质量提供客观指导。

人工智能在学校课堂中的应用使得学校对老师、学生行为的评估将更客观直接，对促进教育公平有着十分重要的意义。蔷薇小学现在还尝试让 AI 与校本特色结合起来，实现专门针对学校特色课程"神气小图五行操"的"AI+ 运动"系统。该系统一方面向学生提供做操的标准动作，另一方面利用姿态估计算法对学生动作进行智能评估，通过趣味游戏的方式对学生运动姿态进行纠正。蔷薇小学的"AI+ 学校"应用场景曾在 2020 年的世界人工智能大会上"登台亮相"，成为上海闵行区大力推动人工智能相关产业及应用发展的一个缩影（见图 10-24）。

2020 年以来，随着疫情的平稳以及大规模网络课程的实践，人工智能正越来越多地走进课堂。例如杭州第十一中学在试点班级上线了"智慧课堂行为管理系统"，通过"阅读"学生的表情来分析学生上课状态，监督课堂教学。该套名为"慧眼"的管理系统通过现场摄像头对教室内学生"刷脸"匹配完成考勤需求，同时记录学生阅读、书写、听讲、起立、举手和趴桌子 6 种行为，以及识别高兴、反感、难过、害怕、惊讶、愤怒和中性 7 种表情，并且在这基础上完成对学生的专注度偏离分析，即对课堂上学生的行为进行统计分析并将异常行为实时反馈给老师。除了学生行为分析，该系统还有教师语音识别系统。电子白板可以把老

图 10-24　蔷薇小学的"AI+学校"成为人工智能与教育相结合的范例

师的语音识别成字幕显示在课件上面并生成这节课的二维码，学生可以点击回放。另外，甚至食堂也可以更"智慧"。杭州第十一中学的食堂可以凭借刷脸技术用于点餐取餐，并且通过后台分析生成一份营养大数据。每个学生都可以在微信公众号和智能终端上查看自己的营养数据报告。这份报告记录了每个同学一年来在学校的用餐情况。

　　与人工智能技术相结合的"智慧教育"将是教育创新的一个重要特征。人工智能将在教学方法、教学形式等方面全方位助力教育变革。借助人机交互手段，教学情景更生动鲜活；教师会根据人工智能和大数据系统的学生发展报告，对学生开展个性化指导。金华市小顺市中心小学、闵行蔷薇小学和杭州第十一中学成为了智慧教育的先行者，为智能时代的教育模式提供了宝贵的经验。

课堂练习与讨论

一、简答题

1. 什么是智慧教育？表情识别技术对教师课堂教学有何帮助？

2. 脑波检测可穿戴设备能否改善学生的学习状况？

3. 调研当地幼儿园和小学，了解是否利用机器人或智能设备辅助教学。

4. 人工智能技术可以应用在哪些教育领域？

5. 学校或校外培训机构在使用智能化技术时会面临哪些问题？

6. 设计思维强调动手实践及实验探索，请为小学生设计一堂综合材料美术课。

7. 什么是智慧课堂？如何从软硬件、网络及沉浸体验几方面来构建智慧教室？

8. 如何判断艺术与科技的发展趋势并提升自己的能力？

二、课堂小组讨论

现象透视：波士顿儿童医院注重在就诊、化验、治疗及住院几个方面改善病患儿童的体验及人性化关怀。该医院的 CT 检测化验室为克服儿童的恐惧陌生感重新设计了医疗设备和环境（见图 10-25）。

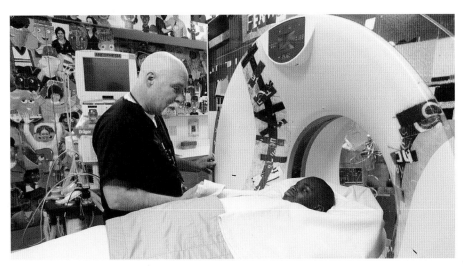

图 10-25　波士顿儿童医院的 CT 检测化验室

头脑风暴：请调研本地的儿科诊室或儿童医院，从服务设计角度思考病患儿童和家长在候诊、挂号、化验、看病、治疗和取药等环节的问题及解决方案。

方案设计：请小组讨论并进行医院就诊环境和 App 产品的设计，包括通过色彩、主题、动画、游戏等方式来减缓病患儿童和家长的焦虑心理，便捷化、实用化、智慧化的服务（线上 + 线下）是该设计的核心。

课后思考与实践

一、简答题

1. 什么是全栈设计师？为什么服务设计师要"一专多能"？

2. 什么是互联网新兴设计，它对设计师有哪些职业要求？

3. 从过去 5 年的《用户体验行业调研报告》可以发现哪些趋势？

4. 根据大数据，了解艺术设计类毕业生在互联网公司的主要岗位是什么。

5. 参照行业调查报告，总结服务设计师的核心能力有哪些。

6. 在用户调查访谈中，设计师需要注意的 4 个基本的伦理原则是什么？

7. 在服务设计流程中，设计师需要提供的可视化文件包括哪些？

8. 设计师在组织共创会议时需要注意哪些事项？

二、实践题

1. 狗不仅是人们家庭生活的重要伴侣，也是许多人的精神寄托（见图 10-26）。请设计一款可以帮助主人实时监控宠物活动和健康状况的智能项圈，可能的功能包括：①健康监测；② GPS 防走失预警；③动物叫声的语义识别。

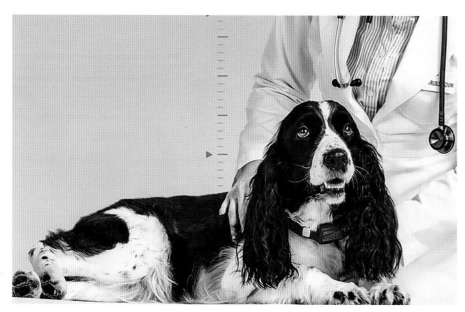

图 10-26　宠物作为人们的伴侣，其健康问题也受到了人们的关注

2. 有形媒体把现实世界本身作为界面，而把数字界面隐藏起来。"树洞留言"的故事由来已久，请你寻找一棵大树的树洞，在里面设计一个可以录音并播放音乐的交互装置，吸引大家在树洞中留下"自己的秘密"。

第 11 课　服务创新设计

　　服务设计作为一种新的设计形态，正在借助智能硬件和设计思维来创新性地解决生活及社会问题。从养老服务设计、城乡交互创新设计到智能家居设计和城市地下空间改造，以人为本、绿色发展、邻里相助与生态文明的理念已成为我国"十四五"规划的重点发展目标。本课将通过聚集国内外不同领域的社会创新实践案例，说明服务设计在构建生态文明、资源型城市以及推动社会绿色环保及可持续发展等方面的巨大潜力。

11.1　养老服务设计

埃佐·曼奇尼（Ezio Manzini）先生是社会与创新和可持续设计联盟的主席，也是米兰理工大学的教授。曼奇尼教授一直致力于倡导和引领可持续发展的设计，被业界誉为国际最权威的学者和思想家。他在其编著的《设计，在人人设计的时代：社会创新设计导论》（2016）中提出："为了梳理社会创新设计是什么和它能做些什么，我将提出一个简单却也相当有内涵的定义——社会创新设计是专业设计为了激活、维持和引导社会朝着可持续发展方向迈进所能实施的一切活动。"曼奇尼教授指出：过去10年中，随着互联网、手机及社交媒体的普及与社会创新浪潮逐渐交汇融合，催生了新一代服务模式。这些服务不仅能够为当下社会面临的难题提供崭新的解决方案，还挑战着我们对幸福的理解，以及如何看待公民与国家间的关系。

例如，当代社会人口的老龄化已成为欧洲、日本和中国所面临的重要问题。在传统社会中，无论是家庭还是国家养老，共同之处是都需要有更多的年轻人在工作，创造价值来负责这些老年人的养老费用。但在一个"倒金字塔型"的社会，由于老人们的数量大大超过年轻人的人口，因此这个问题变得难以解决，这就需要我们创新服务模式，利用设计思维来解决这个矛盾。荷兰的一家养老院通过当地大学生和老人们的"互助模式"来解决这个棘手的问题（见图11-1）。这种"青银共居"的"跨代屋"实现了双赢（一方面能让独居老人获得陪伴，另一方面也能缓解青年人的住房问题），同时此举还能促进不同世代之间的连接与交流。

图 11-1　荷兰养老院推出的大学生和老人互助的养老模式

近几年来，荷兰的房价不断上涨，租金越来越贵，年轻人难以承受。如今，荷兰每个大学生平均每月要承担的租金超过3000元人民币。结合这种情况，这家养老院决定把院里多余的房间租给当地大学生并且完全免费。而大学生们每个月至少要花30小时陪伴这里的老人们。在这段时间里，学生可以带老人出去散步、教他们用电脑、一起看电视、教他们认识什么是涂鸦艺术……同样，为提供跨代交流互动的契机，"跨代屋"的空间布局也进行了调整。

原来的养老院被改造成更适合互动的场所：一楼是咖啡厅、餐厅与购物市场；二至五楼是公寓；六楼提供给年轻人办公；七楼则是体育健身和休闲社交厅（见图 11-2）。

图 11-2　"跨代屋"的空间促进了隔代交流的机会

跨世代文化住所里的老年人多拥有特殊技艺或专业技能，例如退休教授、织布高手、会计师等；青年人多以艺术家、设计师、广告宣传、自由工作者等职业为主。通过跨时代的交流，让老年人以人生智慧协助青年人解决缴税、创业问题并引介人脉，同时也让老年人找回他们的社会价值。"跨代屋"为老年人、青年人和年轻家庭提供住宿服务，该建筑的住宿空间分为 7 个住宿照护区。不同的照护区有专业负责人，为入住后的居民分配护理责任区域，与老年人建立照护关系。对于一同居住的老年人，青年人需要提供涉及清洁、购物、做饭、日常护理、陪伴等各个方面的劳动来换取价格较低廉的公寓。此外，社区还会联合幼儿园、志愿者等举办活动，扩大代际陪伴服务的人群范围。

"跨代屋"是一种由多个利益方参与并共同形成的服务设计模式，从人员上可以划分为老年人的养老护理服务团队、青年人的房屋租赁服务团队和第三方物业管理服务团队（见图 11-3）。"青银共居"模式以专业的医疗保健提供者、日常护理照料者、医师团队为保障，为老年人提供养老护理服务；此外，该模式通过青年人的介入提供简单、日常的照护服务，例如清洁、购物、做饭、陪伴等，来解决年轻人的住房负担。在服务场所上，"青银共居"通过空间功能的区域划分平衡了老年人与青年人对空间的需要，例如针对行动不便的老年人配有无障碍浴室；针对青年人既配有安静的办公环境，又有与老年人互动的公共社交区域。在服务设施上，"青银共居"既配备用于辅助养老护理服务使用的血压计、血糖仪、轮椅等，也配有供老年人与青年人共同使用的娱乐健身设备，如跑步机、个人平板电脑、机器人和游戏机等。在服务信息上，"青银共居"模式促进了老年人与青年人的面对面交流，在这里老年人可以为青年人分享个人的生活经验、工作经验、情感经验等，而青年人可以作为老年人的"眼睛"，为其讲解住宅外的所见所闻，促进老年人与社会的连接。最终，"青银共居"实现了"生活在一起其实就是最好的学习"的服务体验、"友善不分龄，一起生活一起玩"的服务品质和"让青年人走进老年人，让老年人走回社会"的服务价值。

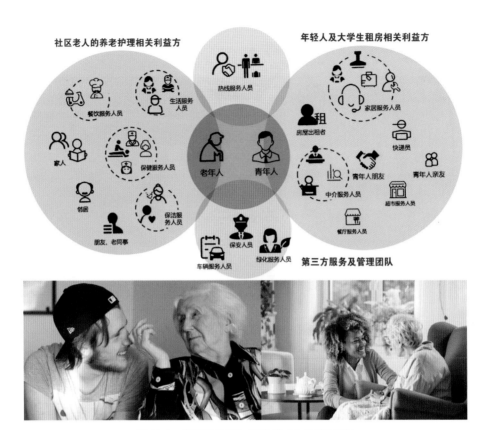

图 11-3 "青银共居"养老模式与隔代交流

　　荷兰"跨代屋"的商业模式（见图 11-4）展示了该项目的价值主张：一方面为需要养老院护理服务的老年人提供温暖、舒适的生活环境，使得每位老年人的个人习惯都可以获得尊重，个性能得以保持，老年生活应该充满欢笑，年轻人也可以得到长辈的关爱和指引。"跨代屋"还通过整合专业的医疗保健护理团队为老年人提供基础养老服务；另一方面则通过学生住户计划为大学生提供住宿福利，即通过定时的"陪伴"服务来换取免费入住"跨代屋"。但这种社会创新需要克服代际沟通的障碍以及社会的偏见，更深入的调研、同理心与服务设计无疑是最重要的。

重要伙伴 谁可以帮助我 ·医疗保健组织机构 ·养老护理服务 ·志愿者协会 ·社区服务人员 ·超市	关键业务 我要做什么 ·居家养老护理服务 ·学生住户计划 核心资源 我拥有什么 ·专业医疗保健护理团队 ·针对学生住宿福利 ·网络管理及服务管理	价值主张 我如何服务他人 为入住的长者提供温暖、舒适的生活环境；每位长者的个人习惯都可以获得尊重，个性能得以保持；老年生活应该充满欢笑和活力；年轻人可以同时得到长辈的关爱与指引	客户关系 如何和对方打交道 大学生每月需要奉献30小时当长者的友善邻居，即可免费入住"跨代屋" 传媒渠道 如何宣传自己 ·跨代屋官网及APP ·地方媒体及广告宣传	客户细分 我能帮助哪些用户 ·长者（主要为身心功能衰弱或失能的长者） ·大学生（具有良好沟通能力的大学生）
成本结构 我要付出什么	养老院护工人员、清洁人员、设施维护人员的劳动支出成本；药物、器材的采购成本；相关活动的举办、组织、宣传成本		收入来源 收入的渠道和来源是什么	·老人入住的养老金收入 ·来自社会福利机构的捐赠收入 ·预付长期入住的押金

图 11-4 荷兰"跨代屋"的商业模式画布

随着互联网与智能手机的普及，"智慧养老"也为独居老人创造了居家养老的条件。加拿大温哥华的一个社会创新机构 Tyze 借助网络将独居老人、邻居、志愿者、社会公益组织、社区医院、保健专家连接在一起，通过互助与分享的方式，解决独居老人生活及护理的种种问题（见图 11-5）。他们把松散的社交网络转化成整合的资源，使得老人周边的亲友、邻居、社工等能够在需要时提供陪伴、护理和救助服务。虽然该模式目前还面临技术、资金和隐私等问题的困扰，但作为社会创新的养老模式，无疑会给未来的老龄社会提供借鉴。"智慧居家养老"与"跨代屋"的集中养老模式并不矛盾，例如 些意大利的空巢老人愿意将多余的房间免费租给当地的大学生，同时也希望得到陪伴与关爱，这也是一种"青银共居"的养老模式。

图 11-5　通过社交网络来解决社区养老问题的方案

11.2　城乡交互创新设计

"设计丰收"是同济大学设计创意学院院长、博导娄永琪教授发起的设计支持"三农"、驱动城乡交互的社会创新和青年创业项目。目前"设计丰收"在上海崇明岛竖新镇仙桥村的基地包括 3 栋改造民宿、1 块试验田、5 个蔬菜大棚和 1 个体验大棚。该项目运用服务设计、品牌设计、战略设计、商业模式设计、产品设计、环境设计、包装设计等设计工具，提升乡村农副产品和生活体验的附加值，并且通过接触点设计，提升乡村生产生活方式的活力和吸引力。其核心是运用设计创造城乡交互的新产业、新业态、新技术和新模式。城市和乡村代表着两种不同的生活方式，但它们相互依存，因此在中国继续城市化的同时，寻找共同繁荣和可持续发展的机会比以往任何时候都更加重要，这就是娄永琪教授创立"设计丰收"时关注的重点。这是一个以设计为导向、以社区为基础的项目，旨在通过创意和设计思维来链接、整合城乡资源需求，让城乡联动起来，激发农村发展潜力。该项目于 2009 年获得了国家自然科学基金的支持并成为服务创新设计的样板（见图 11-6）。

早在 2007 年，娄永琪教授就带领学生来到这里开展设计研究，希望能从设计思维出发，

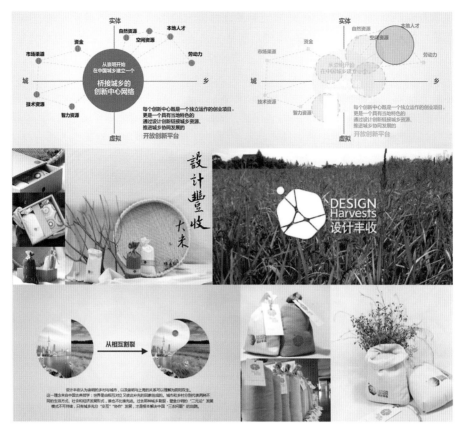

图 11-6 "设计丰收"成为服务创新设计的样板

通过服务设计发掘乡村传统生产和生活方式的潜力。仙桥村远离上海，交通不便，只能乘渡轮到达，而且除农业外也没有任何特别的资源，但当年村镇干部迫切希望改变家乡面貌的愿望与娄教授设计团队的初衷不谋而合。在课题研究的过程中，他们感到乡村的活力是可以通过设计和艺术的力量重新唤醒的。作为一项持续十多年的研究与建设成果，该团队进行了广泛的社会学、人类学研究，深入了解了当地情况和社区并取得了大量的第一手资料。他们还与当地社区、商业伙伴以及来自其他背景的人构建了合作交流的网络。为研究城乡脉络究竟可以有怎样的有机循环，部分参与项目的小组成员甚至义无反顾地留了下来，用多年青春时光与艰辛的汗水，雕琢出了这颗耀眼的乡间璞玉。如今，"设计丰收"基地已经成熟运营 8 年，这里已被建造成一个有设计民宿、生态体验农场、创意农产品和自然创意课堂等多板块的微型乡村休闲度假综合体（见图 11-7）。

2016 年，"设计丰收"团队和上海国际文化协会联合发起了艺术家驻留计划，将村里的闲置民房改造成艺术家的画廊、工作室和宿舍，来吸引更多的艺术家和创业团队入住。仙桥村还将闲置民房腾退出来，由团队翻修成数字化多功能空间，为游客和工人提供宿舍、餐饮、公共生活和交流空间（见图 11-8）。随着数字社区的逐步成熟，仙桥村的服务设计创新实践吸引了越来越多的关注，来自米兰理工大学、阿尔托大学、威廉德库宁学院、巴塞尔设计学院、IDEO、诺基亚和飞利浦公司的大学师生、企业专家和众多艺术家参与了当地的艺术展和创意集市（见图 11-9）；该项目成果也作为城乡互动的样板被介绍到全球服务设计网络，使得仙桥村有了更大的国际影响和知名度。2019 年，仙桥村被国家文化和旅游部评为全国乡村旅游重点村。

图 11-7　仙桥村已成为乡村休闲度假多功能服务的综合体

图 11-8　"设计丰收"项目通过旧房改造打造了一个国际化的艺术家村

图 11-9　艺术家体验活动"大地艺术祭"和乡村生活体验

"设计丰收"项目是一个研究和实践的设计原型，其目标在于将城市和乡村理解为阴阳双生、相辅相成、平衡发展的愿景。该项目通过设计创新，链接城乡资源，推进城乡协同发展，促进资源的置换，盘活当地潜在资源与社会文化特色，从而实现不同社群彼此合作与互动的设想。经过3个阶段的发展，"仙桥模式"已经开花结果（见图11-10左上）。2019年

图 11-10　"仙桥模式"已拓展为"章堰丰收"项目

11 月，在青浦区政府的支持下，"章堰丰收"项目正式对外发布，该项目覆盖了上海青浦区近 2 平方千米区域，成为更大的"新农村试验区"。该项目在"仙桥模式"的基础上，提出了乡村振兴的新思路：通过需求升级、循环经济、社群思维和平台逻辑"四人范式转型"，以创新农业为基底，融合"智、农、工、商、旅、文"，打造"乡村硅谷"，将乡村作为全新的创新源头，提出乡村组织振兴、人才振兴、产业振兴、文化振兴和生态振兴的上海方略。娄永琪教授还领衔策划了"章堰雅集"新媒体艺术体验区（见图 11-10 中和下），借助名人沙龙、艺术展览、主题工作坊等形式，以雅会友，以文赋美，共建可持续发展和美好乡村生活方式，在历史和未来之间头现城市和乡村的美美与共。

11.3　体验式博物馆

传统博物馆的用户体验差是一个众所周知的事实。早在 1916 年，美国波士顿博物馆研究员本杰明·吉尔曼（Benjamin Gilman）就提出了"博物馆疲劳症"的概念来说明游客在博物馆常常会感受到的头晕眼花、身心疲惫的现象。在博物馆游览时，即使游客努力地集中精神参观藏品，也很容易感到疲惫和无聊；又或是场馆规模太大，半天下来往往参观者会累得要死，而走马观花看一件展品只能分配不到 10 秒的时间，这让许多游客兴味索然。许多研究报告指出：博物馆疲劳症的发生与多种因素有关，如信息过载、类似的艺术品太多使得游客注意力下降；空间展位不合理使得游客疲于奔命等。还有的原因就是展品与观众缺乏互动、游客对展品相关的背景知识储备不足或不熟悉等。总之，博物馆疲劳症是由于博物馆或美术馆的展品无法满足观赏体验而造成的游客身体或精神疲劳的现象（见图 11-11）。

图 11-11　传统博物馆中游客的疲劳症随处可见

为解决这个问题，各大博物馆一直在努力，其主要思路是两个：一是从类型陈列转向叙事型陈列。20 世纪中期前，博物馆更重视"收藏"和"研究"。但对于按风格、品类陈列的传统展览，风格类似的藏品看久了很容易让人审美疲劳。从 20 世纪 70 年代以来，博物馆开始逐渐强调如何与观众沟通，展陈的叙事性、趣味性、交互性变得重要起来。许多新概念与新方法（如语音助手等）被引入博物馆中。64 年前，阿姆斯特丹的 Stedelijk 博物馆推出了第一个博物馆音频指南。从那时起，这种能够为观众讲故事、提供更多信息的硬件逐渐成为博物馆体验中不可或缺的一部分。体验式博物馆已成为当下博物馆改造的热点。美国康纳派瑞历史博物馆（Conner Prairie）通过以观众体验为核心，再现历史情境，将表演、叙事与文化体验相融合，成为"迪士尼"式主题文化体验博物馆的典范之一。

　　二是在传统博物馆的基础上不断扩展表现与互动形式。随着行业的发展及展览工程的社会化，当代场馆规模一个比一个大；而策展方出于设计审美和市场效益的考虑，也喜欢搞超大规模展览，这样即使是专业观众也没有足够的时间完整欣赏一件作品。因此，为提升观众的观展体验，减少观众的认知焦虑，能够打破时空界限的 XR 技术自然成为博物馆青睐的对象。今天走进一家博物馆，如果你发现身边的人用手机对着藏品点点戳戳，又或是戴着 VR 眼镜上下左右摇头晃脑，并不是他们走错了片场，而是正在触摸一个超越实体的虚拟世界，这就是正在被 XR 技术重塑的博物馆。XR（扩展现实）是将虚拟现实（VR）、增强现实（AR）和混合现实（MR）等诸多视觉交互技术进行融合，来实现虚拟与现实世界之间无缝转换的智能科技。XR 是实现博物馆深度体验的功臣之一：观众可以在虚拟世界体验故宫的宏伟建筑与历史文化（见图 11-12）。观众不仅可以通过 VR 头盔漫游紫禁城，还可以通过手机 App 进行 3D 场景深度解读，再进一步结合实景导航，游客可以自助式完成故宫的旅游。VR/AR 技术成为博物馆吸引观众、创新观展体验并减少博物馆疲劳症的利器之一。

图 11-12　基于智能手机和 VR 体验馆的数字虚拟故宫场景

　　近年来，包括美国奥克兰博物馆、大都会博物馆、自然历史博物馆和法国卢浮宫等许多博物馆都利用 XR 项目来丰富观众的体验。2015 年，大英博物馆首次采用了 VR 技术来增强访客的体验，他们使用三星 Gear VR 耳机、Galaxy 平板电脑和沉浸式球型摄像机，让游客身临其境体验青铜时代的苏塞克斯环和古代村落建筑景观。同样，加拿大战争博物馆的 VR 体验项目让观众穿越时空，进入古罗马角斗场，近距离欣赏角斗士的风采。利用手机 AR 技术来丰富观众对藏品信息的解读是常用的方法。例如，底特律艺术学院的一次艺术巡回展的体验项目允许观众用手机对一具古代木乃伊进行"X 光扫描"，从而能够看到木乃伊的内部骨骼等被隐藏起来的信息。我国四川三星堆博物馆也采用了类似的增强现实的方式（见图 11-13）。比 AR 更进一步的是可以利用"VR+AR"设备构建出一个虚拟空间，让观众身临其境、跨越时空，触摸历史，"头地"感受展览所传达的文化风貌。这项体验可以通过 XR 设备和内容开发，与博物馆原本的藏品相结合。例如，观众们既可在故宫博物院中穿越江西景德镇，感受 1.4 万平方英尺（1300.6 平方米）的瓷器考古现场；又可跟随考古工作者的脚步，从博物馆直通妇好墓开掘现场，了解文物掀开历史尘烟的过程；或是直接进入一幅画作之中，以全新的方式感受画家笔下的风光并能够与画中人物面对面。

图 11-13　许多博物馆利用 XR 和 AR 项目来丰富观众的体验

　　除实体博物馆改造外，虚拟博物馆也成为当代典型的流行时尚与科技体验的创新。其中代表性的有谷歌名为"艺术和文化"（Arts & Culture）的 App，搭配了谷歌头戴式 VR 显示设备（Google Cardboard），能瞬间将用户送到 70 个国家的上千座博物馆和美术馆中。用户只要拥有智能手机和特定类型的 VR 头盔就可以浏览 3D 数字仿真品，获得与线下无二的观展体验（见图 11-14）。此外，谷歌的"文化学院"项目还与伦敦自然历史博物馆合作，将其收集的 30 万件标本全部"复活"，其中包括第一具被发现的霸王龙化石、已经灭绝的猛犸象和独角鲸的头骨等，观众可以不受玻璃挡板的限制全方位地尽情欣赏。

图 11-14　谷歌虚拟博物馆项目结合 VR 头盔可以实现观众虚拟体验

为医治博物馆疲劳症的顽疾，提升观众的体验，可以预见的是，XR 将以燎原之势席卷整个博物馆界，数字技术与创新体验会成为未来博物馆生存与发展的关键。但想要依靠新技术讲好文化故事并不是一件容易的事。必须承认的是，对于观众来说，展览本身的叙事性、观赏性和愉悦性比单纯"炫技"更为重要。因此，如何将技术、艺术与历史文化融会贯通是策展人与 XR 设计师必须思考的内容。

11.4　智能家居设计

说起智能家居，你第一个想到的是什么？是让小爱同学帮你在冬夜睡前关掉所有灯光，还是喊 Siri 替你在出门前打点好家里所有的电器？无论是哪一种，不可否认的是，随着智能家居越来越深入普通家庭，人们对于它的认知不再只局限于"远程开关"，更多的自动化设计以及它带来的生活上的便利都给人们的日常以新的体验和新的感动。智能家居设计领域当仁不让的"老大"还是苹果公司。早在 2014 年，苹果就发布了 HomeKit 智能家居平台。

2015 年推出了来自 5 家厂商的智能家居产品，随后苹果 iOS 10 增加了家庭应用，以管理控制支持 HomeKit 框架的智能家居设备，也就是可以通过 iPhone、iPad 或 iPod Touch 控制灯光、室温、风扇以及其他家用电器。2016 年以后，建筑商开始支持 HomeKit 的门锁、各类灯光、插座、家居摄像头、窗帘、空气质量检测仪等。这些智能家居配件不仅可以通过 iPhone 或 iPad 统一控制，也可以借助 Apple TV 唤出 Siri 语音操作。你还可以预设常用的场景：清晨较早，启动窗帘开关；步入门厅，屋内各处的灯光同时点亮，空气净化器风扇悠然转起等。苹果 HomeKit 智能家居平台能够实现多种自动化功能和实现远程控制，成为体验设计的典范。2018 年，小米生态链企业绿米联创的全屋智能品牌 Aqara 加入苹果生态之中，是目前国内支持 HomeKit 设备数量最多的品牌，涵盖智能插座、调光系统、窗帘电机、智能摄像机、智能门锁、空调伴侣、门窗及人体传感器等众多品类，提供基于苹果 HomeKit 的全屋智能体验（见图 11-15）。

图 11-15   绿米联创提供了苹果全屋智能体验产品

作为带有高科技属性的设计公司，苹果公司最大的优势就是通过智能科技来开发能够丰富用户生活体验的设备或工具。因此，家庭被视为使用这些宝贵资源的重要场所。在智能家居方面，苹果依靠 HomeKit 和第三方硬件建立起完整的智能家居生态系统，如 iPhone、iPad、HomePod、智能电视机、智能眼镜、Apple TV、iWatch 等设备，将个人、家庭、建筑紧密连接在一起（见图 11-16）。苹果公司充分利用了智能手机与可穿戴设备来推动数字家庭理念的发展。哪些智能家居设备能够进一步促进和丰富用户体验？随着时间的推移，在增加功能和性能方面，哪些设备有很长的路要走？上述问题最有可能由苹果的设计师和工程师来解决。

国内智能家居的领跑者无疑是小米科技。早在 2017 年，小米科技发布了第一款智能音箱"小爱"。后来"小爱同学"被移植到手机等设备。2019 年，小米正式对外宣布小米的"双引擎战略"，即万物智慧互联（AIoT）与智能手机，AIoT 第一次被提到和手机一样的战略地位。AI 智能语言会带来一些革命性的变革，"小爱同学"远远不是一个智能语音助理，而是小米 AIoT 战略的核心。类似苹果的智能音箱 HomePod 以及家庭智能中控 Apple TV，"小爱同学"不仅是智能语音助理，它更是一个开放平台和生态系统。很多设备都可以通过内置与外联的方式接入"小爱同学"，目前随着智能家居产品的日益丰富，这两种设备都在一天天地成长。

图 11-16　HomeKit 实现完整的智能家居生态系统

因此，"小爱同学"是一个数字家庭控制中心（见图 11-17），周围层是内置"小爱同学"的设备，是小米自研或合作公司生产的智能设备（30+ 品类），更大的外围层是支持"小爱同学"

图 11-17　小米借助"小爱同学"建立起智能数字家庭的生态系统

控制的设备（共计 34 个品类）。"小爱同学"指的是"小米的 AI"，不仅包括语音和自然语言，还包括视觉系统。未来通过视觉交互，"小爱同学"可以带来很多让人惊艳的用户体验。目前，小米智能家居产品已在人们的生活中无处不在，"小爱同学"随着小米的 AI 战略也将不断发展。从未来发展看，智能家居将从 GUI 转向 VUI。其中，GUI 代表的是图形交互，同时也是手势交互。VUI 不仅是语音控制，而且也是视觉交互。因此，万物智慧互联增加了人和设备之间的互动。智能家居中所有的设备（包括温度、湿度、门窗、人体、水浸、烟雾、燃气、光照和睡眠等各类传感器以及智能开关、插座、窗帘电机、空调控制器、调光器、门锁等各类智能控制器）都可以通过一句话、一个手势或一个眼神和你进行交互。周围所有的智能设备或家电产品在"小爱同学"的控制下，形成用户直接接触的环境，包括智能空间的感知和智能设备的唤醒，由此实现贴心的服务。

5G 时代的大数据、云计算和人工智能推动了智能家居兴起。苹果与小米科技正是这个浪潮中的佼佼者。5G 代表了高速率、大连接、低功耗和短时延的连接，这对需要瞬时反应的信息传输非常关键。5G 可以加速 VR/AR、实时远程医疗、远程教育、游戏、高清视频直播和沉浸式体验等领域的突破与创新。智能家居、智慧工业、智慧农业、智慧医疗与智慧社区等都是万物智慧互联大显身手的战场。

11.5　地下空间改造计划

花家地的春天来了。这个位于北京市朝阳区望京街道西南部的社区里比较多见的是有许多老年人在单元楼门口打牌、聊天、晒太阳。而租房市场也如天气回暖，花家地北里一套四五十平方米的住宅，月租金可达七千元上下。这里原本是一片花椒地，而如今，"花椒地"这个名字早已被人遗忘，它已从京郊的村庄变为紧邻东北四环的"亚洲第二大住宅社区"。高校、购物中心、写字楼包围着这些建于 20 世纪八九十年代的回迁房。你可能想象不到，在阳光照不到的地方还藏着另一个世界。

从 20 世纪 80 年代起，北京市建立了大量人民防空工程。在花家地北里小区，每个高层住宅楼下都建有一间高约两米的小屋——那其实是一个个洞口，通向那个被折叠起来的空间。在过去的二十多年中，那里有理发店、裁缝铺，也是小商贩与民工的居住地；而现在只有两个洞口仍然开放——一个是存车处，另一个是"地瓜社区"。地瓜社区是一个共享空间，位于花家地北里西南侧的一处防空洞内。与另一处防空洞不同，这里完全是一片明亮的暖黄，洞口处的玻璃上写着"您家门口的共享艺术社区"——这是北京市三家地瓜社区的其中之一，创始人名叫周子书，是中央美术学院设计学院副教授。他的愿景是用地瓜社区将闲置的地下空间打造为连接地上与地下居民的公共空间，吸引更多人来这里重建社区中人与人的联结。

2014 年 6 月，凭借名为《重新赋权——北京防空地下室的转变》（见图 11-18）的毕业设计，周子书成为中央圣马丁艺术与设计学院 10 年来第一位得 A 的中国毕业生。当年 9 月，一篇名为《让北漂生活更有尊严，设计师暴改央美附近地下室》的微信公众号文章记录了他的毕业设计，包括改造地下空间的全过程，在当时刷爆了朋友圈，转发数在几天内达到十几万，该项目也成为人防工程创新设计亮点。

图 11-18　周子书关于北京地下室改造的毕业设计方案

"地瓜"这个名字来自周子书 2003 年刚来北京时所经历的场景。当时，他从江苏老家坐着绿皮车到北京上学。一位朋友穿着军大衣来车站接他，两人见面时对方从怀里掏出个烤地瓜，一掰两半就吃了起来。这个分享的场面一直印在他的脑子里：两块地瓜，一块分给当地人，另一块分给外来者。周子书最初的设计正是计划让地上与地下居民实现连接与分享。2013 年，周子书回到北京，为实现自己的设想并了解地下室居民们真实的需求，他走进了防空洞与 40 个住户住在一起，加入了地下居民们的日常聚餐。在交流中，周子书意识到，他们所需要的并不是将地下室的物质条件改造得多么好，而是获得更好的职业发展的可能。

在他毕业作品的设计图中，整个防空地下室被分为 4 个部分：上部出租给艺术家与设计师；下部出租给新生代农民工；尽头是社区居民的公共空间；中间则是实现技能交换的教室（见图 11-19）。周子书在网上进行了一场调研，收集网友们对于地下室改造的想法。在调研中，他发现很多年轻人毕业想创业，但无力支付高昂的工作室租金。而地下空间月租金少至600 元，多至 2000 元，一方面可为地上的年轻人提供价格低廉的创业工作室，另一方面也能供给改造费用，还能补贴农民工弱势群体的住宿费用。2015 年 2 月，北京地瓜科技有限公司成立，吸纳了来自包括万通控股企业家冯仑在内的约 300 万元资金。周子书的团队因此有机会将那个未完成的愿景实现出来。

地瓜社区首个项目在亚运村安苑北里，目前该社区在北京已有 4 个空间。地瓜社区的核心不只是运营空间，而是通过社会创新设计，运营和重构社区里人和人的关系，从而达成人性化的社区治理与服务共享。周子书认为：区别于传统社区商业，社区小经济的目标是以商业逻辑来重构社区的社会关系，因此场景设计与品牌必须以连接人为核心（见图 11-20），用"自下而上"和"自上而下"相结合的工作方法，努力探索"人、城市权利、公共空间和公共资源"四者之间的关系，寻找公共空间中"组织生产、分配、交换和消费公共资源的新方式"。无论是图书馆、酒吧、餐厅还是共创工作室，都是创造交流并服务更多群体的媒介（见图 11-21）。

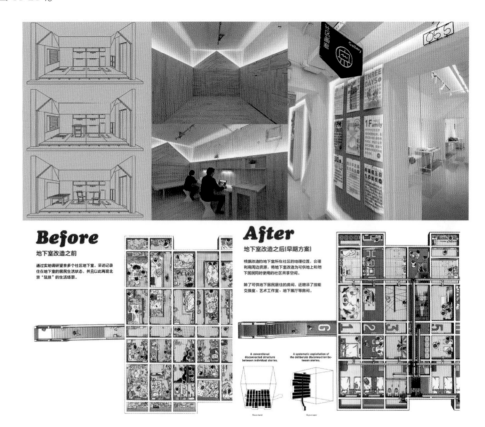

图 11-19　地瓜社区希望借助"技能交换"来实现年轻人的创业梦想

图 11-20　地瓜社区通过地下室改造实现社区共创

图 11-21　地瓜社区的创新服务体验得到了越来越多的关注

　　周子书的地下空间改造计划项目也吸引了更多的关注。该项目被当成一个有前景的创新模式供其他防空洞和地下室参考，由此也得到了地方政府和市政府的部分资助。目前，周子书团队又将地瓜社区"搬"到了成都，实施曹家巷地瓜社区改造计划。除了从地下改到地上，这个"地瓜"也不再是"第三方社会组织"，而是应成都市金牛区政府邀请，为曹家巷社区党群服务中心设计的工程。周子书认为：社区应该能够让"艺术和当地居民的日常生活形成新的碰撞"。

　　曹家巷修建于 20 世纪 50 年代，处于成都一环核心位置，曾是中心城区最大的危旧房棚户区，给当地人留下了"脏乱差"的印象。为推动拆迁问题的解决，曹家巷人提出了"居民自治改造"这个新模式成功破解了困局。2018 年，曹家巷一、二街坊棚户区自治改造项目正式启动，由回迁户、外来者、原住民这 3 个人群共同构建一个新的曹家巷集体社区。与此同时，成都金牛区政府与地瓜社区开始了社区改造计划。2020 年冬天，经过一年多的设计改造，曹家巷地瓜社区开业了。这个逾 2000 平方米的空间已蜕变成政府居民办事大厅和社区居民的共享空间，既是供居民玩耍休闲的天地，也是居民自主创业的孵化园（见图 11-22）。

　　在这个以红砖、铝合金等元素组成的空间里，分布着咖啡馆、剧场、自习室、瑜伽室和小酒馆。门内门外别有洞天：门外是中老年人围坐木桌旁喝茶谈天；门内是年轻人带着电脑边喝咖啡边自习或办公，新老之间在这里形成奇妙融合，也仿佛是成都绝对包容的缩影。曹家巷社区居民张氏兄弟还将收藏的 8000 本书拿出来供居民借阅，形成了独具特色的"读书墙"。读书会、文化对谈和书展激活了曹家巷的文化氛围，而"产消者"的文化已经融入社区的各个角落。街坊四邻互敬互爱，青银结合互助共创。地瓜社的愿景不仅在于北京地下室、成都曹家巷，也不只是创始人周子书的理念，而是中国实现绿色发展、和谐社会以及共享共创而迈进的重要一步，也是未来建设"中国梦"蓝图中最绚丽的一笔色彩。

图 11-22　曹家巷成为中国式共享共创生活社区的一个缩影

11.6　体验营销设计

随着体验经济的发展，在品牌旗舰店设计规划中，越来越多的品牌考虑到了空间体验设计的融入，使得品牌的实体零售店不再只是进行空间展示造型与摆放商品的设计，更多的是通过装置设计、科技体验、灯光设计、娱乐互动这几个要素进行创新，让消费者在进入空间后能够感受到其品牌文化，甚至是一种积极、先锋的生活态度、生活理念和生活方式。运动品牌中的佼佼者"耐克公司"将体验设计和新媒体融于品牌旗舰店的创新实践，成为数字体验营销的龙头企业。2018 年 10 月 4 日，耐克公司全球第一家以科技主打的体验旗舰店"耐克001"在南京东路 829 号世贸广场正式开幕。该店共 4 层空间，总面积达 3822 平方米。它通过体验式空间设计，集数字化和线下服务为一体，为消费者提供优质的产品设计和服务体验。

整个耐克 001 空间最具娱乐性的地方是位于店中央的广场的互动式体验区，在空间位置上属于整个耐克 001 的区域中心。它形同一个天井，这样的设计能够吸引许多聚集围观比赛的人流，无形中成为进店顾客的社交场所（见图 11-23），而进入核心广场的消费者之间相互比赛竞争也成为用"游戏化思维"推进产品营销的亮点。核心广场由一块贯穿 4 层楼的数字屏幕和 B1 层的运动场组成，B1 层的运动场是一个交互式的场地，地面也是由数字触控屏幕组成。这里除提供日常品牌活动、接待名人的空间功能外，还提供一种重力感应运动测试的游戏设计（它通过"触地跳跃、极速快步、敏捷折返"3 种游戏设置，让顾客感受新的试鞋体验）。

消费者参与体验的流程非常简单，他们可以通过耐克店铺服务员的协助，扫码验证NIKEPLUS 会员身份并直接体验店内的娱乐设施，包括跑步、跳跃，甚至还可以打篮球。体验者的运动数据或身体机能的数据可以直接显示到大屏幕和个人手机终端。你还可以邀请朋友一起参加个人挑战赛，看看谁的速度更敏捷（见图 11-24 左）。数字篮球场采用前沿的动作捕捉技术，并且邀请职业运动员为该装置提供数字化动作模型。在比赛现场，挑战者必须成功投中篮筐才能点燃球场大屏幕。通过整合来自地面 LED 交互屏和球框传感器的实时数据，这个智能球场借助完美的视觉效果为体验者打造了一个身临其境的比赛体验（见图 11-24 右）。快速变动的大屏幕和酷炫的音乐特效瞬间让耐克体验旗舰店成为一个客流爆棚的游乐场。

图 11-23　耐克 001 上海体验旗舰店成为"体验营销"的范例

图 11-24　耐克 001 上海体验旗舰店的数字篮板运动场及数据显示屏

　　除模拟篮球馆和体育场外，2018 年耐克还推出了耐克瑜伽项目，为瑜伽爱好者带来更好的运动体验。瑜伽不仅是一项运动，更是一种城市时尚生活方式。该瑜伽互动体验装置由可移动式多个独立单元组成，借由单元屏风式的遮挡效应，打造一个相对隐私的活动空间。在体验内容上，可选取瑜伽常见姿势，利用 Kinnect 镜头捕捉人像动作至投影布，并且呈现为标准人体骨骼动作图谱，同时帮助判断动作的标准程度（见图 11-25）。该互动体验系统由6 个独立空间组成，可以同时满足 6 人的体验。耐克淮海中路店正对橱窗的 LED 墙面上还提供了两人互动的瑜伽体验装置并增加了沉浸式的声效，其视觉风格更显女性化柔美的特点。

图 11-25　耐克瑜伽项目借助动作识别技术打造用户体验

　　此外，耐克公司在上海的街道旁设立了"耐克快乐跑小站"。这是一个由 3 个多边形近圆空间组成的线下互动体验空间，包括交互装置体验室、线下宣传空间和储物空间（见图 11-26）。该互动体验空间以明黄色调为主、红蓝为辅，地板铺满红蓝小球，展现奔跑时鞋底"滚动珠子"的跃动。体验者可以在跑步机上获取实时数据。该装置利用音轨分层增强音效，跑步速度越快，叠加的音轨越丰富，体验者感受到的动感就越强。同时，伴随着运动，空间内的小球会有高低起伏的变化。在一分钟互动体验时间内，内置相机可以将跑步与塑料球跃动的画面录制下来，制成即时短视频供体验者下载与分享。

图 11-26　耐克快乐跑小站将跑步与娱乐相结合

　　在体验经济蓬勃发展的时代，耐克 001 的营销理念是：消费者不只是购买产品，而是要通过亲身感受，体验耐克公司在科技前沿的创新。因此，耐克公司不仅引领零售和体育创新，也在重新定义体育零售的未来。耐克上海 001 体验店内有很多大型的体验装置，目的都是让消费者更能感知到耐克的技术。例如三层天花板上固定着一个巨大的履带传送设备，各种经典款球鞋循环往复地在上面传动，给人一种耐克球鞋生产车间的体验即视感（见图 11-27 左上）。潮鞋体验区用类似车间的陈列，还原了球鞋的草图设计、人机工程、材料研究等设计流程，让消费者在体验球鞋视觉效果的同时，感受到耐克对待设计的匠心之处（见图 11-27 左下）。女士试衣间里有自然光、瑜伽室和健身房 3 种不同灯光的效果。此外，这里还有耐克亚洲首家推出的"一对一设计"高端定制服务，顾客可以自己选择不同的材质、鞋底、鞋带、配件等，并且参与鞋品的个性化设计，直观感受"一双鞋的诞生"（见图 11-27 右）。耐克公司已经上线了微信小程序，消费者可以通过小程序预约定制服务。

图 11-27　耐克体验店通过大型体验装置为顾客提供个性化服务

　　除营销体验设计外，在 2016 年奥运会期间，耐克还利用"运动社区思维"将跑步、时尚与数字体验相结合，在菲律宾首都马尼拉市中心打造了全球首座 LED 互动跑道赛场。这个数字增强现实体验项目的独特之处在于：不只让跑者在繁华的都市中找到慢跑的好去处，也不再孤零零地一个人运动，而是创造出一个"虚拟的你"陪着你一起练跑。从俯瞰的角度看，这座名为"无限运动场"的倒 8 字无限运动场呈现循环形状，就像一个巨大的耐克鞋底原型，全长共 200 米，最多可同时容纳 30 人使用。环绕跑道的 LED 墙投影出跑者的虚拟影像。当跑步者进入无限体育场后，可以从 8 项基本运动训练挑战中选出一项。在设定初始圈数后，安装在跑步者跑鞋上的传感器让虚拟影像出现在旁边连续的 LED 大屏上，并且伴随跑步者一同前行（见图 11-28）。随着跑步者的速度越来越快，其虚拟影像的身材也将越来越高大。超精密射频识别（RFID）技术将追踪跑步者的轨迹并控制"分身"的速度。通过不断挑战自己的"分身"，你将会越跑越快并享受挑战自己极限的乐趣。

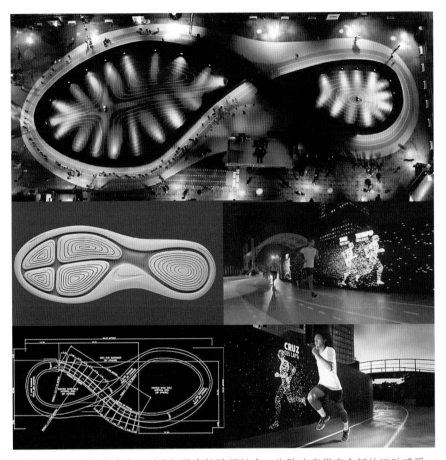

图 11-28 耐克将跑步、时尚与数字体验相结合，为跑步者带来全新的运动感受

面对数字化时代和新零售业态下的冲击，耐克将全新的体验式零售与高度创新的数字化转型相结合，通过交互体感技术、增强现实技术和射频识别技术，重新定义了其品牌的科技形象与未来生活方式，同时传递给消费者科技与艺术相结合的理念。耐克将产品体验做到极致，而且也为用户体验设计开辟了一个新天地。

案例研究A：慢食运动

在一个生活压力催着我们步履匆匆的时代，"慢"生活理念悄然兴起。1986 年，在罗马西班牙广场纪念牌旁麦当劳在意大利开设的第一家分店里，一群孩子兴奋地大嚼着汉堡。而店外一群手捧着意大利通心粉的游行示威者给这个画面添了一层别样的纪念意义。游行的领头者是意大利品酒家、美食家卡尔洛·佩特里尼（Carlo Petrini，见图 11-29），他对于工业化可能带来的食物与口味的标准化深感忧虑，发起了保护传统美食的"慢食运动"。1989 年，15 个国家的代表在巴黎共同发表了《慢食运动宣言》，迅速得到全球的响应，随后成立了国际慢食协会。该协会以一只蜗牛为标志，象征着人类的饮食应像蜗牛一样优哉游哉。该协会总部位于意大利，在德国、瑞士、美国、法国、日本及英国等超过 100 个国家设有分支机构，目前拥有会员约 10 万名，遍布全球五大洲五十多个国家。经过 30 年的发展，目前国际慢食协会已成为世界上最有影响力的非政府食品组织之一。该协会在意大利乃至世界范围内都极力推广其"优质、干净、公平"食品哲学。其清晰的理念以及稳健的行动不仅影响了普通人的餐桌，也影响了政府在农业及食品工业方面的各种决策。

图 11-29　国际慢食协会主席、慢食运动发起人卡尔洛·佩特里尼

"慢食"就其字面上看似乎是指慢慢食用的意思。"想长寿吗？慢点儿吃"是许多国家健康及饮食专家长期以来所倡导的。科学研究表明，细嚼慢咽后，食物对胃的刺激明显减少。此外，因仔细咀嚼分泌的大量唾液里含有 15 种能有效降解食物中的致癌物质的酶。每次进餐时间在 45 分钟以上是维持健康的基础。尽管细嚼慢咽有积极的健康意义，但从卡尔洛·佩特里尼的行动中可以看出，这里的"慢食"并非慢吃的意思，而是针对"快餐"而建立的一种文化创新。它反对快餐，鼓励人们放慢生活节奏，回归传统餐桌，享受美食的乐趣（见图 11-30）。"慢食"并不只是"反快餐"，它更关注的是在大量生产模式下全球口味的一致化、传统食材及菜肴的消失，以及快餐式的生活价值观。慢食运动提倡认认真真、全心全意地花时间去体验和享受一顿美食，学习并支持这顿美食背后的努力及传统。慢食文化以 6M 为其内涵，即 meal（美味的佳肴）、menu（精致的菜单）、music（醉人的音乐）、manner（周到的礼仪）、mood（高雅的氛围）和 meeting（愉悦的交流）。

位于地中海的意大利拥有绝佳的自然条件和悠久的文明历史，其传统食品（如意大利面和披萨）至今仍是欧洲人餐桌的基本配置。在慢食协会看来，小规模的食品生产不仅可以在最短距离之内满足人们的日常需要，节约食品交易成本，还可以完好地保存当地的文化基因。慢食运动提倡每个人都有权利享用优质、干净、公平的食物。优质食物是指兼具滋味与知识的食物，不经过任何改造的天然风味就能带给个人感官满足，并且和环境、个人记忆、历史文化有所链接。干净食物以对土地影响最低的方式生产，尊重原有的生态系及生物多样性，尽可能安全，不危害健康。公平食物则强调生产者有权得到合理的利润，消费者也能以适当的价格购买，两者都不被剥削。生产者及当地的传统风土人情都必须被尊重。从服务设计角度看，慢食运动的意义在于对当代生活方式的反思。古人云：民以食为天。"吃当地，食当季"不仅是绿色生活方式，也是一种理想和选择（见图 11-31）。对于设计师来说，把美食、体验与传统文化紧密结合，同时也与都市人的生活节奏相一致，无疑是一个长期而艰巨的任务。

图 11-30　慢食运动反对快餐文化，鼓励回归传统餐桌

图 11-31　"吃当地，食当季"是绿色生活方式和对大自然的尊重

课堂练习与讨论A

一、简答题

1. 从服务设计角度看，慢食运动有什么意义？

2. 什么是国际慢食协会推广的"优质、清洁、公平"食品哲学？

3. 慢食运动面临的最大挑战有哪些？存在哪些负面因素？

4. 既然长期食用汉堡等被证实与肥胖等身体问题有关，为何洋快餐仍在流行？

5. 慢食运动强调"吃当地，食当季"，如何能够保证供应链？

6. 慢食运动强调食品制作流程与来源的透明化，如何做到这一点？

7. 孔子曰："食不厌精，脍不厌细。"这和慢食运动的理念有何相通之处？

8. 观摩纪录片《舌尖上的中国》，走访并记录当地的特色餐饮文化与习俗。

二、课堂小组讨论

现象透视：源于日韩文化的"女仆餐厅"（见图11-32）在北京、上海、武汉等城市风靡一时，与一般餐饮业最大的不同在于该餐厅主要服务于ACG动漫粉丝群体，除餐饮外，该餐厅也是粉丝们社交、聚会和举办活动的场所。

图11-32　"女仆餐厅"主要服务于ACG动漫粉丝群体

头脑风暴：小组调研当地的"女仆餐厅"，观察并记录这些餐厅的服务特色以及前来消费的顾客的类型，由此提出一个针对"女仆餐厅"的服务设计提升方案。

方案设计：对特定用户偏好的理解和研究是服务设计最关键的因素。方案要求调研小组通过同理心来获得动漫群体认同感，打破"次元墙"的障碍。从建筑风格、店内装饰、餐饮、活动策划、服务语言、服务礼仪和服装服饰等方面提出方案，思考如何通过"粉丝互动"来提升"女仆餐厅"的人气和用户体验。

案例研究B： 创客教育

苹果公司的精神领袖史蒂夫·乔布斯曾经指出："设计＝产品＋服务。设计是人类发明创造的灵魂所在，它的最终体现则是对产品或服务的层层思考。"IDEO 创新设计的理论与实践延续了乔布斯的设计理念，但这种基于实践的设计探索精神源自创客文化。"创客"的原意是指一群酷爱科技、热衷实践的人群，其发源于美国 20 世纪 60 年代的"车库文化"。20 世纪六七十年代，美国大学生对越战的厌恶和对贵族化生活方式的反叛催生了加州学运的风潮（见图 11-33）。英国披头士、波普艺术、滚石音乐、招贴艺术、朋克部落等风靡校园。藐视一切权威、挑战道德和文化底线以及对宗教、哲学和神秘主义的精神探索也成为那个时代青年所拥有的财富。时隔多少年后，我们还能够在乔布斯身上依稀看到当年那个桀骜不驯、崇尚瑜伽、迷恋滚石音乐的辍学大学生所带有的亚文化烙印，而且苹果公司所信奉的哲学"与众不同"恰恰是创客文化最为推崇的时尚先锋理念。

图 11-33　流行于美国加州的反战运动是创客精神的来源

乔布斯通过投身于加州反主流文化运动，在禅修、迷幻、东方哲学、部落文化与摇滚乐中体验到了激情、分享和对艺术的热爱。他最先看到了新技术、新文化和新媒介的出现，并且从反主流文化转向赛博文化。1975 年，他和年轻的工程师斯蒂夫·沃兹尼克合作，在自家车库中"攒"出了最早的苹果电脑，也成就了一个当年的创客成功创业的经典故事。他说："我年轻那会儿有一本非常好的杂志，叫作《全球概览》（见图 11-34），这算得上我那一辈人的圣经。创办这本杂志的人是一位名叫斯图尔特·布兰德的小伙子，他就住在离这里不远的门罗公园。他用诗意的笔触为这本杂志赋予了生命。那是在 20 世纪 60 年代，电脑和桌面出版还未普及，因此整本杂志都是用打字机、剪刀和拍立得相机完成的。它犹如纸质版的谷歌，但却比谷歌早出现了 35 年。这本杂志充满理想主义、新奇工具与伟大的见解。"乔布斯说的这本当年创客们视为"圣经"的杂志是一本涵盖约 120 个商品的 61 页的小册子，内容包括图书和杂志介绍、户外用品、房屋、各种工具和机器制造图纸，可以说是创客文化的代表（见图 11-35）。

图 11-34　纸媒时代的脸书——《全球概览》

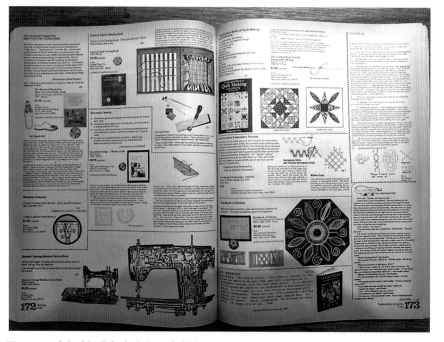

图 11-35　《全球概览》杂志是一本创客 DIY 手册（户外用品、工具和机器制造图纸）

进入新世纪以来，随着计算机、互联网、3D 打印、可穿戴技术的发展，创新 2.0 时代的个人设计、个人制造的概念越来越深入人心，激发了全球的创客实践。特别是创客空间的延伸，使创客从 MIT 的实验室网络脱胎走向大众。2011—2018 年，在深圳、北京、上海等地，科技粉丝和"技术宅"们纷纷登场，举办了多届创客嘉年华（见图 11-36），为普及和宣传创客文化起到了重要的推动作用。当下的创客已经不限于技术宅，艺术家、科技粉丝、潮流达人、音乐发烧友、黑客、手艺人和发明家等纷纷加入了这个"大家庭"。"创客"一词的含义已演变成寻求创新突破口的年轻人，也指勇于创新并努力将自己的创意变为现实的人。观察思考、勤于动手、工匠精神、艺工结合、创意分享、创新创业和科技时尚已成为创客的标签，创新、创意和创业也成为了这个时代的主旋律。

图 11-36　位于深圳蛇口的一场创客嘉年华的活动现场

创客人才如何培养？新世纪以来，芝加哥大学、斯坦福大学、卡内基 - 梅隆大学、麻省理工学院和诸如苹果公司、微软公司、IDEO 公司等都通过多种途径探索创新人才的培养模式。随着全球文化创意产业的快速崛起，硅谷的 T 型人才结构受到了普遍的关注。所谓 T 型人才，就是既有通过本科教育获得的对某个别领域的纵向知识深度，又具备通过研究生学习和早期工作经验获得的对于其他学科和专业背景的横向鉴赏和理解的人才。该模型由 T 型的立方结构表示，分别代表知识的深度、广度和高度（厚度）3 个坐标，也代表本科、硕士研究生、博士研究生 3 种教育所要达到的目标（见图 11-37）。这些人通常具有较为坚实的科学、技术、工程、艺术和数学（STEAM）背景，特别是对于科学与艺术的结合有着浓厚的兴趣。T 型人才勤于思考和动手实践，也乐于分享，往往是创业团队中的核心成员。

艺术、技术与商业相结合的人才培养已成为教育界的共识。例如，芝加哥艺术学院设立了艺术管理 MBA 学位，直接将艺术设计与商业管理相融合，为创业型设计人才提供更全面的素质教育。斯坦福大学、耶鲁大学和卡内基 - 梅隆大学等将设计思维课程引入商学院，用"艺术＋技术"的理念启发商科学生的创意思维。2014 年，清华大学启动科技孵化器机制，重点

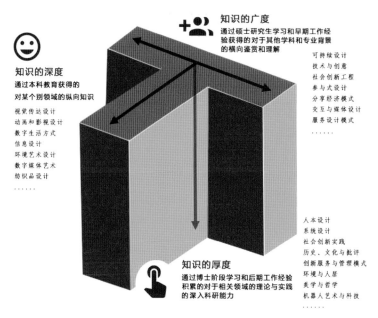

图 11-37 "T 立方"代表了本、硕、博知识的深度、广度和高度

扶植以学生为主体的创客活动实践。清华大学创客空间（x-lab）联合了经管学院、美术学院、工业工程系等院系以及校友会等业界精英，开展了一系列具有鲜明实践性、创造性、互动性和学科交叉性的挑战性研发项目，如"百度自行车"等。清华的 x-lab 还以创意与开发原创性产品为目标，从创意到创新，再到创业，逐步递进并协同互动，从而推动人才培养模式的创新。

通常理工科学生有着较强的逻辑思维能力和执行力，在软件编程、数据库和应用软件实践领域有着很大的优势，这使得他们往往成为创业的骨干或核心力量。而艺术和文科类学生在发散思维、人际黏合性以及沟通、创意和表现力方面见长，通过多学科项目团队来实现这种"艺工融合"和跨界思维无疑是最有效的途径。麻省理工学院媒体实验室教授、原设计总监前田约翰说："我们的研究是没有方向的。"媒体实验室的研究范围包括智能车、智能农业工程、人工腿、改造大脑、拓展记忆、情感机器人……这些五花八门的研究涉及多个学科，如果用一个共同的主题来概括，那就是"拓展人类的能力"。

T 型人才往往与其个人在青少年时期养成的观察、学习和思考的习惯有关，因此近年来，各国都把 STEAM 教育和创客活动结合起来，鼓励学生们从小动手实践，利用简易材料制作创意原型。创客更看重从周边生活中发现和寻找创意，毕竟创客精神就来源于动手动脑的车库文化，当年史蒂夫·乔布斯、比尔·盖茨等人也都是从自家车库开始，将创意、科技、动手实践和商业思考相结合，最终实现了事业的梦想。这些也鼓励了小创客们的激情。

2015—2016 年，北京市青少年协会连续两年举办了"北京市中小学创客秀"，这是从小培养学生们的科技兴趣与动手实践的创意马拉松活动。除展示各校的科技展品外，这个活动还通过现场组队编程的方式进行机器人大赛。各校参赛的作品可谓琳琅满目、丰富多彩。例如，北京二中的展品是"距离情感交流机"，他们希望利用"握手"的遥控互动体验装置来感知来自远方亲友的温度，实现情感沟通（见图 11-38 上）。小创客们也关注未来科技发展的方向，如昌平区昌盛园小学的学生自己设计了"太阳能背包"和"太阳能帽"，通过太阳能板来为电池充电（见图 11-38 下）。虽然这些设计还存在一系列问题，但是小创客们关心环保，也试图通过数字科技来创造发明，这是一个特别值得鼓励的方向。STEAM 教育模式、T 型人才和创客活动看似是分离的领域，但它们的共同点是强调设计思维和动手实践，鼓励从问题出发进行思考，培养设计师的责任意识。创客精神的核心其实就是实践、分享、思考与强烈的使命感。

图 11-38　"距离情感交流机"和"太阳能帽子和背包"

课堂练习与讨论B

一、简答题

1.什么是创客精神？创客发源于哪里？

2. 为什么在 21 世纪数字时代还要强调创客文化？

3. 创客精神与服务创新设计有何联系？

4. 高校的艺术类课程中如何体现"艺术＋技术"的交叉学科特色？

5. 为什么斯坦福大学要将设计思维课程引入商学院？

6. 创客文化、STEAM 教育、T 型人才之间的共同点在哪里？

7. 如何为中学生策划一场科技艺术夏令营？如何融入创客文化？

8. 结合自己所学专业，思考如何为本地的"美丽乡村"建设出谋划策。

二、课堂小组讨论

现象透视：随着全球老龄化的加快，世界许多国家都开始研究针对 65 岁以上的群体的产品与服务设计。其中，老人专用手机成为连接生活服务、娱乐、社交以及医疗保健的重要智能工具（见图 11-39）。

图 11-39　老人专用手机在配置与服务上需要更多的设计

头脑风暴：请小组调研目前市场上不同厂家推出的老年专用手机的规格、配置与默认预装 App 的情况，思考哪些功能才是老龄群体的刚需？

方案设计：将调研结果进行列表或通过雷达图、象限图等进行比较分析（采集的数据可分为生活服务、社交、娱乐、医疗保健几个模块）。然后根据老龄群体的刚需特点，特别是结合老人的生理、心理特征，开发一个通用型老龄手机专用界面的原型设计方案。

课后思考与实践

一、简答题

1. 如何理解社会创新与服务创新？举例说明什么是社区养老。

2. 在社会服务领域，从无人超市到互助养老有哪些创新实践？

3. 为什么曼奇尼教授认为现在是"人人设计的时代"？如何定义服务创新设计？

4. 如何从设计角度理解城乡共创 / 新型城乡关系？

5. 当前服务创新设计主要集中在哪些领域？为什么？

6. 为什么 STEAM 教育非常重要？举例说明 STEAM 教育的标准。

7. 什么是 T 型人才结构？如何才能培养出知识复合型及实践型人才？

8. 调研地瓜社区的现状，分析新冠肺炎疫情对共创社区可持续发展的影响。

二、实践题

1. 让儿童从小就能够动手编程和组装硬件是未来发展的趋势。请设计一套面向儿童的编程教学课程，如 Scratch、LEGO Mindstorms NXT（见图 11-40），让儿童能够设计和拼装智能化玩具，要求提出一套方案并设计简报（PPT）。

图 11-40　乐高通过 Mindstorms NXT 让儿童从小接触机器人编程

2. 创客一般从周边生活中发现和寻找创意。例如，小区的狗狗们喜欢在停放的汽车轮胎上撒尿，而这会影响轮胎的寿命。请调研这种现象，设计一种可以安装在汽车轮毂上的"超声波智能驱狗器"。

第 12 课　服务设计与未来

　　每一种新媒介的产生都会开创人类认识世界的新方向并改变人们的社会行为。随着人工智能技术的快速发展，我国服务业的数字化与智慧化的进程正在加快。2022 年北京冬奥会就是一个向世界展示我国疫情防控下智慧服务的窗口。本课将重点介绍当前发展高端服务业的意义和价值，特别是后疫情时代的设计特点以及"未来一切皆服务"的大趋势，进而说明服务设计将成为推动设计创新的引擎。

//////////

12.1 畅想未来生活方式

媒介大帅、加拿大媒介学者米歇尔·麦克卢汉（Marshall McLuhan，1911—1980）说，预测未来要用"后视镜"的方式，才能理解当下发生的一切对未来的意义。那就让我们憧憬一下未来吧：清晨，随着一缕阳光透过窗帘，家庭机器人开始发出悦耳的声音（见图 12-1）。这个机器人乖巧伶俐、服务周到。它除了能够照料大家的起居生活外，还可以给全家人讲有趣动听的故事。革命性的人工智能机器人 Siri Advanced 已经成为众人瞩目的焦点。这个机器人借助云计算网络已经达到很高智能，可以帮助出行、购物、看病和娱乐，满街都是拎着耳机和领着"苹果小秘"一起出行的人。其他的专业服务（如针对医疗、游乐、教育、健身、早教等）机器人也如雨后春笋，成为生活中的一景……

图 12-1　家庭机器人和智能家居是未来家庭的必备

当大家洗漱完毕时，"机器保姆"已经把早餐端上了餐桌。这些食品是在厨房 3D "打印"出来的，含有各种维生素、蛋白质、膳食纤维，有多种可选择的形状，其颜色、香味和口感也是多种多样（见图 12-2 上）。智能手环帮助人打开车库门，挥手之间，爱车已经自动驶出车库（见图 12-2 下）。由丁自动汽车已经遍布全球，因此世界各国政府要求所有的汽车必须接入交通网络。手动汽车已成为奢侈品……

图 12-2　未来厨房的 3D 打印食物和智能化出行方式

当你走进一家咖啡厅，挑一张靠窗的桌子坐下，机器人服务员会端来你刚刚在路上预订的饮料。透过袅袅升腾的热气，你望向窗外。街道上车水马龙，但并无一处发生堵塞或事故。你不禁回想，自从自动驾驶和智慧城市大脑这类技术大范围应用后，已经有多少年没有见过堵车了？现在的城市环境也比前些年好了很多，新能源汽车的普及功不可没。路边行人如织，来往穿梭在一家家鳞次栉比的店铺里。于是你也在想着，一会儿要不要去那些漂亮的自助小店逛逛，选几件贴心的商品，稍后再让快递机器人或快递无人机帮你运送回家……

21 世纪中期的校园，智能建筑、智能教室和交互式液晶黑板已不是新鲜事（见图 12-3）。最前卫的时尚潮流是：iCyborg 植入式智能芯片已成为事实上的人机互动媒介。无论是坐自动汽车、购物、健康诊断，还是获取开一个冰箱门的授权，都需要通过 iCyborg。医院提供为新生儿直接植入 iCyborg 的服务。从出生起就植入芯片的一代称为 C 世代，虽然他们外表和普通人无异，但借助"芯片脑"的协助，在艺术、文学、数学和工程等方面的学习和创意能力要显著高于未植入芯片的同学。科学家发现，从幼年起就植入 iCyborg 的一代有着更强的智商和情商，对智能芯片技术友好的 C 世代已经开始准备管理 22 世纪的人类社会。

图 12-3 未来校园的智能建筑、智能教室和交互式液晶黑板

　　智能手环开始闪烁，提示我身体出现了一些状况。医生使用的"扫描听诊器"可以让身体内部完全透明，智能医疗诊断系统随后会给出病情和处方（见图 12-4 上）。医生们在液晶显示屏前面一起会诊，决定应该采取哪些治疗方案。智能系统调取我的个人数字芯片病历，这里存储了病人出生后的全部病历文字和影像资料，智能化的可视图表还清晰地展示了各项生理指标，如血压、脉搏、血糖和血氧浓度等。诊断的结果是轻度脑血栓，随后通过植入脑部的"药物泵"进行治疗。这个颅内纳米泵会根据智能芯片的指令，定时定量输入药物。同样，输液后的各项指标也会实时动态地传到智能手机和医生办公室的电脑。智能医疗辅助系统已成为所有医院和家庭诊所必备的设备。我回到了温馨的家，女儿给我讲述了她一天的趣事，特别是还展示了通过虚拟现实返回古代和恐龙互动的经历（见图 12-4 下），家庭机器人展示了现场的照片和记录的欢声笑语。她今天的家庭作业是如何通过转基因技术和逆向生物工程来重建一只带翅膀的飞龙。

图 12-4　智能医疗诊断系统与智能家庭娱乐

12.2　智能设计与服务业

　　事实上，随着人工智能技术的快速发展，我国服务业的数字化、智慧化进程正在加快。
2022 年北京举办的冬奥会为全世界展示了独一无二的"智慧餐厅"，外国运动员、体育官员
与媒体记者们为之赞叹不已（见图 12-5）。位于张家口奥运主场馆媒体中心的这家智慧餐厅
提供了包括中餐和西餐烹饪、调制鸡尾酒等多种服务，所有的工序都由机器人完成。用餐者
在餐桌上扫二维码点餐后，菜品会通过餐厅顶部的云轨系统运送到餐桌上方，随缆绳降落，
悬停在人们面前，供其取用。从点餐、制作到出餐的全流程都由机器完成，餐厅的智能、自
动化设备能够 24 小时运作，除煲仔饭，还可以制作炒饭、汉堡约 200 种菜品。该餐厅能够
接待约 3000 名文字、摄影记者及 12 000 名转播人员；在新冠肺炎疫情下不仅可以保证出品
效率的提高，还可以减少人与人之间的接触。这也意味着餐饮智能化时代已经到来。

图 12-5　北京冬奥会的智慧餐厅

　　早在 2018 年，国内的各大餐饮品牌就已经开始大规模入局智慧餐厅。杭州五芳斋推出首家无人智慧餐厅，通过 24 小时营业和自助点餐 / 结算 / 取餐，大大节约了就餐时间，再无排长队现象发生；而且还有智能推荐菜单为食客提供多种贴心的选择。2020 年，碧桂园旗下千玺机器人餐饮集团在美食之都顺德打造了 FOODOM 天降美食王国机器人餐厅，三合一云轨系统、粉面浇头机、能量早餐机、汉堡机器人、单臂煎炸机器人、迎宾机器人、雪糕机器人等黑科技纷纷亮相，业界反响热烈。同年，海底捞和阿里云联手，斥资 1.5 亿在北京上线首家海底捞智慧餐厅，从等位点餐到厨房配菜、调制锅底和送菜，都实现了高度智能化。

　　2021 年海底捞推出的升级版智慧餐厅提供了全自动菜品库，从补货到出菜全流程无须人工参与。2021 年 6 月，吉野家推出首列黑科技智能火车送餐。此外，还有盒马鲜生在上海推出的智慧化餐厅、周黑鸭和微信共同打造的"智慧门店"等。从扫码点餐、无人收银、餐饮机器人上岗到冬奥会展示的全流程智慧餐厅，餐饮行业数字化趋势与创新服务正在逐步提升（见图 12-6）。特别是在当前疫情防控的大背景下，降本增效和服务创新倒逼餐饮企业另辟蹊径，加快数字化转型。无论是生产端、供应端，还是渠道、消费者端等，数智化都在日益展现出它的威力。

　　从长远看，人工智能肯定会极大地改变现有的服务市场。经济学家预测：到 2030 年，人工智能将为全球经济带来 15.7 万亿美元的财富。很多收益来自自动化取代大量人工的工作。而在人工智能世界，服务 / 用户体验设计师会和工程师、技术研发师一样，占据着重要的位置。智能时代设计师的意义在于保证人们与人工智能之间的交互及体验是以人为本的、吸引人的，而且是有意义的。除此之外，设计师还必须考虑整个系统以及生态，使其创造出积极

图 12-6 智能机器人已成为服务业的新兴力量

且具有影响力的社会价值。人工智能擅长通过数据库采集信息从而处理复杂的计算，也擅长处理重复的机械式工作及计算。但计算机很难从复杂的信息资源中分析并提取一些有价值的信息，无法结合上下文做出细微的推断，且无法使用人类的情感天赋以及所谓的"常识"去作一些判断，而人类在优化、商讨、解释、情感、协同、领导力、同理心甚至幽默等方面则占有非常大的优势。因此，通过技术与人之间的互补关系让机器发挥优势，同时降低人类的劳动强度以及工作的乏味感、疲惫感与冷漠感是服务设计师最需要关注的问题。

日本一家养老院专门为老人设计的人工辅助泡澡（洗澡）的装置是一个很好的人机结合的范例（见图 12-7）。养老院的服务强度主要体现在给老人洗澡、喂饭（失智老人或高龄老人）与日常护理（如定时翻身、轮椅服务、喂药以及卫生间服务等）的环节中，这些工作往往需要一定的体力，会让护工吃不消。与此同时，老人由于心智退化，更需要情感陪护（如聊天、玩游戏、唱歌或集体操等），这些又需要护理人员具有一定的心理学与情感护理的知识，这两种性质的工作经常会发生矛盾。该养老院的方法是尽量通过自动机械设备来减轻护工的体力强度，而把更多精力用于老人的情感陪护。这个泡澡设备让老人不用下床就可以平移到浴缸床上，通过自动升降来实现泡澡、洗浴、暖风干燥一系列过程。护士则主要负责操控设备，控制转运床、浴缸床与浴缸之间的无缝对接。此外，这个老人院还有一个座椅式泡澡浴缸（见图 12-7 右下），可以直接将老人轮椅推入后合盖，该设备通过自动泡澡流程让老人在轮椅上就可以实现每周泡澡 2~3 次的愿望。

2018 年，创新工场董事长兼首席执行官李开复博士在 TED 演讲台上做了《AI 如何拯救人性》报告（见图 12-8 上）。他指出：常规性、重复性的工作会被人工智能取代，但我们可以创造出许多关爱型工作。"在人工智能时代，你们难道不认为我们需要更多社会工作者来帮助人们平稳过渡吗？你们难道不认为我们需要更多富有同情心的护理人员吗？他们虽然还是使用人工智能进行医疗诊断和治疗，但却可以用人性之爱的温暖包裹冷冰冰的机器。你们难道不认为我们需要数以十倍计的教师来手把手帮助孩子们在这个美丽新世界中生存和发展吗？"

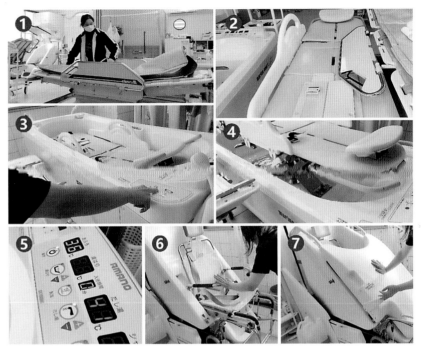

图 12-7　日本养老院专门为老年人泡澡设计的专用设备

李开复博士还在会上分享了未来人工智能与人类服务的"四象限图"（见图 12-8 下）并说明了 4 种我们与人工智能共事的方式：第一，人工智能将代替我们承担重复性工作；第二，

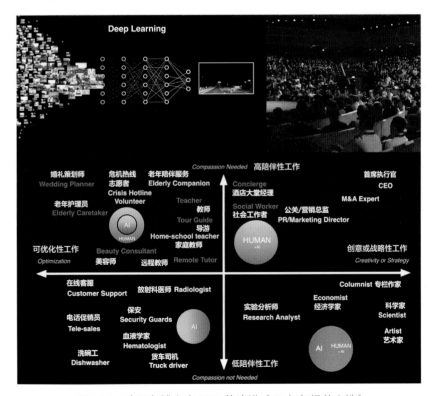

图 12-8　李开复博士在 TED 的演讲《AI 如何拯救人性》

人工智能工具将帮助科学家和艺术家提升创造力；第三，对于非创造性、关爱型工作，人工智能将进行分析思考，人类以温暖和同情心与其相辅相成；第四，人类将以其独一无二的头脑和心灵做着只有人类擅长、以人类创造力和同情心取胜的工作。这就是人工智能和人类共生的蓝图。服务 / 用户体验设计师需要重点挖掘"四象限图"左上区域中的人机交互的商机，分析"关爱型"领域服务工作的特点，并且结合"以人为本"来构建一个和谐的交互系统（如智能老年护理等），让人与机器都能够发挥出更大的潜力。日本养老院的泡澡设备与服务流程正是体现了未来服务业将走向智能化、人性化、体验化与高端化的发展趋势。

12.3　高端服务业的兴起

人工智能是当下的热点话题，在服务业中得到越来越多的运用，成为服务创新的主要来源。医疗保健、酒店餐饮、商场银行等行业随处可见服务机器人的身影。人工智能的快速扩张不仅带来了就业结构的重塑，更对服务业转型升级起到重要的作用。特别是近年来快速兴起的高端服务产业，如医疗保健、服务外包、金融保险、智力咨询、创意产业、研发设计等，已经成为推动未来国民经济发展的重要力量。此外，与新冠肺炎疫情防控相关的二维码检测、行程数据追踪、核酸检测等特殊服务也在迅速发展。全球设计研究和咨询公司"福瑞斯特研究所"对全球约 100 家服务设计机构进行了调查，其发布的报告揭示了全球服务设计行业的发展趋势（见图 12-9）。医疗保健、金融、政府、智库、教育、零售业等 18 个行业构成了服务设计公司的主要客户。无论是北美、欧洲还是亚洲太平洋地区，随着高科技的渗透，健康、医疗、金融与保险部门对服务设计的需求越来越大。特别是 2020 年的新冠肺炎疫情的大流行改变了公众对健康出行和工作环境的关注，手机银行、小额信贷、互联网金融、加密货币的发展也改变了银行与保险业的服务模式。该份报告指出，新兴国家可能成为当下服务创新热潮中受益的主要地区。例如，中国不仅是全球制造业强国，而且通过加入世界贸易组织向外国投资者开放了服务业，这进一步促进了服务业的快速增长。智能手机、物联网和可穿戴设备的普及打造了新的高端数字服务生态，这给我国服务设计行业带来了更多的实践与发展的机会。

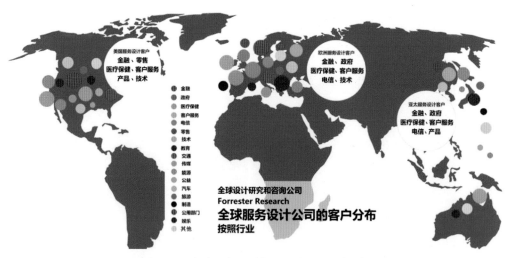

图 12-9　全球服务设计行业及客户所属领域

例如，在会展旅游领域，个性化、定制化的体验需求已成为影响文旅产业的重要因素。全球人工智能服务商 ADVANCE.AI 总结了以下几个主要的应用场景。

（1）聊天机器人

聊天机器人通过与客户进行聊天对话，根据客户过往订单的历史信息记录，向客户提供有针对性的建议，为客户答疑解惑并帮助客户完成交易。对于个性化极强的旅游业来说，AI的助力更能凸显其优势。全天候聊天机器人能够帮助企业节省大批人力物力。聊天机器人除了能够与客户对话解决问题外，它还能够帮助规划最佳航班路线，利用算法从以往预订数据中筛选出最具实用性或最具吸引力的路线，帮助客户节省路途所需花费时长。此外，聊天机器人通过监测交通流量提供 GPS 语音导航。智能导航软件可以根据实时路况变化，提示出行者躲避拥堵路段，推荐更快、更优的路线，帮游客更快到达景点或目的地。

（2）人工智能导游

智能导游设置了丰富多彩的人设，可以按照不同语言讲解风格选择定制化专属导游，满足用户不同的喜好和需求；还可以根据观光位置的变化进行智能化讲解，让用户实时感受到智能导游服务的便利。另外，智能导游的自然语言处理功能可以采取语音交互的方式，使得用户可以直述需求，实时解决疑惑。部分 App 还可以借助增强现实的方式，给游客提供更多的服务信息（见图 12-10）。

图 12-10　人工智能、大数据与机器人技术已广泛用于旅游业

（3）出境游随身翻译

随着出境自由行持续升温，旅行者的消费诉求正在向以体验为主的深度游转型，旅行者更加期待能深入体验当地的独特文化，而不再是"抱团取暖"式的旅行团旅游。语言不通导致交流障碍，对于自由行者来说，一个能即时准确翻译的机器成为他们翘首以盼的热点。

（4）迎宾机器人

随着人工智能的普及，现在一些酒店和景区纷纷引入迎宾机器人，为客户提供相关信息查询、预约等服务，以提升服务效率和客户体验。近年来，依托人工智能技术的无人酒店在各地陆续开业，靠着智能机器人的加持完成整个酒店体验。这种全新的智能体验感吸引很多人前往酒店打卡体验。

（5）VR 数字体验

虚拟现实与增强现实技术可将实体与虚拟相结合，推进旅游业的发展。人们可以提前体验精彩纷呈的旅游线路美景，这不仅可以高效宣传旅游景点，还可以让客户身临其境地感受到旅游的趣味（见图 12-11 上）。"VR+AR"技术在旅游业的应用场景还有很多，如旅游地区的天气预报、附近交通枢纽、街景细节等都可以呈现出来，为客户提供一站式服务。

（6）人脸识别票务

基于人脸识别技术可以快速实现身份认证，当人流量较大时，自助人脸识别通道便成为人们的出行首选（见图 12-11 右下）。如今，许多旅游景点都在进行升级和改造，增加了人脸识别系统。只要游客在景区完成了第一次人脸信息采集后就可以直接"刷脸"入园，即便游客不小心丢了纸质门票或删了购票短信，也不会妨碍进入景区。景区人脸识别系统不仅方便了游客，也为景区减少了工作量。截至 2020 年，全国共有 A 级景区一万多个，其中 5A 级景区约 200 个。在这样的竞争环境下，景区必须适应时代的发展，与新技术相融合。"创造智慧＋景点"成为评分的重要指标。人脸识别不仅提升了景区体验，降低了人工成本，提升了景区的美誉度，也为疫情防控期间大家的安全出行提供了保障。

图 12-11　虚拟现实、增强现实与人脸识别技术已应用于旅游行业

国际经验表明，人均 GDP 从 5000 美元上升至 10 000 美元是低端服务业向高端服务业加速发展的拐点，而我国 2021 年的人均 GDP 已突破 1.25 万美元，这正是发展高端服务业的大好时机。在发达国家，制造业平均利润仅为 5%，而高端服务业的平均利润达到 25%。2020

年，美国高端服务业占 GDP 的比重上涨至 81.5%，主要为金融和保险、房地产、政府服务、健康和社会保健、信息以及艺术和娱乐。而目前我国高端服务业的比例仅为 30% 左右，这表明未来高端服务业发展空间十分巨大，服务外包、软件外包、科技研发、创意动漫、现代物流、金融服务和现代商贸是其中的突破口。推动高端服务业最有力的因素是人工智能、大数据与物联网。虽然目前服务业的人工智能已经能够部分替代企业客服、厨师、服务员、迎宾员和导游的工作，但它完全取代人类服务业还遥遥无期。对于大多数企业来说，人类与人工智能的结合是更好的途径，我国大力发展高端服务业的价值正是体现在这个方面。

12.4　后疫情时代的设计

当前，我们正处在一个聚变的科技时代，也是一个疫情肆虐的特殊时期。世界新一轮科技与产业革命以及这一次的新冠肺炎疫情将重塑我们的生活方式，颠覆现有很多产业形态、分工和组织形式，改变人与人、人与世界的关系。新冠病毒危机的规模会让人想起 911 恐怖袭击或 2008 年的金融危机，到 2022 年，全球新冠感染人数超过 4 亿、死亡人数超过 600 万，仅美国就有超过 90 万人死于新冠。这些黑天鹅事件以持久的方式重塑了社会，从我们的买房、购物、旅游、安全和社交到衣食住行各个方面，甚至影响了文化和消费习惯。家庭数字娱乐、外卖、网购、在线办公与设计、在线教育、远程会议等新型服务形式成为后疫情时代服务业的新特征，其中的一些议题也是设计师需要特别关注的。

1. 医疗保健服务成为刚需

疫情使得近现代以来人类对传染病和公共卫生的看法发生更深刻的变化。20 世纪 70 年代的主流观点认为，随着人类健康医疗的进步，传染病会逐渐减少并淡出历史舞台，此后人类生命威胁主要来自"三高"、非传染性和退行性的疾病。但这次疫情颠覆了传染病将趋于消亡的观点，给人类健康和致命传染病的预防与治疗提出了新课题。对服务设计来说，后疫情时代的医疗保健、公共卫生服务、家庭护理和体育健身等将成为热点领域（见图 12-12）。

图 12-12　在后疫情时代，医疗保健服务成为刚需

2. 创新企业商业与管理模式

2020 年因疫情影响，各大企业开始寻找新的模式和旧模式创新，总体上 2021 年服务设计是从对内和对外两种视角帮助企业变革和创新。这种创新不仅是针对外部消费者和客户，更是针对内部颠覆和改革。服务设计应用于产品服务的组合与系统，帮助企业提供更满足消费者需求的产品服务组合，以形成新的商业模式。在内部，服务设计帮助改善内部商业流程，进而提升组织创新和设计；突破部门职能分工界限，按照企业特定的目标和任务，把全部业务流程当作整体，实现全过程、连续性的管理和服务。这种管理方式弱化中间主管层次的领导作用，缩短过长的管理路线，帮助建立可持续内部商业管理。

例如，Adobe 公司通过旗下 PS、AI、PR、Acrobat 等一系列应用软件和各种云服务，成功转型为 SaaS（软件即服务）企业并为创意设计师和营销人员提供全新的解决方案。Adobe 不仅有视频编辑、动画、数字艺术和在线设计等业内领先的 SaaS 产品和服务，而且还有 Behance 设计师社区以及 Adobe Stock 图片素材网站，成为设计师的首选资源之一。此外，Adobe Sensei 是一个 AI 机器学习系统，它可以帮助创作者在多个应用中简化设计流程。分析师的共识是，疫情防控下人们不得不远程工作，同时会更加依赖软件服务。Adobe 公司通过软件月付或年付的"订阅服务"，增加了用户黏性并推动了业绩的增长（见图 12-13）。

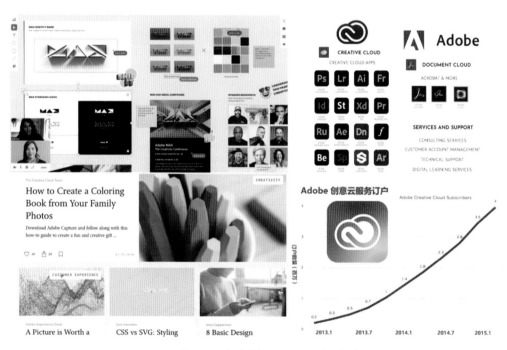

图 12-13　Adobe 的 SaaS 战略增加了用户黏性并推动了业绩增长

3. 注重 Z 世代体验消费

随着消费市场逐渐复苏，消费者的自我需求开始上升，同时呈现多元化和"圈层文化"的特点。95 后 Z 世代人群更习惯于"虚拟＋现实"的双重身份，作为伴随着互联网成长起来的一代，一方面他们仍在现实世界追求、拼搏、追星、奋斗；另一方面，宅家、网络、游戏、动漫与网络社交带给他们更多的想象力与情感体验，对潮流文化更敏感。在这样的背景下，服务设计需要认真研究 Z 世代的人群特征、消费模式和文化特点，特别是帮助企业从战略角度优化现有内容和方向，从而更好地满足 Z 世代客户体验。例如，元宇宙是 2021 年前沿技术领域最热的话题之一，基于元宇宙的创作工具 / 引擎、虚拟 AI、虚拟人等也成为 Z 世代人群关注的热点。2021 年，超写实数字人 AYAYI（见图 12-14 左上）、国风虚拟偶像"翎"、超写实数字女孩 Reddi 等虚拟人先后入驻小红书。海外知名超写实虚拟人、日本网红 Imma（见图 12-14 左下）和法国网红 Lil Miquela（见图 12-14 右下）在小红书上的粉丝已超过 10 万。Imma 代言了梦龙冰激凌等品牌，Lil Miquela 还登上了著名的海外时尚杂志 *ELLE*，成为该杂志的首位虚拟网红。

图 12-14 数字虚拟人已成为时尚圈中的网红形象

4. 远程工作学习成为常态

随着疫情防控的常态化和长期化，近年来计算机、家具、桌椅的贸易数据大幅度飙升，社交隔离使得人们宅居的倾向加强，并且使与"独处"相关的商品和服务需求快速增长，我们的家变成了工作、锻炼和数字休闲的地方。贝恩公司的一项调查显示，在危机发生后，远程工作的员工比例从 63% 上升到 87%，而 51% 的被调查者更喜欢远程工作。对于服务设计来说，家庭数字娱乐、在线办公与设计、在线教育以及远程问诊等服务都会有大量的商机出现（见图 12-15）。小区里跑步的人数也比过去增加了，这会给可穿戴设备（智能手环等）带来新需求。即便疫情结束后，这些方面的改变也都会导致结构性的变化。在经历了疫情后，人们对居住社区有了新概念。除了对室内居住空间需求的变化外，人们对社区生活及周边配套设施要求也发生了改变，"15 分钟生活圈"成为热门概念（见图 12-16）。这种新的"城市乌托邦"寓意社区的居民在步行或自行车路程的范围内就可以找到衣食住行育乐等大部分日常所需的服务。远足旅游不再受青睐，而"回归本地生活"重新进入公众的视野并成为一种有价值的环保主义生活方式。

图 12-15　疫情使得居家办公与在线学习工作成为新常态

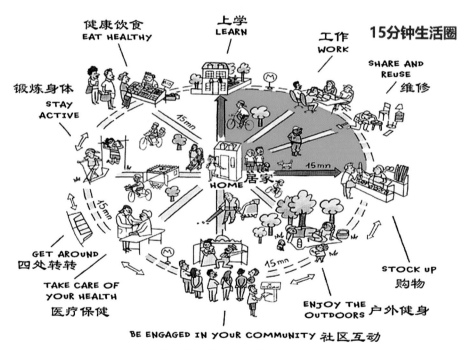

图 12-16　后疫情时代"15 分钟生活圈"受到重视

　　疫情虽然是突发的黑天鹅事件，但也加速了人类社会的数字化变革。信息化、网络化、平台化因为疫情而被赋予了新内涵。5G 在深入发展，Zoom 和腾讯会议推动了在线会议的普及；腾讯课堂改变了亿万学生的学习方式；健康环保、共享出行也成为社会的共识。后疫情时代生活会涅槃重生，城市会更加智慧，环境也会更加友好宜居，而这一切需要包括服务设计师在内的人们共同努力才能实现。

12.5 未来一切皆服务

纵观历史，就业市场可分为 3 个主要部门：农业、工业和服务业。在古代，绝大多数人属于农业部门，只有少数人在工业和服务业部门。到了工业革命时期，发达国家的人们离开了田野和牧群。大多数人进入工业部门，但也有越来越多的人走向服务部门。到了最近几十年，发达国家又经历了另一场革命：工业部门的职位逐渐消失，服务业大幅扩张。早在 2010 年，美国的农业人口只剩 2%，工业人口有 20%，其余 78% 是教师、医生、网页设计师等服务业从业人员（见图 12-17）。但等到人工智能在教书、诊断病情和设计方面比人类更在行时，我们能做什么？这个问题以前就出现过。自工业革命爆发以来，人类就担心机械化可能导致大规模失业。然而，这种情况在过去并未发生，因为随着旧职业被淘汰，会有新职业出现，人类总有些事情做得比机器更好。只不过这一点并非定律，也没人敢保证未来一定会继续如此。人类有两种基本能力：身体能力和认知能力。机器与人类的竞争仅限于身体能力时，人类在数不尽的认知任务上可以做得更好。因此，随着机器取代纯体力工作，人类便转向至少需要一些认知技能的工作。然而，一旦等到算法在记忆、分析和辨识各种模式的能力上超过人类，会发生什么事？

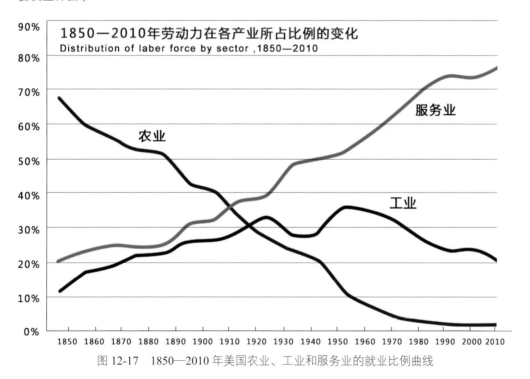

图 12-17　1850—2010 年美国农业、工业和服务业的就业比例曲线

2012 年，国际著名经济学家杰弗里·萨克斯和劳伦斯·克特里考夫在《智能机器与长期痛苦》一文中写道："如果机器日益智能并能取代一般性工作，那么发生什么情况？我们每天都在目睹相关的证据。我们看到了智能机器在收过路费；为顾客结账；给我们量血压、按摩、指路、接电话、打印资料、发信息；给婴儿摇摇篮；为我们读书、关灯、擦鞋；看护我们的房屋；教孩子知识；击毙我们的敌人……这一清单还可以无限延长。今天的这种变化是取代而非补充式的一般性工作。昨天的出租车取代了出租马车，但无论是机械出租车还是出租马车都需要人来掌控。明天的汽车将自动驾驶，使司机成为一种消失的职业。"

根据 2017 年麦肯锡咨询公司发布的报告《未来的工作对就业、技能与薪资意味着什么》，2030 年全球将有多达 8 亿人的工作岗位可能被自动化的机器人取代，相当于当今全球劳动力的 1/5。即使机器人的崛起速度不那么快，保守估计未来 13 年里仍有 4 亿人可能会因自动化的到来而被迫寻找新的工作。麦肯锡认为，全球至少有 3.75 亿人亟须在自动化不断普及的当前转变就业岗位并学习新技能。麦肯锡研究指出：当自动化在工作场所迅速普及时，机器操作员、快餐店员工和后勤人员受到的影响最严重。此外，银行普通职员、抵押贷款经纪人、律师助理、会计、文员、散装工、公司在线客服（见图 12-18）、火车司机、银行和保险公司行政人员、电子设备或汽车装配线上的工人、服务员、调酒师、会计师和审计师、出租车司机以及几乎所有流水线上的操作人员（如手机和汽车生产线）等也容易受到自动化的影响。自动化在银行系统中已较为普及。例如，用机器学习算法处理大量数据可以帮助交易员预测趋势；自然语义处理可以应用在法律与合规任务上，将记录、往来邮件和录音转化为结构化数据；智能流程工具可以加速新客户注册的流程。

图 12-18　公司在线客服在人工智能时代面临被淘汰的风险

麦肯锡的研究与英国牛津大学的一项对未来职业趋势的预测高度一致（见图 12-19）。这份报告指出：最不可能被机器取代的职业包括心理分析师、营养师、设计师、艺术家、社会工作者、考古学家、教师、医生、微生物学家、工程师、材料专家、作家、数学家、金融专家、园艺工人、水管工、儿童和老人护理人员、复杂软件开发人员、管理人员和演员等。在这份清单背后是一个新的工作世界，它分为三大块：一是让全球经济机器运转的高端专业人才（如信息技术人员、数学家、工程师、科学家、分析师、系统设计员、金融专家、管理人员）；二是深度用户体验的职业，需要耐心、细致、情感交流和语言技巧等，如护士、医师助手、药剂师、理疗师、健身教练、保育员以及保健技师等；值得注意的是，一些低收入岗位（如园艺工人、水管工、儿童和老人护理人员）受自动化影响的程度也会较低。一方面，他们的技能很难实现自动化；另一方面，这类岗位工资较低，而自动化成本又较高。因此，推动这类劳动岗位自动化的动力较小，这些职位不太容易被机器人取代。未来 10~20 年，智能化的"新型服务业"将成为就业市场的新宠。

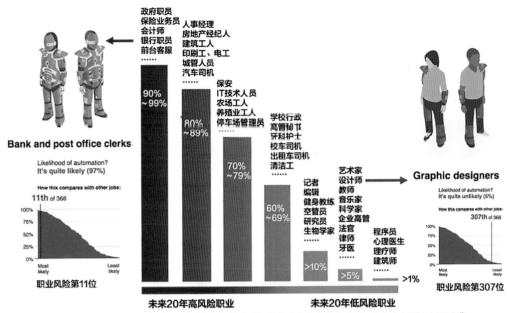

英国BBC基于牛津大学研究学者的数据体系分析365种职业的"未来被淘汰概率"

图 12-19　英国 BBC 公司对未来职业变化的预测

　　麦肯锡报告针对 11 个行业大类预测了中国、美国、德国、日本、印度和墨西哥的岗位需求变化。其中创意类、技术类、管理类以及社会互动类的岗位需求增长明显，如医生、设计师、艺术家、媒体从业者、律师、教师、计算机工程师等在中国会有高达 50%~119% 的增长幅度。麦肯锡预测，随着老龄化社会的到来，医护人员（如医生、护士、医师助手、药剂师、理疗师、保健员、保育员以及保健技师等）在中国的岗位需求将增长 122%，这充分体现了未来服务业的巨大发展潜力。

　　以日本为例，这个狭长的岛国是世界上自动化发展最快的国家，也是服务机器人应用最广泛的国家。从家庭、托儿所、养老院到医院，机器人无处不在，正在成为服务业中的新军，其原因在于日本是全球老龄化最快的国家。从现在到 2050 年，日本人口将从 1.2 亿下降到 9500 万，其中 40% 将超过 60 岁。2050—2100 年，日本人口将减少一半，即不足 5000 万。按照这一速度，到下个千年，日本将不再有纯正的日本人。求助于机器人和自动化显然是应对人口下降的办法之一。2013 年，安倍政府曾从政府预算中划拨 23.9 亿日元，用于研发为老年人提供服务的机器人。到 2050 年，"机器人伴侣"将照顾日本 900 万以上的 80 岁老人。例如，2017 年，在东京 Shintomi 敬老院，由日本软银集团和法国 Aldebaran Robotics 研发的人形机器人 Pepper 可以带领老人们唱歌（见图 12-20 上）。中国杭州市社会福利中心从杭州一家科技公司引进了老年人专用服务机器人"阿铁"（见图 12-20 下），它们的服务功能包括监护重病患者、与老人聊天并提醒他们按时吃药。它们还可以让老人通过屏幕和家属视频聊天，甚至为老人们点歌。每台机器人的身高不到 1 米，在充满电的情况下，能够工作 72 小时。它们的头上有一对蓝色的天线，肘皮上有一个触屏，非常容易使用。事实证明，这些新的机器人"保姆"深受老年人的欢迎。

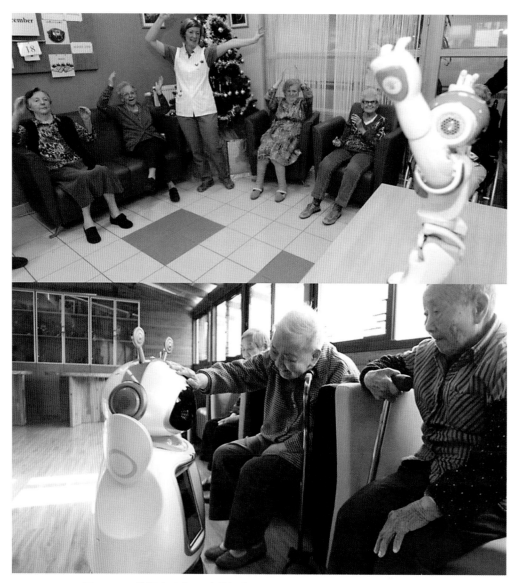

图 12-20　带领老人们唱歌的机器人 Pepper 和老年服务机器人"阿铁"

　　机器人"保姆"不仅可以用于养老院，也可以用于幼儿园和托儿所，代替忙碌的年轻父母陪伴孩子。特别是对有自闭症的孩子来说，机器人完全可以在家中与他进行个性化交流，引导他融入社会。机器人会建议孩子做一系列练习，甚至能成为他的朋友（见图 12-21 上），促使他与其他孩子互动，同时收集有关孩子行为的大量信息，进行分析后传送给医生。软银董事长孙正义说："我们推出的 Pepper 是一款带情感的机器人，这在机器人发展史上还是头一回。"儿童机器人除了陪伴外，还可以帮助管理。2017 年，日本千叶县的一家托儿所和东京的一家初创公司合作，利用带传感器的服务机器人来管理幼童（见图 12-21 下）。这个名为Vevo 的熊形机器人可以识别儿童、记录体温、监测心率等，当发现任何异常时，警报系统会通知教师。

图 12-21　机器伴侣帮助有自闭症的孩子以及帮助管理托儿所幼童

　　每一种新媒介的产生都开创了人类认知世界的新方式，并改变了人们的社会行为。媒介大师麦克卢汉说过："任何新媒介都是一个进化的过程，是一个生物裂变的过程。它为人类打开通向感知和新型活动领域的大门。"今天，智能科技不仅改变了以产品为核心的商业模式，而且也改变了未来的工作与生活方式。随着人工智能时代的到来，我们隐约看到，人类的休闲时间将超过以往任何时候。这可能会催生一种新的经济和社会领域。惠普公司副总裁兼 CTO 斯恩·罗宾森（Shane Robison）说："未来一切皆服务。"人们称为第四产业的新型服务业可能会包括个人服务、公共服务、分享经济和随互联网诞生的新型合作服务业，也包括电子游戏设计者、远程职业玩家、数字娱乐商、数字媒体从业者、为老人和病人提供服务者、电商业主、生态农民、编辑机器人稿件的报业人员、设计师、艺术家、喜剧演员、心理治疗师，以及我们今天仍无概念但未来将会层出不穷的职业。从长远的观点看，智能时代解决就业困境的唯一出路就是新型服务业的发展。

"服务"与"民主"是这个时代的主题。网络的不断进步使人们能够更加平等地站在一起。搜索引擎让我们用最快的速度找到需要的信息，博客与微信让每个人都有机会畅所欲言，淘宝让每个人都可以是老板，P2P 让人人都能分享好的资源。共享、共创、共赢的理想从更深层次上表达了服务的本质。十多年前，苹果电脑设计先驱杰夫·拉斯基（Jef Raskin）出版了著名的《人本界面：交互式系统设计》一书，提出了人本界面的设计思想。近年来伴随着服务设计、社会创新设计观念的兴起，交互式沟通和参与式设计成为设计师与用户一起共同提升产品与服务的理念。越来越多的设计师不再沉迷于某一个设计风格或者自诩某一个设计流派，而将设计的原始权利交给最终产品或服务的使用者，这种开放原则正在成为最前卫的设计哲学（见图 12-22）。科幻小说家威廉·吉布森说："未来已来临，只是尚未广为人知而已。"我们展望未来，但未来始于现在。人类永不满足的好奇心、对未知世界探索的勇气、对环境与家园的责任、对丰富内心体验的渴望都会成为设计师们的奋斗动力。

图 12-22　服务设计：一种跨越技术、美学与商业的新哲学

案例研究：科技与时尚

科技和时尚本身就有相同的特性，它们同样追求高端、前卫，并且不停地求新求变，而科技与时尚的联姻为人们的生活带来了更多色彩和可能性。例如，柔性 LED 发光条可以融合在服装、包袋、鞋帽、家纺及相关其他纺织品上，将光元素与生活时尚无缝接轨（见图 12-23 左 ）。一家总部位于伦敦的科技 / 时尚公司 Studio XO 以其创新的歌手和流行歌星的

舞台服装设计而闻名于世。由南希·蒂尔伯里（Nancy Tilbury）和本杰明·马尔斯（Benjamin Males）创立的这家公司融合了科学、技术、时尚和音乐，创造出令人耳目一新的服装，为用户带来了全新的服装互动体验。在他们的作品中，有数码美人鱼胸罩，即一件施华洛世奇水晶内衣，可以在音乐的节拍下反射光线；还有爆款的布列尔（Bubelle），即一款能够根据穿着者的情绪改变颜色的 LED 服饰（见图 12-23 右）。受数字一代观念启发，Studio XO 建立了创新性的科技时尚品牌。总裁马尔斯认为，服装时尚产业的未来在于科技创新，21 世纪的身体是媒介与科技的舞台，科技会推动时尚走向一场新的革命。这不仅可以帮助世界创造未来的生活方式，而且将有利于催生新一代的创新者，把科技、艺术与时尚紧密相连。

图 12-23　柔性 LED 发光服饰和根据情绪改变颜色的 LED 服饰 Bubelle

　　德国青蛙设计公司（Frog Design）是一家跨国设计与战略咨询公司。该公司在用户体验、交互设计、产品设计和服务设计上具备超越其他竞争对手的整体优势。通过可穿戴技术让产品实现数据连通是该公司的战略方向之一。由于担心中国城市的空气质量不佳，青蛙公司的上海工作室创造了 AIRWAVES，这是一款嵌入了过滤器和空气测量传感器的面罩。相关数据被输入智能手机应用程序并与其他人共享，成为建立社区信任和意识的数据平台。青蛙公司的阿姆斯特丹工作室设想了一种名为 MNEMO 的交互式友情手镯，它使佩戴者能够记录、重温和分享朋友的照片、歌曲和地理信息等（见图 12-24 上）。西雅图的工作室则专注于青春期女孩的可穿戴服饰工具包（见图 12-24 下），旨在鼓励她们玩技术并与城市的科技和创意社区联系。

图 12-24　交互式友情手镯和女孩的可穿戴服饰工具包

阿妮娜·奈特（Anina Net）曾经是一位时尚模特，目前在位于北京 798 艺术区的一家科技时尚公司"360 时尚网络"担任 CEO。她认为推动时尚进步的唯一途径就是技术，时尚应该是物联网和环境的一部分，对于互联网的未来非常重要。但要把技术融入服饰中，目前仍有很多问题，如如何洗、如何充电等。这就需要新的材料，这种材料对于时尚设计师应该是简单易用的，能够轻而易举地融入服饰设计中。基于此，360 时尚网络制造了带有 LED 灯带的工具包（见图 12-25 上）。它可以缝纫，具有防水性，还可以加上闪光效果，其连接线也可以和其他遥控器相连。如果把这些灯带和传统的一些方法比较，会发现效果非常好，简单易用，可以快速实现设计师的创意。目前该公司提供了 11 种可以实现不同功能的智能服饰工具包，如太阳能服饰工具包、音乐服饰工具包、机器人服装工具包、LED 手袋工具包以及能够根据身体运动、姿势、天气、心跳等不同的数据而实现 LED 同步闪烁的解决方案。这些工具包都有详细的拼装组合说明，设计师不需要知道如何编程和编码就可以实现自己的创意。360 时尚网络还和部分高校合作建立产学研基地，并且帮助学生完成毕业设计，如 T 恤设计、互动结婚礼服设计（见图 12-25 下）、LED 箱包设计等。目前它的合作院校包括北京服装学院、清华大学美术学院、澳大利亚西南威尔士州大学，合作项目包括产品原型设计、市场开发和数字营销。奈特希望通过这种方式来培养学生们的创意设计、产品开发和市场营销的能力。

图 12-25　带有 LED 灯带的工具包和制作 LED 服饰的大学生

课堂练习与讨论

一、简答题

1. 请以 LED 服饰为例说明科技与时尚如何结合。

2. 举例说明如何将体验与时尚相结合。

3. 可穿戴 LED 服饰所面临的最大挑战有哪些？消费市场在哪里？

4. 可穿戴设计如何平衡功能性、时尚性与可持续性？

5. 可穿戴技术未来 10 年发展的路线图是什么？

6. 智能手表设计如何做到"时尚化"？

7. 以北京 2022 年冬奥会开幕式为例，说明科技与时尚结合还有哪些亮点。

8. 裸眼 3D 技术是否能够运用到大型灯光秀？

二、课堂小组讨论

现象透视：目前可穿戴技术在医疗和保健领域应用非常广泛。如婴幼儿的 24 小时体温和心跳速率监控贴纸、重症监护室病人的监测背心、专业护理腕带和臂贴式儿童型胰岛素注射泵等（见图 12-26）成为许多医院采用的诊断和治疗技术。

图 12-26   臂贴式儿童型胰岛素注射泵

头脑风暴：小组调研当地儿童医院，观察并记录有哪些可以应用于儿童的可穿戴监测产品。如何借助可穿戴技术来提升医院的服务体验？

方案设计：请结合儿童心理学及目前的可穿戴技术，设计能够优化就诊流程、透明化服务和提高病患儿童及家长心理感受的服务或产品方案。

课后思考与实践

一、简答题

1. 可预测的未来生活方式主要变化是哪些？有什么依据？

2. 为什么说高端服务业会成为未来就业大趋势？

3. 后疫情时代设计师应该如何为真实的世界而设计？

4. 人工智能的普及对哪些职业影响最大？有何证据？

5. 机器人时代的养老产业会发生哪些变化？其背后的原因是什么？

6. 为什么说"未来一切皆服务"？对服务设计研究的意义在哪里？

7. 人脸识别技术可以应用在哪些领域？未来前景如何？

8. 以北京 2022 冬奥会为例，举例说明如何将技术与服务相融合。

二、实践题

1. 目前服务设计或社会创新设计已成为国外高校最吸引人的新兴专业（见图 12-27）。请网络调研英国皇家艺术学院（RCA）或米兰理工大学，重点研究其设计领域、设计方向、研究方法、课程安排及就业等，并且和国内相关专业的院校（如同济大学、清华美院等）比较，最终完成一个为出国留学服务的参考手册。

图 12-27　国外服务设计课程的工作室

2. 在全球新冠肺炎疫情之下，更多机构、组织和群体主动关注生态环境和气候问题，重新审视和思考人类与自然之间的关系。请调研所在地区或大学的流浪猫的情况，并且结合小动物协会，为它们设计简易的居所并定期投喂猫粮。

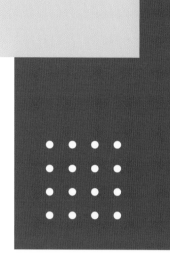

附录 A　服务设计大事记

服务设计是为了使产品与服务系统能符合用户需求而产生的一个综合性的设计学科。由于服务设计是一个相对比较年轻的学科，而且与多个领域存在交叉与跨界的重叠现象，因此服务设计历史的研究往往比较模糊并且缺乏共识。2018 年，瑞士创新学院创始人丹尼尔·卡塔拉诺托出版了 *A Tiny History of Sevice Design*。按照作者本人的说法，他并非历史学家，只是服务设计的一个粉丝。该书也并非是权威的历史教材，而是希望大家在茶余饭后轻松闲聊时，如果有人谈到服务设计，你不会一头雾水或窘迫尴聊。因此，这本小册子按照大事记的方式，谈古论今、娓娓道来，用故事风格串联历史，能够让读者在 2 小时内大致了解服务设计的历史以及重要的里程碑事件。

在开篇中，卡塔拉诺托认为关于服务设计历史，有 4 个重要历史事件是每个服务设计师都应该知道并记住的。

- 1982 年，营销学专家林恩·肖斯塔克首次提出"服务设计"这个词汇。当年她在一本欧洲营销杂志上发表了关于如何设计服务的论文，成为该领域的重要里程碑事件。

- 1988 年，用户体验量化模型 SEVQUAL 诞生，这使得衡量服务质量有了明确的工具或标准。该模型是一份包含 22 个问题的调查问卷，主要内容包含 5 个维度：可靠性（R）、保证性（A）、有形性（T）、同理心（E）和响应性（R）。此外，该模型还给出了一个重要的量化公式：$SQ = P - E$（其中 SQ 是服务质量，P 是用户对服务的体验，E 是服务对象的期望值）。

- 2004 年，由科隆国际设计学院发起的服务设计网络（SDN）诞生，这也是全球首家服务设计研究联盟。布瑞杰特·玛吉尔教授创建的 SDN 表明了服务设计是一个独特的设计领域。该网络成为全球服务设计师的大本营。它目前拥有约 1300 名会员和 100 个会员单位。

- 2016 年，第一个"服务设计日"诞生。SDN 将每年的 6 月 1 日规定为服务设计的节日，它寓意服务设计是值得庆祝的新学科并值得普及和推广。

除上述事件外，卡塔拉诺托还给出了服务设计的 6 个重要时间节点，他认为这几个日期和事件也是服务设计师应该了解和掌握的。

- 大约公元前 1 万年，史前原始印欧社会开始出现不事生产而专注服务的祭司、女祭司和牧师，人类社会开始出现第一个客户和服务。在那个年代，人们习惯于交换货物，但似乎有祭司和女祭司提供无形的宗教（见图 A-1），因此这是人类社会最早的一种服务，以换取食物或其他有形的东西。

- 公元前 500 年，使事物适应人类而不是相反。据记载，古希腊著名医师希波克拉底曾经亲自设计了医疗器械和医生的工作空间，让外科医生的工作场所变得更好、更高效，这也是人体工程学的雏形。

- 公元前 380 年是古希腊哲学家柏拉图参与式设计的开始，共同创造、共同设计或参与式设计是服务设计实践的关键要素。柏拉图常常向人们征求关于共和国建设的意见或建议，这正是服务设计师所做的。

图 A-1　史前原始印欧社会的祭司和女祭司提供宗教服务

- 1876 年电话的诞生。电话的发明使得客户和服务方无须亲自见面就可以远程对话，对产品或服务进行投诉或反馈。作为客户，您可以在温馨舒适的家中寻求支持或抱怨产品，而无须冒雨返回购物的商店，这是我们需要感谢发明家亚历山大·贝尔（见图 A-2）的一个理由。

图 A-2　亚历山大·贝尔和 20 世纪初的听筒式电话

- 1913 年行为主义和体验科学诞生。行为心理学提供了有关如何改变用户某些行为的知识。同样，我们知道在使用服务的同时提高客户的体验质量是服务设计的意义所在，而对于体验的客观描述属于经验科学或现象学问题。1913 年，德国哲学家埃德蒙·胡塞尔出版了《纯粹现象学通论》。

- 1939 年以客户为中心的心理学方法出现。客户知道问题并希望解决问题，服务设计师的工作从一开始就需要与客户交谈来了解、支持和接受他们的需求并最终改善或创新服务。1939 年，心理学家卡尔·兰索姆·罗杰斯发表了论文《问题儿童的临床治疗》并构建了以客户为中心的治疗方法。

以上 4 个重要历史事件和 6 个时间节点代表了服务设计从史前到当代的最闪光的历史点。卡塔拉诺托鼓励读者从兴趣出发，按照本书给出的时间线，自己研究并探索服务设计发展过程中的人物、事件以及故事，从而加深自己对服务设计的理解。表 A-1 是他给出的服务设计大事记。

表 A-1 服务设计大事记

时　间	事　件	解释及说明
1. 过去的美好时光：服务设计的基础		
大约公元前 1 万年	第一个客户和服务诞生	古埃及祭司开始出现
公元前 500 年	使事物适应人类而不是相反	希波克拉底的医学实践
公元前 380 年	古希腊哲学家柏拉图参与式设计的开始	柏拉图的民主议事
2. 前现代时代：当人类遇见机器		
1647 年	人类学或研究人类的科学诞生	丹麦哥本哈根大学创始人
1760 年	工业革命和规模产业的诞生	工业革命在英国开始
1767 年	民族志和人口研究的开始	约翰·弗里德里希·舍珀林
3. 18 世纪末到 20 世纪中叶：现代时代的开始——机器和人类		
1876 年	电话的发明	发明家亚历山大·贝尔
1910 年	泰勒主义或优化工人任务	弗雷德里克·泰勒
1913 年	行为心理学或行为主义的诞生	约翰·沃森的论文
1913 年	现象学或经验科学的诞生	德国哲学家埃德蒙·胡塞尔
1920 年	电话旋转拨号键盘系统的发明	贝尔公司
1921 年	对泰勒主义的批评和反思、工人福利运动	首次劳动科学组织会议召开
1930 年	体验现象的研究（《体验的艺术》出版）	行为心理学家约翰·杜威
1939 年	罗杰斯心理治疗或以客户为中心的方法	论文《问题儿童的临床治疗》
1942 年	电台收视率指数或观众评级系统	
1942 年	头脑风暴或集体创造力（《如何思考》出版）	亚历克斯·法克尼·奥斯本
1943 年	这不是人为错误，而是设计错误	飞机驾驶舱设计与事故研究
1943 年	心理学中的心智模型（《解释的本质》出版）	肯尼斯·克雷克
1945 年	模数或以人为中心的尺度系统	瑞士建筑师勒柯布西耶
1947 年	人因工程研究	飞机仪表板设计
1950 年	全面质量管理（TQM）和质量圈	日本丰田公司
4. 20 世纪 60 年代：多学科设计的开始		
20 世纪 60 年代	呼叫中心（电话自动程控系统）与客服出现	私人自动化商业交易所
1960—1980 年	斯堪的纳维亚设计方法	包容和民主的设计
1963 年	元设计和多学科团队	荷兰设计师安德里斯·范昂克
1965 年	电子邮件系统的前身 CTSS 通信协议	MIT 的 CTSS 邮件命令

续表

时　　间	事　　件	解释及说明
1967 年	认知心理学（《认知心理学》出版）	作者乌尔里克·奈瑟
1967 年	免费电话号码系统（800 免费投诉电话）	美国 AT&T 发明
1969 年	赫伯特·西蒙和人工科学（设计思维雏形）	著作《人工制造的科学》出版
5. 20 世纪 70 年代：设计思维原则的诞生		
1971 年	设计实践中的人类学（为真实的世界而设计）	设计理论家维克多·帕帕纳克
1972 年	认知偏差（人们决策时的非理性因素）	阿莫斯·特沃斯基等人
1972 年	设计偏见与现象学（现象学被引入体验设计）	霍斯特·里特尔等人
1977 年	参与式行动研究（参与式设计前身）	首次参与式行动研究会议
1979 年	行为经济学前景理论（认知偏见与决策）	
20 世纪 70 年代末期	交互式语音响应出现	交互式语音响应（IVR）
6. 20 世纪 80 年代：服务设计的早期		
1982 年	设计师如何以不同方式思考（设计思维）	奈杰尔·克罗斯
1982 年	服务设计术语诞生	营销学专家林恩·肖斯塔克
1983 年	将现象学带入设计（《反思实践者》出版）	唐纳德·艾伦·舍恩
1983 年	人机交互（1983 年出版《人机交互心理学》）	斯图尔特·K. 卡等人
1984 年	关于服务设计的两篇论文	本杰明·施耐德、大卫·鲍文
1984 年	服务设计蓝图的诞生	营销学专家林恩·肖斯塔克
1986 年	以用户为中心的设计	心理学家唐纳德·诺曼
1986 年	客户关系管理（CRM）软件	追踪与管理客户信息
1987 年	《设计思维》出版	彼得·罗
1988 年	日常用品的设计	心理学家唐纳德·诺曼
1988 年	SERVQUAL 或用户体验量化模型	A. 帕拉苏拉曼等人
1989 年	呼叫中心外包（全球化经济现象）	赫曼尼·塞格尔的论文
20 世纪 80 年代中期	真正意义的交互设计诞生	设计师比尔·莫格里奇
7. 20 世纪 90 年代：作为一门学科的服务设计		
20 世纪 90 年初	用户体验架构师开始出现（苹果公司职位）	心理学家唐纳德·诺曼
20 世纪 90 年代	营销之外的服务设计理论（《完全设计》）	比尔·霍林斯
1990 年	Servicescapes 模型（服务蓝图的变体）	波姆斯、比特纳
1991 年	服务设计正式成为一门设计学科	迈克尔·厄尔霍夫
1991 年	交互及服务设计公司 IDEO 创立	大卫·凯利、比尔·莫格里奇
1992 年	客户服务周诞生（每年 10 月第一周）	
1992 年	用设计思维解决了棘手的问题	理查德·布坎南
1993 年	用户画像（一种移情工具）的诞生	安格斯·詹金森
1996 年	《忠诚度效应》（用户体验研究专著）	弗雷德·赖克海尔德
1998 年	《情境设计》出版	休·拜尔等人
1998 年	国家科学技术与艺术基金会（NESTA）成立	服务设计师的组织
1999 年	客户旅程地图	IDEO 的实践项目
1999 年	体验经济成为一件大事（《体验经济》）	约瑟夫·派恩
8. 21 世纪初：服务设计开始在全球范围扩散，影响力不断上升		
21 世纪初	客户关系管理（CRM）技术成熟	查尔斯·杜希格的论文

续表

时　间	事　件	解释及说明
2001 年	LiveWorks（第一家服务设计咨询公司成立）	本·瑞森、拉夫兰斯·洛夫利
2002 年	MindLab 或公共部门的服务设计	丹麦政府机构创办
2002 年	设计与可持续性（《生态设计手册》出版）	阿利斯泰尔·福阿德·卢克
2003 年	Engine（另一家服务设计咨询公司成立）	总部位于伦敦的创意咨询公司
2003 年	净推荐值（NPS，量化用户忠诚度的工具）	弗雷德·赖克海尔德
2004 年	服务设计网络（SND）诞生	科隆国际设计学院发起
2005 年	英国设计委员会推出双钻石模型	设计思维的延伸
2005 年	斯坦福大学 D.School（设计思维人本营）	IDEO 公司大卫·凯利发起
2005 年	服务设计本科教育的开始	奥斯陆建筑与设计学院
2005 年	以观察为灵感（《不注意的行为》出版）	简·富尔顿·苏瑞
2006 年	交互设计权威著作《设计交互》出版	比尔·莫格里奇
2006 年	设计曲线（设计过程可视化）	设计师达米恩·纽曼提出
2007 年	第一届服务设计国际会议（SDGC）召开	SND 发起
2008 年	助推理论和行为经济学	理查德·H·泰勒等
2008 年	Thinkpublic 设计咨询公司成立	关注公共部门和 NGO 的创新
2008 年	《从产品到服务：拥抱服务经济的公司》	劳瑞·杨
2008 年	servicedesigntools.org 与服务设计工具箱	罗伯塔·塔西
2009 年	第一个服务设计硕士学位（芬兰）	埃斯波劳雷亚应用科技大学
2009 年	《用创新方法设计服务：服务设计的观点》	萨图·米蒂宁等编著
2009 年	《IDEO，设计改变一切》出版	IDEO 总裁蒂姆·布朗

9. 21 世纪初：服务设计已成为一个成熟的领域

时　间	事　件	解释及说明
2010 年	客户努力分数（用户忠诚度测试工具）	马修·迪克森等人
2010 年	商业模式画布	亚历山大·奥斯特瓦尔德
2010 年	关于公共部门服务设计的专著《界面之旅》	索菲亚·帕克等
2010 年	服务设计的第一本畅销书《服务设计思维》	马克·斯迪克多恩等
2011 年	《揭示设计魔力：综合方法理论的实践指南》	乔恩·科尔科
2011 年	市民城市（公民城市研究所在瑞士成立）	鲁迪·鲍尔
2011 年	服务设计全球大会召开	美国旧金山
2013 年	《服务设计：从洞察力到灵感》出版	安迪·波莱恩等
2013 年	另一个服务设计硕士课程开始（荷兰）	代尔夫特理工大学
2015 年	欧洲服务设计倡议（联合培训网络）	创新服务设计（SDIN）
2015 年	实用的服务蓝图和实用服务设计方法	埃里克·弗洛尔
2015 年	《设计研究伦理手册》出版	IDEO 公司大卫·凯利
2016 年	设计马拉松，为期一周的服务设计体验	杰克·纳普等人创立
2016 年	IBM 设计思维工具包	IBM 内部员工培训
2016 年	第一个"服务设计日"诞生（每年 6 月 1 日）	SND 发起
2017 年	服务设计培训师认证	SDN
2018 年	设计研究的心智模型（《心智模型》出版）	英迪·扬

参 考 文 献

[1] 陈嘉嘉. 服务设计：界定・语言・工具 [M]. 南京：江苏凤凰美术出版社，2016.

[2] 胡飞. 服务设计（范式与实践）[M]. 南京：东南大学出版社，2019.

[3] 王国胜. 触点：服务设计的全球语境 [M]. 北京：人民邮电出版社，2016.

[4] 李欣宇. 突破创新窘境 [M]. 北京：人民邮电出版社，2021.

[5] 胡鸿. 中国服务设计发展报告 2016[M]. 北京：电子工业出版社，2016.

[6] 由芳，王建民，蔡泽佳. 交互设计：设计思维与实践 2.0[M]. 北京：电子工业出版社，2020.

[7] 马谨，娄永琪. 新兴实践：设计的专业、价值和途径 [M]. 北京：中国建筑工业出版社，2014.

[8] 胡晓. 重新定义用户体验：文化・服务・价值 [M]. 北京：清华大学出版社，2018.

[9]（德）雅各布・施耐德，等. 服务设计思维 [M]. 郑军荣，译. 南昌：江西美术出版社，2015.

[10]（美）娜塔莉. 尼克松. 战略设计思维 [M]. 北京：机械工业出版社，2017.

[11]（英）大卫・贝尼昂. 用户体验设计：HCI、UX 和交互设计指南 [M]. 李轩涯，卢苗苗，计湘婷译. 4 版. 北京：机械工业出版社，2020.

[12]（美）加瑞特. 用户体验要素：以用户为中心的产品设计 [M]. 范晓燕，译. 北京：机械工业出版社，2011.

[13]（英）大卫・布朗. IDEO，设计改变一切 [M]. 侯婷，译. 北京：万卷出版公司，2011.

[14]（德）宝莱恩，等. 服务设计与创新实践 [M]. 北京：清华大学出版社，2015.

[15]（意）埃佐・曼奇尼. 设计，在人人设计的时代 [M]. 钟芳，马瑾，译. 北京：电子工业出版社，2016.

[16]（美）唐纳德・A. 诺曼. 设计心理学 [M]. 梅琼，译. 北京：中信出版社，2003.

[17]（美）唐纳德・A. 诺曼. 情感化设计 [M]. 付秋芳，等译. 北京：电子工业出版社，2004.

[18]（美）克里斯・安德森. 创客：新工业革命 [M]. 萧潇，译. 北京：中信出版社，2012.

[19]（加）马歇尔・麦克卢汉. 理解媒介：论人的延伸 [M]. 何道宽，译. 北京：商务印书馆，2000.

[20]（以）尤瓦尔・赫拉利. 未来简史 [M]. 林俊宏，译. 北京：中信出版社，2017.